Duden

Routiniert telefonieren – leicht gemacht

W0192755

Duden

Routiniert telefonieren – leicht gemacht

Von Judith Engst
in Zusammenarbeit mit der
Dudenredaktion

Dudenverlag
Mannheim · Leipzig · Wien · Zürich

Redaktionelle Bearbeitung Marlies Herweg, Dr. Sylvia Schmitt-Ackermann
unter Mitwirkung von Angelika Böhm M. A., Birgit Eickhoff M. A.,
Bärbel Hertel und Peter Neulen
Herstellung Monika Schoch

Die **Duden-Sprachberatung** beantwortet Ihre Fragen
zu Rechtschreibung, Zeichensetzung, Grammatik u. Ä.
montags bis freitags zwischen 08:00 und 18:00 Uhr.

Aus Deutschland: **09001 870098** (1,86 € pro Minute aus dem Festnetz)
Aus Österreich: **0900 844144** (1,80 € pro Minute aus dem Festnetz)
Aus der Schweiz: **0900 383360** (3.13 CHF pro Minute aus dem Festnetz)
Die Tarife für Anrufe aus Mobilfunknetzen können davon abweichen.

Unter www.duden-suche.de können Sie mit einem Online-Abo auch
per Internet in ausgewählten Dudenwerken nachschlagen.
Den kostenlosen Newsletter der Duden-Sprachberatung können Sie
unter www.duden.de/newsletter abonnieren.

Bibliografische Information der Deutschen Nationalbibliothek
Die Deutsche Nationalbibliothek verzeichnet diese Publikation
in der Deutschen Nationalbibliografie; detaillierte bibliografische Daten
sind im Internet über http://dnb.ddb.de abrufbar.

Für die in diesem Buch gegebenen Ratschläge und Muster für
die Planung und Durchführung von Telefongesprächen kann, sofern sie
juristische Fragen betreffen, keine Haftung übernommen werden.

Das Wort **Duden** ist für den Verlag
Bibliographisches Institut & F. A. Brockhaus AG
als Marke geschützt.

Typografie Farnschläder & Mahlstedt, Hamburg
Umschlaggestaltung Hans Helfersdorfer, Heidelberg
Umschlagabbildungen Corbis, Getty Images
Druck und Bindearbeiten Druckerei C. H. Beck, Nördlingen
E D C B A
Printed in Germany
ISBN 978-3-411-73401-6

Vorwort

Ein Leben ohne Telefon? Das kann sich heute wohl niemand mehr vorstellen. Über das Telefon halten wir Kontakt zu Freundinnen und Freunden, Bekannten, Verwandten, Geschäftspartnerinnen und -partnern, wir nutzen es zur Kundenakquisition, greifen eben mal zum Hörer, wenn wir eine Auskunft brauchen oder uns in Erinnerung bringen wollen. Weil alle anderen es genauso machen, kann das Telefon zuweilen auch lästig werden: Es klingelt auch dann, wenn wir uns gerade konzentrieren wollen oder in einem Gespräch sind. Kommen wir aus einer Konferenz, blinken uns schon wieder fünf Nachrichten auf dem Anrufbeantworter entgegen.

Besteht bei vielen Menschen der Wunsch, schon private Anrufe möglichst souverän zu führen, ist professionelles Telefonieren im Berufsleben heute erst recht ein Muss. Wenn Sie es verstehen, Anrufende stets freundlich und kompetent zu begrüßen, auf ihr Anliegen einzugehen und rasch die gewünschte Lösung anzubieten, werden Sie erleben, dass diese Strategie maßgeblich zu Ihrem Erfolg beiträgt: Hohe Kundenzufriedenheit, nützliche Geschäftskontakte, befriedigende Verkaufs- und Verhandlungsergebnisse, Kompromisse, die für beide Seiten akzeptabel sind – all das sind Resultate einer professionellen telefonischen Kommunikation.

Schon wenige Umstellungen genügen, um erfolgreich zu telefonieren. In diesem Ratgeber erfahren Sie, wie Sie sich das Telefonieren leicht machen und welche psychologischen Erkenntnisse und Gesprächstechniken Ihnen dabei helfen. Ich wünsche Ihnen viel Freude beim Lesen und viel Erfolg beim Telefonieren!

Judith Engst

Inhalt

Die Psychologie des Telefonierens 15

Die Gesprächspartner(innen) sind füreinander unsichtbar 15
   Fehleinschätzung der Person am anderen Ende der Leitung 16
   Fehlinterpretationen und Missverständnisse 19
   Täuschungsmanöver 19
   Nebenbeschäftigungen 20
Beim Telefonieren weiß niemand genau, was ihn erwartet 22
   Erreichbarkeit 22
   Zuständigkeit 23
   Zweifel, ob das eigene Anliegen auf Verständnis stoßen wird 23
   Scheu gegenüber Fremden 24
   Furcht vor Blamage 24
   Angst vor Misserfolg 25
Viele Firmen, Behörden und Institutionen erschweren unbewusst
die telefonische Kontaktaufnahme 26
Empfehlenswert: eine Telefonrichtlinie für alle 27

Telefonieren am Arbeitsplatz – machen Sie es sich leicht 29

Richtige Körperhaltung 29
   Atmung optimieren 29
   Heiserkeit vermeiden, Stimmklang verbessern 29
   Verspannungen vermeiden 30
   Handys in der passenden Größe wählen 31
Geräuschkulisse 32
   Der Geräuschpegel im Hintergrund 32
   Die Nachhallzeit 33
Übertragungsqualität 34
   Echos 34
   Handlungen, die die Übertragungsqualität beeinträchtigen 35

Richtig kommunizieren – auch am Telefon unerlässlich 36

Tipps für eine verständliche Sprechweise 36
  Artikulation 36
  Sprechtempo 38
  Lautstärke 39
  Stimmlage 41
  Modulation 42
  Ausdrucksweise 44
  Besonderheiten beim Durchgeben von Namen und Adressen 49
  Nachfragen ist erlaubt 50
Tipps für eine klare, zielführende und psychologisch
kluge Kommunikation 51
  Bereiten Sie sich vor 51
  Ziele klar vermitteln 52
  Höflichkeit und Freundlichkeit sind das A und O 53
  Aktiv zuhören: fast noch wichtiger als reden 54
  Schweigephasen überbrücken 58
  Spaßhaften oder ironischen Unterton erklären 59
  Vermeiden Sie Reizformulierungen und Negativphrasen 60

Der typische Ablauf eines Telefongesprächs 63

Melden und Begrüßen 63
  Was in die Meldeformel gehört 64
  Meldeformel: die richtige Reihenfolge 69
  Wie sich die Person meldet, die anruft 71
Bitte um Durchstellung zur gewünschten Person 71
  Zuständige Person erfragen 72
Small Talk 72
  Mögliche Themen für einen Small Talk am Telefon 73
  Den Small Talk elegant beenden 77
Das Kerngespräch über das eigentliche Anliegen 77
Abschluss und Verabschiedung 79

Bestellung 82

Eine Bestellung aufgeben 82
Eine Bestellung entgegennehmen 83

Beschwerde 84

Sich beschweren 84
  Der Inhalt: Machen Sie deutlich, was Sie erreichen wollen 85
  Die Form: Vermeiden Sie Vorwürfe, Angriffe und Beleidigungen 87
Eine Beschwerde entgegennehmen 88
  Die wichtigsten Informationen erfragen 89
  Die anrufende Person beschwichtigen 89
  Eine Lösung anbieten 90

Akquisegespräch und Telefonmarketing 93

Die rechtliche Situation: Wann Telefonmarketing erlaubt ist
und wann nicht 93
Ein Akquisegespräch führen 94
  Klären Sie zunächst, ob Sie mit der richtigen Person sprechen 96
  Begrüßung und Eröffnung 97
  Stellen Sie Ihr Angebot vor – und die Argumente, die dafür sprechen 99
  Mit Einwänden richtig umgehen 101
  Greifen Sie Ihr Angebot wieder auf – ebentuell in modifizierter Form 109
  Rechtliches: auf Widerrufsmöglichkeit und Konditionen hinweisen 110
  Abschluss und Verabschiedung 111
Auf Werbeanrufe reagieren 112
  Wenn Sie sich für ein telefonisches Angebot interessieren 113
  Wenn Sie kein Interesse haben 114
  Wenn Sie überhaupt keine Telefonwerbung wünschen 115

Vermittlungsgespräch 118

Ein Vermittlungsgespräch entgegennehmen 118
  Wenn das Telefon klingelt, nehmen Sie rasch ab 119
  Falls alle Leitungen belegt sind: automatische Begrüßung aktivieren 119
  Meldeformel: Sprechen Sie besonders deutlich 120
  Durchstellen und weiterverbinden 121
  Nicht alle Anrufe sind wichtig – so treffen Sie eine Auswahl 125
  Die Nutzung der Warteschleife 129
  Gleichzeitig mehrere Telefonate bewältigen 131
  So fertigen Sie eine Gesprächsnotiz an 133
  Wenn die anrufende Person lange redet und nicht zum Punkt kommt 134

Ein Vermittlungsgespräch aus Sicht der anrufenden Person:
Die Kunst, sich nicht abwimmeln zu lassen 135
  Ihr wichtigstes Argument: Die gewünschte Person hat selbst
  um einen Anruf gebeten 136
  Ebenfalls hilfreich: der Bezug auf eine Referenzperson 136
  Keine Schwindeleien und keine Geheimniskrämerei 137
  Mit Ehrlichkeit kommen Sie am weitesten 137
  Wenn alles nichts hilft: Umgehen Sie das Vorzimmer 138

Der richtige Umgang mit Anrufbeantworter und Voicemail 139

Anrufbeantworter oder Voicemail: ein Muss? 140
  Im privaten Umfeld ist ein Anrufbeantworter keine Pflicht 140
  Im geschäftlichen Umfeld ist ein Anrufbeantworter meist notwendig 141
Wann sollte der Anrufbeantworter eingeschaltet werden? 141
  Anrufbeantworter nicht einschalten, um Anrufe zu selektieren 142
  Außerhalb der Bürozeiten 142
Geeignete Sprüche für Anrufbeantworter und Voicemail 145
  Standardansagen für den Alltag 146
  Ansagen für Urlaub, Dienstreisen, längere Zeiten der Abwesenheit 149
  Ansagen für den Fall, dass die Leitung belegt ist 150
  »Ihr Anruf ist uns wichtig« wird oft als unaufrichtig empfunden 151
  Möglichst keine voreingestellten Ansagen verwenden 151
  Nicht einfach alle Anrufer duzen 152
Lassen Sie einer anrufenden Person genug Zeit für ihre
Sprachnachricht 152
Als Anrufer oder Anruferin eine Nachricht auf Band hinterlassen 153
  Verlassen Sie sich nie darauf, dass die Zielperson
  Sie an der Stimme erkennt 153
  Fassen Sie sich kurz und gehen Sie nicht ins Detail 154
  Was nicht für fremde Ohren bestimmt ist, gehört nicht
  auf den Anrufbeantworter 154
Das Gespräch während der Aufzeichnung doch noch annehmen 155

**Telefonkonferenzen: ergebnisorientiert und
effizient kommunizieren 156**

Telefonkonferenzen sind anstrengend – daher sollten Sie
die Dauer begrenzen 156
  Die Informationen sind hörbar, aber nicht sichtbar 157
  Setzen Sie eine zeitliche Obergrenze 158

Der übliche Ablauf einer Telefonkonferenz 158
  Einwahlphase 159
  Small Talk 159
  Vorstellungsrunde 160
  Besprechungsphase 160
  Abschluss und Verabschiedung 161
Was Sie als Teilnehmer oder Teilnehmerin beachten sollten 162
  Hintergrundgeräusche vermeiden 162
  Tipps für Ihre Redebeiträge 163
  Konzentriert zuhören 165
Typische Aufgaben des Moderators oder der Moderatorin 165
  Zielorientierung: drei Schritte pro TOP 166
  Mit schwierigen Situationen richtig umgehen 168
  Fazit: Zielorientierung ist durch das Medium eher gewährleistet 171
Sonderfall: Telefonkonferenzen zur Ergebnispräsentation 171

Kleiner Handy-Leitfaden 173

Viel diskutiert: Muss man per Handy erreichbar sein? 173
  Wo das Handy besser ausgeschaltet bleiben sollte 174
Klingeltöne: möglichst dezent 177
Was Sie beim Telefonieren mit dem Handy beachten sollten 179
  Tastaturtöne ausschalten, wenn Sie nicht allein sind 179
  Lautstärke beim Sprechen 179
  Bei schlechtem Empfang 179
  Im Auto nur mit Freisprechanlage 180
SMS versenden: reine Privatsache? 181
Kontaktdaten speichern 183

Verständigungsschwierigkeiten am Telefon 185

Stottern 185
  Wie wirkt sich Stottern am Telefon aus? 186
  Tipps für Stotternde 186
  Tipps für Menschen, die mit Stotternden telefonieren 187
Schwerhörige 188
  Wie wirkt sich Schwerhörigkeit am Telefon aus? 190
  Tipps für Schwerhörige 190
  Tipps für Menschen, die mit Schwerhörigen telefonieren 194

Schnellsprecher und Schnellsprecherinnen 196
Tipps für Schnellsprecher und Schnellsprecherinnen 196
Tipps für Personen, die mit einem Schnellsprecher
oder einer Schnellsprecherin telefonieren 197
Dialektsprecher und Dialektsprecherinnen 197
Tipps für Dialektsprecher und Dialektsprecherinnen 198
Tipps für Menschen, die mit einem Dialektsprecher oder
einer Dialektsprecherin telefonieren 198

Telefon-Knigge: Tipps und Empfehlungen von A bis Z 200

Anklopffunktion 200
Anrufzeiten 201
Anrufzeiten bei Firmen, Behörden etc. 201
Anrufzeiten bei Privatpersonen 202
Wenn Sie zu bestimmten Zeiten nicht angerufen werden möchten 203
Auflegen (den Hörer auf die Gabel knallen) 204
Auflegen ohne Abschied 204
Ausreden lassen 205
Wenn die Person, mit der Sie telefonieren, Ihnen ständig ins Wort fällt 205
Autofahren 205
Ablenkung vom Verkehr 206
Konzentriertes Zuhören und Sprechen kaum möglich 206
Schimpfen auf andere Verkehrsteilnehmer und -teilnehmerinnen 206
Schlechte Verbindung 207
Bitte um Rückruf (Erreichbarkeit) 207
Diskretion 208
Wenn der Anruf Ihnen gilt und Sie ungestört sein möchten 208
Wenn Sie jemanden anrufen 208
Diskretion bei Handygesprächen 209
Durchwahl angeben 209
Erreichbarkeit 210
Essen beim Telefonieren 210
Füllwörter 211
Geheimniskrämerei 212
Gratulationen per Telefon 212
Hintergrundgeräusche 213
Klingeltöne 213
Kommentare (in Zuhörphasen) 213
Kommentare (Sprechpausen erklären) 214

Lautstärke am Telefon 215

Leiern 215

Monologe 216

Namensnennung 216

Nebenbeschäftigungen, Nebentätigkeiten 217

Negativphrasen (auch »Killer-« oder »Totschlagphrasen« genannt) 218

Privatgespräche am dienstlichen Anschluss 219

Rückrufversprechen 219

Säuseln und Flöten 220

Schriftliche Bestätigung 220

Soufflieren 221

   Wenn ein »Souffleur« oder eine »Souffleuse«
   Sie beim Telefonieren stört 221

Stocken, Stammeln und Stottern 222

Störungen während eines Telefongesprächs 222

   Störungen nur im Ausnahmefall zulassen 223

   Auch im Privatbereich Störungen nicht dulden 223

Unfreiwillige Gesprächsunterbrechung 224

Ungünstiger Zeitpunkt 224

»Wegdrücken« (absichtliches Auflegen) 225

»Wegdrücken« (versehentliches Auflegen) 225

Weiterverbinden 226

Verständigungsprobleme 226

Zahl der Klingeltöne 227

   Wie oft darf es klingeln, bevor der Anrufbeantworter anspringt? 227

Zuständigkeit (bei Abwesenheit des oder der Angerufenen) 227

Telefonieren in englischer Sprache 229

Melden und Begrüßen 229

Anliegen erfragen oder schildern 230

Durchstellen und verbinden 231

Um Geduld bitten und fürs Warten danken 231

Die zuständige Person erfragen oder benennen 232

Wenn die gewünschte Person nicht erreichbar ist 233

Nachrichten entgegennehmen und hinterlassen 234

Einen Anruftermin ankündigen oder vereinbaren 235

Buchen und reservieren 236

Bei schlechter Verbindung 237

Bei Verständigungsproblemen 237

Buchstaben und Ziffern unmissverständlich durchgeben 239

Abschluss, Dank und Verabschiedung 240

Auf den Anrufbeantworter sprechen 241

Moderne Telefontechnik sinnvoll nutzen 242

Abweisen unbekannter Anrufer und Anruferinnen (ACR) 243

Anklopffunktion (CW) 243

Anrufweiterschaltung, Umleitung eingehender Anrufe (CD, CF) 244

   Wer trägt die Kosten für die Weiterleitung? 245

Automatische Anrufbenachrichtigung (MWI) 246

Dreierkonferenz (3PTY) 247

Fangschaltung, Identifizieren unerwünschter Anrufer
und Anruferinnen (MCID) 248

Halten, Rückfrage, Makeln (HOLD) 249

Internettelefonie (VoIP) 251

Kurzwahl 252

Lautsprecherfunktion (Mithören) 253

Pickup-Funktion (Benutzergruppen) 253

»Rückruf bei besetzt« (CCBS) 254

Rufnummernübermittlung (CLIP) 255

Rufnummernunterdrückung (CLIR) 256

Schnurlos telefonieren 256

   Elektromagnetische Strahlung vermeiden 257

Sprachcomputer 259

Wahlsperre (Call Barring) 259

Literaturverzeichnis 260

Register 262

Die Psychologie des Telefonierens

Beim Thema Telefonieren scheiden sich die Geister. Die einen finden, es ist eine kinderleichte und ausgesprochen angenehme Tätigkeit. Die anderen empfinden Telefonate nicht gerade als erfreulich und tun sich eher schwer damit, jemanden anzurufen oder einen Anruf entgegenzunehmen. Das hat gute Gründe: Kinderleicht mag vielleicht ein Telefonat mit der besten Freundin oder dem eigenen Bruder sein, also mit einer Person, die wir gut kennen und mit der wir bestens vertraut sind.

Telefonieren fällt nicht immer leicht.

Aber im Berufsleben ist das eher die Ausnahme. Hier kommen häufiger Situationen vor, in denen uns ein Telefongespräch eher widerstrebt. Bestimmt haben Sie sich auch schon einmal dabei ertappt, wie Sie ein längst fälliges Telefonat immer wieder aufgeschoben haben und sich nicht recht erklären konnten, warum das eigentlich so ist.

Um zu begreifen, warum ein Anruf oft schwieriger ist als ein persönliches Gespräch von Angesicht zu Angesicht, sollten wir uns zunächst mit der Psychologie des Telefonierens beschäftigen.

Die Kernfrage lautet: Was ist beim Telefonieren so anders als bei einem direkten Gespräch, bei dem sich die Beteiligten sehen? Es gibt gleich mehrere Unterschiede, deren Folgen sich zum Teil gravierend auf die Verständigung auswirken können.

Unterschiede zwischen Telefonat und persönlichem Gespräch

Die Gesprächspartner(innen) sind füreinander unsichtbar

Viele nicht sprachliche Informationen lassen sich nicht per Telefon übermitteln. Folglich bleibt vieles für die Gesprächsteilnehmer(innen) im Dunkeln, zum Beispiel

Entscheidende Informationen bleiben am Telefon verborgen.

- die Mimik,
- die Gestik,
- ein Blickkontakt oder ein Wegschauen,
- Gerüche – die Redewendung »jemanden gut riechen können« hat durchaus ihren Sinn –,

- eventuelle Berührungen (fester oder schlaffer Händedruck, beschwichtigende Gesten wie etwa das Auflegen der Hand auf die Schulter des Gesprächspartners oder der Gesprächspartnerin).

Das bedeutet: Wir werden beim Telefonieren nicht lückenlos informiert, sondern uns fehlen einige wichtige Hinweise, mit denen wir das Gesagte besser entschlüsseln und die Person am anderen Ende der Leitung besser einschätzen könnten. Dies bringt eine Reihe möglicher Konsequenzen mit sich, die in den folgenden Abschnitten kurz dargestellt werden.

Fehleinschätzung der Person am anderen Ende der Leitung

Im direkten Gespräch sind optische Signale wichtig.

Anhand welcher Kriterien schätzen wir normalerweise einen Menschen ein? Verschiedenste Faktoren sorgen für den berühmten ersten Eindruck. Zunächst einmal das Aussehen: Der Mensch ordnet sein Gegenüber in erster Linie nach optischen Signalen ein. Ist eine Person groß oder klein, schlank oder dick? Wirkt ihr Äußeres adrett oder eher ungepflegt? Ist ihr Gesichtsausdruck freundlich oder unfreundlich, offen oder verschlossen? Tritt eine Person selbstbewusst oder schüchtern auf? Wie ist sie gekleidet? All diese visuellen Informationen verfestigen sich innerhalb kürzester Zeit zu einem Bild, das wir uns von unserem Gesprächspartner oder unserer Gesprächspartnerin machen.

Der Tastsinn steuert zusätzliche Informationen bei, die dieses Bild entweder verstärken oder abschwächen. Wer seinem Gegenüber zur Begrüßung kräftig die Hand drückt, wird häufig als stark, selbstbewusst und charakterfest wahrgenommen, ein schlaffer Händedruck dagegen wird in der Regel eher mit einer schwachen, passiven Haltung in Verbindung gebracht. Im Unterbewusstsein entscheidet auch der Geruch darüber, ob wir einen Menschen sympathisch finden – ihn »gut riechen können« – oder nicht.

Selbstverständlich spielt auch die Frage, wie die Stimme eines Menschen klingt und wie er sich ausdrückt, eine gewisse Rolle bei der Beurteilung. Stimme und Ausdrucksweise sind aber nicht entscheidend, solange wir uns vorwiegend auf die optische Wahrnehmung verlassen können, sondern meist nur ein weiterer Faktor.

Am Telefon zählt allein der Höreindruck.

Wie anders fällt dagegen die Einschätzung eines Menschen aus, wenn wir ihn nicht sehen, riechen oder tasten können. Von den vielfältigen Sinneseindrücken, mit denen wir normalerweise unser Gegenüber einschätzen, bleibt uns am Telefon nur das übrig, was wir hören. Bewusst lauschen wir dem Inhalt des Gesagten. Im Unterbewusstsein sind für unsere Einschätzung vor allem folgende Faktoren relevant:

- Stimmhöhe (z. B. hoch oder tief)
- Klangfarbe (z. B. heiser, piepsig, brüchig oder sonor)
- Modulation (Betonung, Sprachrhythmus, Sprachmelodie)
- Sprechgeschwindigkeit
- Lautstärke
- Sprachfluss (z. B. flüssig oder stockend).

Stimmhöhe und Klangfarbe   Stimmhöhe und Klangfarbe sind oft trügerisch, denn sie verleiten uns häufig zu Fehleinschätzungen in Bezug auf die Person, mit der wir telefonieren. Das Beurteilungsschema ist erstaunlich starr. Eine bestimmte Höhe oder Klangfarbe bringen wir häufig mit bestimmten Eigenschaften in Verbindung. Einige Beispiele:

Stimmhöhe und Klangfarbe sind oft trügerisch.

Die Stimme klingt …	Wir halten den Sprecher/die Sprecherin für …
piepsig	kindlich, naiv, unerfahren
nasal	verschnupft, hochnäsig
dünn, brüchig	unsicher
tief	sicher
sonor, voll	kompetent
heiser	erkältet

Mit einer solchen Einschätzung tun wir dem Sprecher oder der Sprecherin aber nicht selten unrecht. Denn Höhe und Klangfarbe einer Stimme sind durch biologische Ursachen determiniert (Stimmbänder, Stimmlippen, Größe und Form der Resonanzräume, hormonelle Gegebenheiten) und geben nur unzureichend Aufschluss über die Persönlichkeit, die wirklich dahintersteckt. Selbst das Alter einer Person lässt sich anhand der Stimme oft nur schwer herausfinden (außer bei Kindern und Greisen).

Modulation, Sprechgeschwindigkeit und Lautstärke   Dagegen lassen Modulation, Sprechgeschwindigkeit und Lautstärke sehr wohl gewisse Rückschlüsse auf die Person oder zumindest auf die momentane Stimmung des Sprechers oder der Sprecherin zu, wie folgende Beispiele verdeutlichen:

Modulation, Geschwindigkeit und Lautstärke

Die Stimme klingt ...	Wir halten den Sprecher/die Sprecherin für ...
laut, deutlich	selbstbewusst, fordernd, dominant
kurz, scharf	aggressiv, wütend
unnatürlich hoch, spitz	aufgebracht, ggf. auch hysterisch
schnell, hoch	aufgeregt
eintönig, leiernd	gelangweilt, routiniert

Den Klang einer Stimme am Telefon interpretieren wir übrigens nicht nur, um uns von einer unbekannten Person einen ersten Eindruck zu verschaffen, sondern auch, um die Stimmung eines Gesprächspartners oder einer Gesprächspartnerin auszuloten. Das gelingt uns umso besser, je besser wir die jeweilige Person kennen. Im Umkehrschluss heißt das aber auch: Je weniger wir mit dem Menschen vertraut sind, mit dem wir am Telefon sprechen, desto schlechter gelingt es uns, seine augenblickliche Stimmung auf Anhieb richtig zu interpretieren.

Sprachfluss   Auch im Hinblick auf den Sprachfluss sind wir gegen Irrtümer nicht gefeit. Stocken, Stammeln und Stottern sowie das Ringen um die passende Formulierung werden allzu leicht als fehlende sprachliche Gewandtheit und mitunter sogar als mangelnde Intelligenz missdeutet. Auch Verlegenheit gehört zum Spektrum der Interpretationen – ob dies nun tatsächlich der Fall ist oder nicht.

Auf die Aussagekraft einer abgehackten Sprechweise sollten Sie aber nicht allzu viel geben. Es kommt gerade am Telefon häufig vor, dass jemand ins Stocken gerät. Da Mimik und Gestik begrenzt sind und man außerdem nicht einfach auf den Gegenstand zeigen kann, dessen Bezeichnung einem gerade partout nicht einfallen will, wirken viele Personen am Telefon oft unbeholfener, als sie eigentlich sind.

Stockender Sprachfluss heißt nicht mangelnde Intelligenz.

TIPP Legen Sie nicht jedes Wort auf die Goldwaage

Bringen Sie Ihrem Gesprächspartner oder Ihrer Gesprächspartnerin stets Geduld und Wohlwollen entgegen und legen Sie nicht jedes Wort – beziehungsweise jedes Stammeln und Stottern – auf die Goldwaage. Umgekehrt sollten Sie auch mit sich selbst nicht allzu streng sein. Ein stockender Sprachfluss ist normal – er fällt am Telefon nur stärker auf als bei einem persönlichen Treffen, wo der optische Eindruck stärker von den verbalen Äußerungen ablenkt.

Fehlinterpretationen und Missverständnisse

Zwar kann die menschliche Stimme durchaus ausdrucksstark sein, die gesamte Mimik und Gestik wird sie aber dennoch niemals vollständig ersetzen. So müssen Sie damit rechnen, am Telefon nicht nur die Person, mit der Sie sprechen, falsch einzuschätzen, sondern auch das, was sie sagt. Denn der Tonfall bleibt wenig informativ, wenn unterstützende Gesten oder ein vielsagender Gesichtsausdruck fehlen, die Ihnen die eindeutige Einordnung einer Aussage ermöglichen. Dazu kommt, dass die Telefonübertragung eine Stimme häufig aus technischen Gründen leicht verfälscht und eine Interpretation daher ebenfalls erschwert.

Der Tonfall ist wenig aussage-kräftig.

Am häufigsten werden Bemerkungen falsch interpretiert beziehungsweise missverstanden, die witzig, ironisch oder sarkastisch gemeint sind. Beispiel:

Ironie und Witz: häufige Quelle für Missverständnisse

> »Sie sind heute ja wieder hoch motiviert!«

Geht aus dem Sinnzusammenhang nicht eindeutig hervor, wie diese Aussage gemeint ist, tappt der Gesprächspartner im Dunkeln: War das nun ernst gemeint (als Lob) oder ironisch (als Spott)? Um zu verdeutlichen, wie wenig hilfreich hier Klangfärbung und Modulation der Stimme sind, sprechen Sie diesen Satz einmal aus, als wäre er ernst gemeint, und anschließend einmal so, als würden Sie ihn ironisch meinen. Sie merken selbst: Der klangliche Unterschied ist so gering, dass es einer Person am anderen Ende der Telefonleitung schwerfallen dürfte, die Aussage richtig zu interpretieren.

> **TIPP Sagen Sie im Zweifelsfall dazu, wie Sie es meinen**
>
> Missverständnisse sind am Telefon also vorprogrammiert. Sie lassen sich aber vermeiden, wenn Sie dazusagen, wie Sie es gemeint haben, sobald Sie bemerken oder zumindest vermuten, dass Ihr(e) Gesprächspartner(in) das Gesagte falsch interpretiert hat. Ein Zusatz wie: »Das war jetzt ironisch gemeint« oder »Das war ein Scherz« hilft ihm oder ihr, das Gesagte richtig einzuordnen.

Täuschungsmanöver

Fehlinterpretationen werden manchmal durchaus bewusst herbeigeführt. Denn am Telefon lassen sich die eigenen Emotionen ausgesprochen gut verbergen. Dafür muss einer der Beteiligten nur seine Stimme verstellen – sonst nichts. Dass sie dann nicht mehr zum Gesichts-

Auch Täuschungs-manöver sind am Telefon üblich.

ausdruck passt, sieht ja der Gesprächspartner oder die Gesprächspartnerin nicht.

Dieses Phänomen lässt sich zum Beispiel bei Jugendlichen beobachten, die im Kreis ihrer Freunde oder Klassenkameraden am Handy den mahnenden Worten ihrer Eltern lauschen. – In gehorsamem Tonfall sagen sie: »Ja, Papa!« und verdrehen dabei die Augen, um den Umstehenden zu signalisieren, was sie wirklich von der elterlichen Gardinenpredigt halten.

Auch Erwachsene verbergen am Telefon hin und wieder ihre wahren Reaktionen, sei es aus Höflichkeit, sei es aus der Motivation heraus, sich selbst durch allzu viel Ehrlichkeit nicht zu schaden. Solche Täuschungsmanöver sind allerdings auch bei einer direkten Begegnung nie ganz auszuschließen.

Am Telefon wirkt selbst eine Lüge aufrichtig. Aber es ist ungleich schwieriger, durch Mimik, Gestik und Lautäußerungen einen vermeintlich stimmigen Eindruck zu erzeugen, als durch Lautäußerungen allein. So ist es am Telefon denkbar einfach, Begeisterung vorzutäuschen, Interesse zu heucheln oder ein gelangweiltes Gähnen zumindest so zu unterdrücken, dass der oder die Gesprächspartner(in) es nicht hören kann.

> **TIPP** **Sich am Telefon zu verstellen, ist selten ratsam**
>
> Ob andere Sie am Telefon täuschen oder nicht, können sie nicht unmittelbar beeinflussen. Ob Sie aber selbst einen unehrlichen Kommunikationsstil pflegen möchten, ist Ihre Entscheidung. Lassen Sie sich nicht dazu verführen, Ihre wahren Reaktionen stets zu verbergen. Eine gewisse Offenheit schadet nicht – solange Ihre Reaktion sachlich gerechtfertigt erscheint und Sie die Grenzen der Höflichkeit nicht überschreiten.

Nebenbeschäftigungen

Nebenbeschäftigungen sind beliebt. Es ist gar nicht so leicht, sich ausschließlich auf die Stimme der Person am anderen Ende der Leitung und auf den Inhalt, den sie telefonisch übermittelt, zu konzentrieren. Die Verlockung ist groß, neben dem Telefonieren noch anderen Beschäftigungen nachzugehen, da man am Telefon sicher sein kann, dabei nicht beobachtet zu werden.

Nebenbeschäftigungen, die das Gespräch nicht beeinträchtigen
Nicht alle Nebentätigkeiten lenken von dem Telefongespräch ab, das
der oder die Betreffende gerade führt. Das Bekritzeln von Papier beispielsweise ist ebenso häufig wie unschädlich. Die Mehrzahl der Menschen, so haben Psychologen herausgefunden, greift während eines
Telefonats zu Papier und Stift – und das nicht etwa nur, um sich Notizen zu machen. Viele malen Skizzen, Strichmännchen oder abstrakte Muster. Warum wir dazu neigen, wird von Wissenschaftlerinnen und
Wissenschaftlern immer noch diskutiert. Die Erklärungsversuche reichen von einem Abbau innerer Spannungen über eine mangelnde Aus-
lastung des Gesichtssinnes bis hin zu der These, dass der Mensch evo-
lutionsbiologisch auf körperliche Tätigkeiten und nicht auf ein Stillsit-
zen und Zuhören ausgerichtet ist.

Beschäftigun-
gen, die ein
Gespräch nicht
beeinträchtigen

Sicher ist jedoch: Gedankenverlorene Kritzeleien schaden einem Telefongespräch nicht. Sie verhindern weder das Zuhören noch das Mitdenken. Gleiches gilt für leichte Entspannungsübungen, etwa ein Dehnen, Strecken oder Drehen des Oberkörpers oder leichte Ausgleichs-
gymnastik, die nicht anstrengt, aber die verspannten Muskeln lockert.
Auch dabei kann man sich in der Regel mühelos auf ein Telefongespräch konzentrieren.

Nebenbeschäftigungen, die das Gespräch beeinträchtigen Allzu
oft gibt man am Telefon aber der Versuchung nach, nebenher eine Tätigkeit auszuüben, die selbst eine gewisse Konzentration erfordert.
Weit verbreitet ist es, während des Telefonierens E-Mails zu schreiben,
die Eingangspost zu bearbeiten, Unterlagen durchzublättern oder die
Zeitung zu lesen. Wer sich dabei ertappt, sollte innehalten. Denn mangelnde Konzentration schadet der Sache und beleidigt den Gesprächspartner.

Beschäftigungen,
die ein Gespräch
stören

> **TIPP** **Konzentrieren Sie sich konsequent nur auf eines**
>
> Falls Sie während eines Telefonats gedankenverloren mit der nächstbesten Tä-
> tigkeit begonnen haben, sollten Sie diese unterbrechen, sobald Sie sich dessen
> bewusst werden. Ist das Telefonat wichtig, konzentrieren Sie sich wieder darauf.
> Werden nur noch unwichtige Dinge besprochen, beenden Sie das Gespräch und
> widmen Sie sich erst anschließend einer anderen Beschäftigung.

Beim Telefonieren weiß niemand genau, was ihn erwartet

Wann uns das Telefonieren besonders schwerfällt

Befragt man verschiedene Menschen, in welchen Situationen sie besonders ungern zum Hörer greifen, wird schnell klar: Die Scheu vor dem Telefonieren befällt uns vor allem dann, wenn wir nicht genau wissen, was uns am anderen Ende der Leitung erwartet. Instinktiv wünschen wir uns Situationen herbei, auf die wir gefasst sind, die wir also

- voraussagen,
- interpretieren,
- erklären,
- lenken und
- beherrschen können.

Solche Situationen sind aber am Telefon deutlich seltener als bei einem persönlichen, direkten Gespräch. Unsicherheiten treten vor allem in Bezug auf folgende Faktoren auf:

Erreichbarkeit

Frustrierend: schlechte Erreichbarkeit

Schon die Frage, ob der gewünschte Gesprächspartner überhaupt erreichbar ist, verunsichert manche Menschen. Nimmt jemand bei mehrfachen Anrufversuchen nicht ab, lässt er sich ständig von anderen entschuldigen oder ruft er trotz Nachricht auf dem Anrufbeantworter nicht zurück, sind Anrufende schnell frustriert.

Zum Gefühl des Scheiterns (»Ich habe alles versucht und ihn doch nicht erreicht«) kommt womöglich noch die Spekulation über die möglichen Gründe (»Liegt das etwa an mir?«). Womöglich fühlt sich der Anrufer oder die Anruferin persönlich abgewiesen, obwohl hinter dem nicht erfolgten Rückruf gar kein Ausweichverhalten und keine persönliche Abneigung steckt.

> **TIPP Nicht lockerlassen**
>
> Gewiss: Es ist frustrierend, die gewünschte Person nicht zu erreichen. Von solchen Erfahrungen sollten Sie sich aber nicht ein für allemal negativ beeinflussen lassen. Rufen Sie weiterhin beherzt an – und verbannen Sie jeden Zweifel, es könnte an Ihrer Person liegen, entschieden aus Ihren Gedanken.

Zuständigkeit

Wer anruft, ohne zu wissen, wer sich um sein Anliegen kümmert, verliert allzu häufig schnell jegliche Motivation. In manchen Firmen, Institutionen und Behörden macht ein(e) Anrufer(in) die Erfahrung: »Da fühlt sich niemand zuständig – ich werde immer nur weiterverbunden, bekomme aber nicht die gewünschte Hilfe.«

Der Wahnsinn hat Methode: Am Telefon fällt es sehr leicht, eine unliebsame Anruferin oder einen lästigen Anrufer einfach weiterzuverbinden oder warten zu lassen, anstatt sich selbst um das Anliegen zu kümmern.

TIPP **Fordern Sie Ihr Recht ein**

Ob mit einer Beschwerde, einer Frage oder einem dringenden Wunsch: Wer Sie in der Warteschleife »verhungern« lässt, Sie ohne Sinn und Verstand an Nichtzuständige weiterverbindet oder Ihren Anruf auf das Telefon eines Nichtanwesenden durchstellt, den dürfen Sie getrost erneut anrufen. Wird der oder die Betreffende dann nicht wie gewünscht für Sie tätig, versuchen Sie es ruhig einmal auf gut Glück mit einer anderen Durchwahl. Vielleicht geraten Sie auf diese Weise an eine Person, die Ihnen weiterhilft.

Zweifel, ob das eigene Anliegen auf Verständnis stoßen wird

Auch die Frage, ob das eigene Anliegen auf Verständnis stoßen wird, verunsichert die Menschen am Telefon häufiger als im direkten Gespräch. Denn hier besteht kaum eine Möglichkeit vorzufühlen, sich zunächst mit dem Gesprächspartner oder der Gesprächspartnerin vertraut zu machen und erst dann mit der eigenen Frage, Beschwerde oder Bitte herauszurücken.

Am Telefon gibt es kaum eine Möglichkeit vorzufühlen.

Vergleichbar ist dies wohl am ehesten mit einem Gang zu einer Behörde oder zum Arzt, wo jedem Besucher und jeder Besucherin nur ein begrenztes Zeitkontingent zusteht und daher erwartet wird, dass der oder die Betreffende sein bzw. ihr Anliegen sofort vorbringt. Wer mehr Anlaufzeit braucht oder eine längere Erklärung abgeben muss, um verstanden zu werden, tut sich damit oft schwer.

Scheu gegenüber Fremden

Es gibt Menschen, die Kontaktaufnahme zu Fremden am Telefon spielend bewältigen, andere dagegen tun sich eher schwer damit. Sie machen sich Gedanken, wie die Person am anderen Ende der Leitung auf ihren Anruf reagieren wird und ob gar eine Zurückweisung droht.

Furcht vor Blamage

Zur Schüchternheit gegenüber fremden Menschen gesellt sich häufig die Furcht vor einer Blamage. Nicht jeder kann sein Anliegen am Telefon klar, freundlich und flüssig ausdrücken. Wem das schwerfällt, für den ist oft die Vorstellung ein Graus, er könnte bei seinem Gesprächspartner oder bei seiner Gesprächspartnerin einen schlechten Eindruck hinterlassen.

> **TIPP** **Seien Sie mit sich selbst nicht strenger als andere**
>
> Die Erfahrung zeigt: Stammeln, Stottern, Stocken oder Verlegenheitspausen sind
> für den Sprecher oder die Sprecherin schlimmer als für die Person, die zuhört.
> Zwar mag der erste Eindruck etwas getrübt sein, wenn Sie Ihr Anliegen am
> Telefon zunächst nicht flüssig vortragen. Aber nach ein paar Sätzen wird Ihr(e)
> Gesprächspartner(in) gemerkt haben, dass Sie durchaus ernst zu nehmen sind.

Angst vor Misserfolg

Als besonders anspruchsvoll und zuweilen sogar beängstigend empfinden viele Menschen Telefonate, bei denen sie unter hohem persönlichen Druck stehen, etwas zu erreichen.

Die Mitarbeiter in Telefonagenturen, die bestimmte Produkte oder
Dienstleistungen am Telefon potenziellen Kunden anbieten, können
von solchem Druck ein Lied singen. Aber auch eine Sekretärin, die innerhalb kürzester Zeit eine Information erfragen oder die Verbindung
zu einem kaum erreichbaren Geschäftspartner herstellen muss, fühlt
sich diesem Druck mitunter nicht gewachsen.

Durch die Angst vor einem Versagen entsteht aber häufig ein Teu-
felskreis: Am Telefon verrät die Stimme viel über die eigene Unsicherheit. Das spürt der oder die Angerufene und reagiert instinktiv abweisend oder zumindest misstrauisch. Dadurch stellt sich der gewünschte Erfolg nicht ein. Das Selbstvertrauen sinkt, und von Mal zu Mal verschlimmert sich diese Situation noch.

Druck bringt keine
Erfolge.

> **TIPP** **Schließen Sie die Möglichkeit, zu versagen, gedanklich nicht aus**
>
> Wer sich beim Telefonieren einem gewissen Druck ausgesetzt fühlt, sollte
> sich selbst zugestehen, auch einmal »versagen« zu dürfen. Sie können nur Ihr
> Bestes geben. – Ob sich aber die Person am anderen Ende der Leitung auf Ihre
> Frage, Ihre Bitte, Ihren Vorschlag oder Ihr Angebot einlässt, darauf haben Sie
> nur sehr begrenzten Einfluss. Der Erwartungshaltung von Dritten sollten Sie
> stets mit diesem Einwand begegnen – selbst wenn das bedeutet, dass man
> Sie womöglich tadelt oder an Ihrer Kompetenz zweifelt. Sie selbst müssen
> sich jedenfalls klarmachen: Es liegt nicht ausschließlich an Ihnen, wenn der
> gewünschte Erfolg ausbleibt.

Viele Firmen, Behörden und Institutionen erschweren unbewusst die telefonische Kontaktaufnahme

Sie haben es eben gelesen: Versagensangst, Druck und Unsicherheit sorgen dafür, dass viele Menschen häufig nur ungern zum Hörer greifen, selbst wenn sich dadurch eine Angelegenheit ausgesprochen schnell und unbürokratisch regeln ließe. Zu denken, das läge allein an der labilen psychischen Verfassung Betroffener, ist aber falsch. Denn vielfach sind es die Rahmenbedingungen, die solche negativen Emotionen überhaupt erst auslösen und für Vorbehalte gegenüber dem Kommunikationsmedium Telefon sorgen.

Anrufer haben es oft schwer – schuld sind die Rahmenbedingungen. Für die Rahmenbedingungen sind aber zu einem wesentlichen Teil die Firmen, Behörden oder Institutionen verantwortlich, deren Mitarbeiterinnen und Mitarbeiter angesprochen werden sollen. Zwar verfügen alle über mindestens einen Telefonanschluss. Das bedeutet aber noch lange nicht, dass sie es einem Anrufer oder einer Anruferin auch leicht machen, auf diesem Wege Kontakt mit ihnen aufzunehmen und ein Anliegen schnell und unbürokratisch zu klären.

Überlegen Sie selbst einmal, welche Telefonerfahrungen bei Ihnen in der Vergangenheit für Frust, Ärger oder Unbehagen gesorgt haben. Dann haben Sie schnell eine Erklärung dafür, wo es Probleme geben kann.

Typische Frusterlebnisse am Telefon

Beispiele für Frusterlebnisse am Telefon

Sie rufen mehrfach auf einer Behörde oder in einer Firma an. Aber entweder ist die Leitung belegt oder es nimmt einfach niemand ab.

Die einzige Telefonnummer, die Sie haben, ist die der Zentrale. Dort aber ist man nicht in der Lage, eine Person zu nennen, die Ihnen helfen kann.

Sie rufen in der Zentrale an. Dort sagt man Ihnen aber, die zuständige Dame sei nicht erreichbar. Sie bekommen weder die Durchwahl noch eine Auskunft, wann sie voraussichtlich wieder erreichbar sein wird.

Ein Ansprechpartner, den Sie dringend sprechen wollen, hat Ihnen seinen Rückruf »noch heute zur Mittagszeit« verbindlich zugesagt. Sie hüten Ihr Telefon gewissenhaft von 11:30 bis 14:30 Uhr und verzichten dafür sogar auf die Mittagspause. Der versprochene Rückruf erfolgt nicht.

Sie wenden sich mit einer Reklamation an die Beschwerde-Hotline eines Softwarehauses. In allen Einzelheiten schildern Sie die aufgetretenen Schwierigkeiten. Routiniert verspricht man Ihnen sofortige Abhilfe und verbindet Sie mit der Technik-Hotline. Wieder schildern Sie Ihren Fall. Der zuständige Techniker gibt Ihnen telefonische Instruktionen. Der Defekt ist damit aber nicht vollständig behoben. Abermals rufen Sie an – und sprechen mit einem anderen Mitarbeiter. Erneut schildern Sie den Fall und zusätzlich die Maßnahmen, die Sie schon ergriffen haben, abermals erfolglos. Sie werden irgendwie abgespeist und müssen bei jedem neuen Anruf das bisherige Prozedere neu schildern. Da niemand sich wirklich für Ihren Fall zuständig fühlt, ist die Behebung des Schadens in weite Ferne gerückt.

Sie wenden sich für eine Produktauskunft an ein Servicetelefon. Nach dem dritten Versuch erreichen Sie endlich jemanden und stellen Ihre Fragen. Anstatt diese sofort der Reihe nach zu beantworten, meint der Zuständige nur: »Wissen Sie was, am besten schicken Sie mir eine E-Mail mit Ihren Fragen. Dann kann ich mir das in Ruhe ansehen.« Die Mühe, jemanden zu erreichen, war umsonst. Jetzt müssen Sie sich erst noch die Arbeit machen, Ihre Fragen schriftlich zu formulieren, und wissen obendrein nicht, bis wann Sie mit einer Antwort rechnen können.

Es ist oft niederschmetternd zu sehen, wie unprofessionell und dilettantisch Anrufer(innen) im geschäftlichen Bereich abgefertigt werden. Aber die gute Nachricht lautet: Wer das nicht tut und sich am Telefon intensiv um seine Kunden, mögliche Interessenten und Geschäftspartner kümmert, hat alle Sympathien auf seiner Seite – was in nicht unerheblichem Maße zum eigenen Erfolg und auch zur Arbeitszufriedenheit beiträgt.

Empfehlenswert: eine Telefonrichtlinie für alle

Wer möchte, dass seine Kunden zufrieden sind und dass die Zusammenarbeit mit Geschäftspartnern und Lieferanten reibungslos verläuft, sollte alles dafür geben, Außenstehenden die telefonische Kontaktaufnahme mit dem eigenen Büro, der eigenen Kanzlei, Praxis, Firma, Behörde oder Institution so leicht wie möglich zu machen und dafür zu sorgen, dass alle telefonisch vorgebrachten Anliegen auch schnell und reibungslos bearbeitet werden. Zu diesem Zweck bietet es sich an,

Ratsam: eine verbindliche Telefonrichtlinie

- sich selbst und ggf. die eigenen Mitarbeiter zu informieren, wie man freundlich und zielgerichtet am Telefon kommuniziert,
- eine Telefonrichtlinie zu erstellen, die diese Grundsätze für jeden verbindlich und nachvollziehbar festhält,
- gelegentlich Übungen oder Schulungen zu veranstalten, bei denen der routinierte Umgang mit Anruferinnen und Anrufern geübt wird.

Unabdingbar: die Klärung der Zuständigkeiten

Wichtig: Klären Sie auch die Zuständigkeiten

Eine Telefonrichtlinie sollte nicht nur klären, wie man sich während eines Telefongesprächs verhält, sondern auch, wer für welche Anrufe zuständig ist und wer für welchen Kollegen oder welche Kollegin die (Telefon-)Vertretung übernimmt und wer sich um Anrufe kümmert, für die sich keiner so recht zuständig fühlt. Den Grundsatz, ein »herrenloses« Telefon nicht einfach klingeln zu lassen, sondern selbst abzunehmen, sollte jede(r) beherzigen.

Telefonieren am Arbeitsplatz – machen Sie es sich leicht

Voraussetzung für ein gutes Telefongespräch ist nicht allein die richtige psychische Einstellung; auch ergonomische Aspekte spielen eine wichtige Rolle. Nur wer beim Telefonieren nicht von Hintergrundgeräuschen abgelenkt wird und nicht lange in unbequemer Haltung verharren muss, kann sich auf ein Gespräch konzentrieren. Im Folgenden finden Sie einige Punkte, die Sie berücksichtigen sollten, damit das Telefonieren für Sie möglichst angenehm ist.

Richtige Körperhaltung

Atmung optimieren

Idealerweise telefonieren Sie im Stehen, wahlweise auch im Sitzen. Am besten ist eine aufrechte Körperhaltung, im Sitzen können Sie sich auch leicht zurücklehnen. Das erleichtert Ihnen die Atmung, weil dann das Lungenvolumen voll ausgeschöpft werden kann und der gesamte Raum oberhalb des Zwerchfells nicht zusammengepresst wird.

Eine aufrechte Haltung erleichtert die Atmung.

Heiserkeit vermeiden, Stimmklang verbessern

Damit Ihre Stimme gut klingt und Sie das Sprechen auch bei längeren Telefonaten nicht anstrengt, achten Sie darauf, dass die körpereigenen Resonanzräume (Mundhöhle, Nasenhöhlen, Rachenraum) möglichst frei sind. Weder eine verstopfte Nase noch das Lutschen eines Bonbons erleichtern das Sprechen oder fördern einen vollen Klang.

Lassen Sie Ihrer Stimme genügend Resonanzraum.

Falls Sie überdies zu denjenigen Menschen gehören, deren Stimme häufiger gepresst klingt und die zu Heiserkeit neigen, können Sie dies durch eine bestimmte Kopfhaltung und das Öffnen der Kehle korrigieren. Um beides zu trainieren, eignen sich Übungen, wie sie auch in der Gesangsausbildung üblich sind.

Verspannungen vermeiden

Die Position des Telefons darf nicht zu Fehlhaltungen führen.

Beim Sitzen am Schreibtisch sollten Sie stets darauf bedacht sein, sich gerade zu halten. Vermeiden Sie bewusst, die Wirbelsäule im oberen Bereich zu krümmen und einen Buckel zu machen. Diese Gefahr besteht nicht allein bei der Computerarbeit, sondern auch beim Telefonieren, etwa wenn Sie sich vorbeugen, weil die Telefonschnur zu kurz ist. Beachten Sie: Der Standort des Telefons darf Sie nicht dazu zwingen, während des Gesprächs eine starre, krumme, unbequeme oder unnatürliche Haltung einzunehmen.

Nie mit eingeklemmtem Hörer telefonieren

Vermeiden Sie außerdem den »Klassiker« aller Fehlhaltungen am Telefon: das Sprechen mit eingeklemmtem Hörer. Wer während des Telefonierens etwas in seinen Rechner eintippen will, klemmt häufig den Hörer zwischen Kopf und Schulter, um beide Hände frei zu haben. Diese Haltung führt aber zwangsläufig zu schmerzhaften Verspannungen im Nacken- und Schulterbereich, in deren Folge nicht selten Rücken- und Kopfschmerzen auftreten. Eine solche Stellung sollten Sie niemals einnehmen – auch nicht für kurze Zeit. Die Gefahr ist zu groß, sich dadurch dauerhafte Verspannungen oder wiederkehrende Muskelkrämpfe einzuhandeln.

Wer beim Telefonieren häufig beide Hände braucht, sollte sich nach einer passenden technischen Lösung umsehen. Ein Telefongerät mit eingebautem Lautsprecher kann diesen Zweck schon erfüllen, weist allerdings meist eine weniger gute Übertragungsqualität auf. Ist das Tippen beim Telefonieren an Ihrem Arbeitsplatz die Regel und nicht die Ausnahme, ist für Sie möglicherweise ein Headset die bessere Lösung, also ein ans Telefon angeschlossener Kopfhörer mit integriertem Mikrofon.

Auch die Form eines Hörers oder Mobiltelefons wirkt sich auf Ihr Wohlbefinden aus, gerade dann, wenn Sie länger telefonieren. Ihre Hand soll sich im Laufe des Gesprächs nicht verkrampfen, weil das Halten zu anstrengend oder unbequem ist. Die meisten Telefonmodelle sind in der Vergangenheit auch im Hinblick auf die Ergonomie verbessert worden.

Der Hörer sollte ergonomisch geformt sein.

Ob ein Telefonhörer oder Mobiltelefon die Anforderungen erfüllt, hängt nicht zuletzt von derjenigen Person ab, die damit telefoniert. So unterschiedlich die einzelnen Menschen sind, so unterschiedlich fallen auch ihre Bewertungen im Hinblick auf die Ergonomie aus. Falls Sie selbst ein Gerät auswählen, achten Sie nicht nur darauf, dass der Hörer gut in Ihrer Hand liegt, sondern halten Sie ihn auch testweise an Ihr Ohr, um zu prüfen, ob Sie mit der Größe, dem Gewicht und der Form zurechtkommen.

Handys in der passenden Größe wählen

Zeitweise konnte man den Eindruck gewinnen, der Hang zum Minimalismus sei bei Mobiltelefonen ungebrochen. Immer kleiner wurden die angebotenen Modelle, und mit ihnen auch die Tastatur dieser Geräte. Nicht wenige Menschen – und bei Weitem nicht nur ältere Personen – haben dadurch Probleme beim Wählen und beim Bedienen des Menüs. Viele kämpfen daneben auch mit der Schwierigkeit, das Handy während eines Gesprächs im wahrsten Sinne des Wortes richtig »in den Griff zu bekommen« und ohne Verkrampfungen in der Hand ans eigene Ohr zu halten.

Handys: Klein ist nicht immer praktisch.

Geräuschkulisse

Raumakustik verbessern

Konzentriert telefonieren kann nur, wer in seiner Umgebung nicht dauernd Störgeräuschen ausgesetzt ist. Nicht jeder genießt den Luxus eines eigenen, abgeschirmten Büros. Gruppen- und Großraumbüros sind heute keine Seltenheit, und das bedeutet automatisch: mehr Lärm. Daher ist es wichtig, die Arbeitsumgebung im Hinblick auf die Raumakustik zu optimieren. Wie empfindlich einzelne Menschen auf die jeweilige Geräuschkulisse reagieren, ist allerdings auch eine Frage der subjektiven Empfindung. Der eine verträgt mehr Lärm, der andere weniger. Oft reichen schon kleine Veränderungen, um Geräusche zu dämpfen. Zwei Faktoren bestimmen im Wesentlichen die Raumakustik: der Geräuschpegel, also die Lautstärke, und die Nachhallzeit, das heißt, wie lange ein Geräusch braucht, bevor es weitgehend abgeklungen ist.

Der Geräuschpegel im Hintergrund

Die Lautstärke lässt sich selten verringern.

Am Geräuschpegel in Ihrer Arbeitsumgebung können Sie häufig nichts ändern. Sie können allenfalls Ihre Bürogenossen bitten, den Klingelton ihrer Telefongeräte oder Handys leiser zu stellen. Ob die Bitte, sich ruhiger zu verhalten, dauerhaft mehr Ruhe bringt, sei dahingestellt. Lärmende Geräte, etwa laute Kopier- oder Faxgeräte, sollten Sie in größerer Entfernung aufstellen. Ist das nicht möglich, hilft es, sie mit einer schalldämmenden Trennwand oder einem Regal abzuschirmen.

Die Nachhallzeit

Je nach Beschaffenheit eines Raumes braucht ein Geräusch unterschiedlich lange, ehe es abgeklungen ist. Deshalb ist die Nachhallzeit eine wichtige Größe bei der Optimierung der Raumakustik. Definiert ist sie als die Zeitspanne, die vergeht, bis ein Schallereignis um 60 Dezibel abnimmt, also praktisch unhörbar wird. In einer Kirche kann die Nachhallzeit gut und gerne fünf bis sechs Sekunden betragen, in einem privaten Wohnzimmer sind es etwa 0,5 Sekunden. Eine lange Nachhallzeit bedeutet, ein Geräusch bleibt lange im Raum, eine kurze Nachhallzeit bedeutet, es klingt schnell ab.

Besser beeinflussbar: die Nachhallzeit

Allerdings bewirkt eine allzu kurze Nachhallzeit, dass ein Geräusch eher pointiert wahrgenommen wird. Stimmen wird man in einem Raum mit langer Nachhallzeit eher als unverständliches Hintergrundgemurmel wahrnehmen, der Geräuschpegel wird sich zudem schnell aufschaukeln, sobald sich mehrere Personen im Raum unterhalten. Bei allzu kurzer Nachhallzeit besteht dagegen die Gefahr, jedes einzelne Wort zu verstehen, was nicht unbedingt angenehm ist, wenn man an den jeweiligen Gesprächen gar nicht teilnimmt. Ideal für Großraum- und Gruppenbüros ist daher in der Regel eine Nachhallzeit von etwa 0,7 Sekunden.

Dennoch gilt: Fast immer, wenn die in einem Gruppen- oder Großraumbüro Arbeitenden die Hintergrundgeräusche als unerträglich empfinden, liegt das selten allein an einem hohen Geräuschpegel, sondern häufig auch an einer zu langen Nachhallzeit. Um diese zu verkürzen, können Sie selbst eine Menge tun.

Was verkürzt die Nachhallzeit? Die Nachhallzeit verkürzen alle Einrichtungsgegenstände, die den Schall schlucken, sprich: dämpfen beziehungsweise absorbieren. Glatte Flächen ohne Oberflächenstruktur sind dafür nicht geeignet, denn sie reflektieren Geräusche und werfen sie folglich in den Raum zurück. Ideal sind dagegen Teppiche, Vorhänge (leichte Stores genügen allerdings nicht), gefüllte Bücherregale oder eine Wandverkleidung mit Durchbrechungen (also etwa eine Paneelwand mit Lücken, hinter der sich schallabsorbierende Mineralwolle oder ein Vlies verbirgt). Selbst Zimmerpflanzen tragen in gewissem Umfang zur Schallabsorption bei, indem sie den Schall ein wenig streuen.

Eine schalldämpfende Einrichtung reduziert die Nachhallzeit.

Wo sollten schalldämpfende Gegenstände am besten platziert werden? Schalldämpfende Einrichtungsgegenstände entfalten ihre Wirkung umso besser, je näher sie an den einzelnen Geräuschquellen platziert werden. Das bedeutet: Schon das Auslegen eines Teppichläufers unter jedem Schreibtisch kann den Schall dämpfen, gerade in Büros, in denen Telefongespräche den Hauptteil der Geräuschkulisse ausmachen. Sie können auch eine Magnetpinnwand neben jedem Schreibtischarbeitsplatz aufhängen. Sie sollte aber mit Löchern und einem Vlies hinter der Metallfläche versehen sein, um die schallabsorbierende Wirkung zu erfüllen. Korkpinnwände erfüllen diesen Zweck nicht; sie sind zu glatt, um Schallwellen aufzunehmen.

Übertragungsqualität

Störgeräusche gibt es nicht nur aus der Umgebung, sondern bisweilen auch direkt aus dem benutzten Telefongerät. Damit sollten Sie sich nicht einfach abfinden.

Echos

Störende Echos nicht einfach hinnehmen

Die meisten Menschen empfinden es als extrem störend, beim Telefonieren einen Nachhall der eigenen Stimme oder der des Gesprächspartners beziehungsweise der Gesprächspartnerin zu hören. Besonders häufig kommen solche Echos bei der Internettelefonie vor, aber auch bei Mobiltelefonen, Freisprecheinrichtungen, Headsets oder Telefongeräten mit eingeschaltetem Lautsprecher. Die Ursache dafür ist

- entweder eine akustische Rückkopplung zwischen dem Lautsprecher und dem Mikrofon des jeweiligen Endgeräts (Telefon, Handy, Freisprechanlage, Headset)
- oder eine ungewollte Reflexion digitaler Signale innerhalb der Telefonleitung, die bevorzugt an Übergangsstellen auftritt.

Technische Lösungen gegen Echos und Störgeräusche

Solche Probleme können Sie weitestgehend vermeiden durch den Einsatz des richtigen Empfangsgeräts, in das sogenannte Echokompensatoren eingebaut sind. Das sind Schaltkreise, die unerwünschte Echoerscheinungen ausgleichen. Es gibt akustische Echokompensatoren, die Sie in der Gerätebeschreibung an dem Kürzel AEC (acoustic echo canceller) erkennen. Leitungsechokompensatoren werden mit LEC (line echo canceller) abgekürzt.

Bei Mobiltelefonen und Freisprecheinrichtungen hilft die sogenannte Echo- und Geräuschunterdrückung gegen Störgeräusche. Ob diese Funktion bei Ihrem bevorzugten Modell verfügbar ist, erkennen Sie an der Abkürzung DSP (digital signal processor).

Handlungen, die die Übertragungsqualität beeinträchtigen

Aber auch durch eigenes Verhalten können Sie dafür sorgen, dass Ihr Gesprächspartner oder Ihre Gesprächspartnerin keinen unangenehmen Höreindruck bekommt. Auf keinen Fall sollten Sie

Fehler, die die Übertragungsqualität mindern

- in den Hörer flüstern, denn dabei dominieren die Zischlaute. Solche hohen Frequenzen empfindet das menschliche Ohr als unangenehm. Wollen Sie vermeiden, dass eine in Ihrem Büro anwesende Person mithört, sollten Sie leise sprechen oder sich zum Telefonieren an einen ungestörten Ort begeben;
- die Hand schützend auf das Mikrofon Ihres Hörers halten, um zu verhindern, dass laute Geräusche aus Ihrer Umgebung an das Ohr Ihres Gesprächspartners oder Ihrer Gesprächspartnerin dringen. Denn selbst laute Hintergrundgeräusche werden durch den Hörer meist nur sehr schwach übertragen, eine Abschirmung mit der Hand ist daher nicht nötig. Sie bewirkt aber, dass sich Ihre Stimme für die Person am anderen Ende der Leitung scharf und zischend anhört. Das sollten Sie vermeiden.

Richtig kommunizieren – auch am Telefon unerlässlich

Verständlichkeit
und Klarheit

Damit ein Telefongespräch zum gewünschten Erfolg führt, müssen zwei Voraussetzungen erfüllt sein:

- Verständlichkeit – Die Gesprächspartner(innen) müssen einander verstehen. Das bedeutet, sie müssen jedes gesprochene Wort korrekt hören und es richtig in den Zusammenhang des Gesagten einordnen.
- Klare, psychologisch kluge Kommunikation – Die beteiligten Personen müssen ihrem Gegenüber ihre Absicht und ihr Gesprächsziel begreiflich machen. Zum Sichverständigen gehört auch, aufeinander einzugehen und bei Differenzen einen Kompromiss zu finden.

Lesen Sie im Folgenden, wie Sie am Telefon für Verständlichkeit sorgen und sich zudem eine klare, zielführende und psychologisch kluge Art der Kommunikation aneignen.

Tipps für eine verständliche Sprechweise

Verstehen und verstanden werden – davon hängt bei einem Telefongespräch viel ab. Verschiedene Faktoren bestimmen, wie gut die Person am anderen Ende der Leitung Sie versteht. Wichtig ist zunächst eine deutliche Aussprache, die das Zuhören erleichtert. Sie sollten aber auch dafür sorgen, dass die jeweilige Person den Überblick nicht verliert und dem Gespräch mit Interesse folgen kann. Um dies sicherzustellen, stehen Ihnen verschiedene Instrumente zur Verfügung.

Artikulation

Deutliche Artiku-
lation erleichtert
das Verstehen.

Das Wort »Artikulation« bedeutet »Lautbildung, Aussprache« (von lat. »articulare« = deutlich aussprechen). Tatsächlich macht erst der spezifische Wechsel zwischen verschiedenen Lauten die menschliche Sprache überhaupt aus. Wie die einzelnen Laute – Vokale und Konsonanten – aufeinander folgen, bestimmt die Bedeutung von Wörtern und Silben.

Verständlich wird das gesprochene Wort vor allem, indem die einzelnen Laute bewusst geformt – also artikuliert – werden. Schädlich im Hinblick auf die Verständlichkeit ist das Weglassen von Einzellauten, Silben und ganzen Wörtern, aber auch das nachlässige Verschmelzen mehrerer Laute miteinander. Der Volksmund spricht hier von »Verschlucken«.

Beispiele für das »Verschlucken« von Lauten

»Gunaaamd« statt »Guten Abend«

»Haste maaa'« statt »Hast du (ein)mal«

»Hamse« statt »Haben Sie«

»gegang'« statt »gegangen«

»gekomm'« statt »gekommen«

Die Gründe für das Verschlucken von Lauten sind vielfältig. So spielen Nachlässigkeit, eine schlecht trainierte Sprechmuskulatur oder ein allzu hastiges Sprechen eine große Rolle. Zudem zeigen die meisten Dialekte einen gewissen Hang zum Verschlucken ganz bestimmter Silben. Das Phänomen ist aber auch in der Standardsprache nicht unbekannt.

Besonders Konsonanten (etwa B, D, F, G, L, M, N, P, S, T) sind häufig betroffen, denn sie zu formen, erfordert mehr Anstrengung als die Bildung von Vokalen (A, E, I, O, U) und Umlauten (Ä, Ö, Ü). Bei Konsonanten muss die ausströmende Atemluft gezielt gehemmt, umgeleitet oder eingeengt werden. Dagegen kann die Atemluft die Kehle, den Rachen und den Mundraum bei Vokalen und Umlauten weitgehend ungehindert passieren. Für eine deutliche Aussprache der Konsonanten müssen also die einzelnen Muskelgruppen stärker aktiviert werden. Wer dabei nachlässig ist, wird zwangsläufig weniger klar sprechen als jemand, der die beteiligten Muskeln gezielt anspannt. Auch die Angewohnheit vieler Menschen, die Lippen und Zähne beim Sprechen kaum zu öffnen, wirkt sich negativ auf die Verständlichkeit aus.

Eine deutliche Artikulation lässt sich gezielt trainieren. Hierfür seien Ihnen zwei Übungen empfohlen, die professionelle Radio- und Fernsehmoderatoren, aber auch die Mitarbeiter in Telefonagenturen (Callcenter) regelmäßig praktizieren:

Aus Nachlässigkeit werden häufig Laute verschluckt.

Drei Übungen, um die Artikulation zu verbessern

1. Klemmen Sie einen Korken zwischen Ihre Zähne, als wollten Sie ein Stück davon abbeißen. Achten Sie aber darauf, dass Sie Ihre Zunge noch recht frei bewegen können. Versuchen Sie, damit so deutlich und genau wie möglich zu sprechen.
2. Tragen Sie einen Text in scharfem Flüsterton vor und konzentrieren Sie sich darauf, dass auch die Konsonanten trotz der geringen Lautstärke noch hörbar bleiben.
3. Stellen Sie sich vor, Ihnen säße ein gehörloser Mensch gegenüber, der von Ihrem Mund ablesen muss. Sprechen Sie einen Text und machen Sie dabei übertrieben deutliche Mundbewegungen.

Diese Übungen zwingen Sie, die einzelnen Laute besonders klar zu artikulieren. Bei den ersten beiden Übungen wird Ihre gesamte Sprechmuskulatur trainiert. Die dritte Übung richtet sich vorwiegend an Menschen, die beim Sprechen den Mund tendenziell zu wenig öffnen und die ihre Lippenmuskulatur stärken wollen.

Die Übungen können Sie auch gezielt vor einem wichtigen Telefonat durchführen, denn die gute Artikulation bleibt Ihnen danach – zumindest noch für eine Weile – erhalten, selbst wenn Sie Ihre Sprechmuskulatur ansonsten nicht regelmäßig trainieren.

Sprechtempo

Ein gemäßigtes Sprechtempo ist nicht nur im Hinblick auf die Verständlichkeit sinnvoll. Zu schnelles, hektisches Sprechen macht es dem Zuhörer oder der Zuhörerin schwer, Ihrem Gedankengang zu folgen. Außerdem verleitet es zu der Annahme, Sie seien aufgeregt, unsicher oder nervös.

Aber auch allzu gedehntes, betont langsames Sprechen kommt nicht immer gut an, denn es vermittelt häufig den Eindruck, der Sprecher oder die Sprecherin sei entnervt (»Jaa-a!«, »Ich hab es gehöö-ört!«) oder halte die Person am anderen Ende der Leitung für begriffsstutzig.

Erstrebenswert ist eine mittlere Sprechgeschwindigkeit, die Sie am besten erreichen, indem Sie sich ganz auf das konzentrieren, was Sie gerade sagen. Vermeiden Sie bewusst, dabei mit Ihren Gedanken schon zum nächsten Punkt vorauszueilen. Falls Sie befürchten, eine Idee könnte Ihnen dadurch abhandenkommen, machen Sie sich eine Notiz auf einem Zettel, aber lassen Sie sich danach nicht weiter ablenken.

Ob sich die Sprechgeschwindigkeit wirklich reduzieren lässt, ist nicht nur eine Frage des Trainings, sondern auch der individuellen Veranlagung. Es gibt notorische Schnellsprecher, die schon vieles versucht haben, um sich ein langsameres Sprechen anzugewöhnen, und trotzdem keinen Erfolg damit hatten. Für solche Menschen gibt es eine Alternative zum Langsamsprechen.

> **TIPP** **Machen Sie Sprechpausen**
>
> Notorische Schnellsprecher sollten darauf achten, während des Sprechens häufiger Pausen einzulegen. Pausen erhöhen – ähnlich wie langsames Sprechen – die Verständlichkeit, weil sie dem Zuhörer oder der Zuhörerin Zeit lassen, das Gesagte zu verarbeiten. Darüber hinaus vermitteln Pausen auch den Eindruck von Sicherheit: Eine Person, die sich Zeit nimmt, Ihre Gedanken in Ruhe auszuformulieren, wirkt selbstbewusst. Pausen zu machen lässt sich zudem leichter einüben als eine dauerhafte Änderung der Sprechgeschwindigkeit.

Pausen erleichtern bei Schnellsprechern das Zuhören.

Lautstärke

Bei einem direkten Gespräch von Angesicht zu Angesicht können wir in der Regel recht gut einschätzen, wie laut oder wie leise wir für unseren Gesprächspartner beziehungsweise unsere Gesprächspartnerin zu hören sind. Denn wir vernehmen klar, in welcher Lautstärke die eigene Stimme in dem Raum widerhallt, in dem wir uns aufhalten.

Beim Telefonieren dagegen kommt es in dieser Hinsicht viel häufiger zu Fehleinschätzungen. Wie laut unsere Stimme klingt oder wie sie übertragen wird, lässt sich mit dem Ohr am Hörer nicht unbedingt erraten. Deshalb orientieren wir uns meist an der Lautstärke der Töne, die uns aus dem Telefon entgegenschallen. Je nachdem, wie gut wir sie hören, sprechen wir selbst lauter oder leiser. Zu übertriebener Lautstärke neigen daher vor allem Menschen,

Am Telefon fehlt das Gefühl für die richtige Lautstärke.

- die mit einer Person telefonieren, die leise spricht oder deren Stimme nur leise übertragen wird,
- die diversen Hintergrundgeräuschen ausgesetzt sind und deshalb den Menschen am anderen Ende der Leitung kaum verstehen,
- die versuchen, laute Hintergrundgeräusche in der eigenen Umgebung zu übertönen oder
- die unter Schwerhörigkeit leiden und deren Höreindruck daher ohnehin schwächer ist als bei Normalhörenden.

Lautes Sprechen wirkt selbstbewusst. Zu lautes Sprechen erweckt allerdings oft den Eindruck, der Sprecher oder die Sprecherin sei ein aufdringlicher, dominanter oder aggressiver Mensch. Eine Stimme, die allzu laut aus dem Hörer schallt, empfinden wir selten als angenehm. Zudem stört allzu lautes Telefonieren auch die anderen Personen, die sich womöglich im selben Büro aufhalten.

Bei zu lautem Telefonieren gilt: Blenden Sie Hintergrundgeräusche während eines Gesprächs aus. Schließen Sie Ihre Bürotür, damit möglichst kein Geräusch von außen eindringen kann. Auch Hintergrundmusik – etwa in einem Ladengeschäft – beeinträchtigt das Gefühl für die richtige Lautstärke der eigenen Stimme am Telefon. Ein Ort ohne Musik ist daher immer besser zum Telefonieren geeignet.

In einem Großraumbüro können Sie das Stimmengemurmel im Hintergrund natürlich nicht einfach ausblenden. Hier sollten Sie sich ganz bewusst darauf konzentrieren, beim Telefonieren Ihre normale Sprechlautstärke beizubehalten. Falls Sie nicht sicher sind, ob Sie zu laut sprechen, fragen Sie ruhig bei Ihrem Gesprächspartner oder Ihrer Gesprächspartnerin nach. Auf diese Weise lässt sich die eigene Lautstärke justieren.

TIPP **Drehen Sie den Lautstärkeregler Ihres Telefons nach oben**

An vielen Telefongeräten lässt sich die Empfangslautstärke regeln, nicht aber die Lautstärke, mit der die eigene Stimme übertragen wird. Falls Sie beim Telefonieren grundsätzlich dazu neigen, zu laut zu sprechen, stellen Sie den Lautstärkeregler an Ihrem Telefon höher. Dann hören Sie die Stimme Ihres Gesprächspartners oder Ihrer Gesprächspartnerin lauter. Das wird Sie dazu veranlassen, Ihre eigene Stimme etwas zu senken.

Eine leise Stimme wirkt oft schüchtern, unsicher oder nervös – was bei beruflichen Telefonaten nicht unbedingt erstrebenswert ist. Schon deswegen sollten Sie sich bemühen, stets in angemessener Lautstärke in den Hörer zu sprechen. Die Ursache für zu leises Sprechen liegt häufig darin, dass die eigenen Stimmbänder zu stark beansprucht sind oder nicht genügend Atemluft zur Verfügung steht. Schon durch eine aufrechte Haltung können Sie hier Abhilfe schaffen. Atmen Sie nicht flach, sondern gezielt tief in den Bauchraum. Diese sogenannte Zwerchfellatmung wird es Ihnen erleichtern, die einzelnen Töne ohne Anstrengung der Stimmbänder laut genug zu bilden.

Hin und wieder ist auch das Empfangsgerät oder die Verbindung schuld daran, dass die Stimmen der Gesprächsteilnehmer(innen) zu leise übertragen werden.

TIPP **Auch der Abstand zum Mikrofon lässt sich verändern**

Wenn Sie sich damit schwertun, die eigene Sprechlautstärke zu reduzieren oder zu erhöhen, ändern Sie stattdessen den Abstand zwischen Ihrem Mund und dem Mikrofon im Hörer. Je nachdem, ob Sie es direkt vor die Lippen halten oder in etwas größerer Entfernung, hört die Person am anderen Ende der Leitung Ihre Stimme lauter oder leiser.

Bei zu leisem Sprechen genügt oft schon ein Drehen des Hörers, sodass sich das Mikrofon wirklich direkt vor Ihrem Mund befindet. Dann treffen die Schallwellen, die Sie erzeugen, den Hörer in gebündelter Form, und Ihr Gesprächspartner oder Ihre Gesprächspartnerin hört Sie besser, selbst wenn Sie nicht lauter sprechen. Umgekehrt hilft bei zu lautem Sprechen auch ein Wegdrehen des Hörermikrofons in Richtung Nase und Kinn, die Lautstärke zu vermindern.

Ändern Sie notfalls den Abstand zwischen Mund und Hörermikrofon.

Stimmlage

Jeder Mensch sollte am Telefon in seiner normalen Stimmlage sprechen. Das geschieht aber nicht immer. Häufig ist das natürliche Klangspektrum in Richtung der hohen Töne verschoben, was bevorzugt passiert, wenn der oder die Telefonierende aufgeregt ist. Aber aufgepasst: Eine zu hohe Stimmlage wirkt leicht kindlich. Sie kann – unbeabsichtigt – Naivität, Unterlegenheit oder übertriebene Dienstfertigkeit suggerieren. Sie sollten sich daher angewöhnen, am Telefon stets in Ihrer gewohnten Stimmlage zu sprechen, die meist etwas tiefer ist als bei Aufregung.

Bei Aufregung wird die Stimme höher.

TIPP **So finden Sie zu Ihrer gewohnten Stimmlage zurück**

Wenn Sie bemerken, dass Sie am Telefon mit unnatürlich hoher Stimme sprechen, machen Sie eine kurze Sprechpause. Konzentrieren Sie sich dabei bewusst auf das Ausatmen und senken Sie Ihr Kinn in Richtung Brustkorb. Auf diese Weise bekommen Sie Ihre Aufregung in den Griff, und automatisch wird auch Ihre Stimme wieder tiefer.

Modulation

Je weniger mono-
ton die Sprache,
desto leichter fällt
das Zuhören.

Bei der Modulation geht es um Sprachmelodie, Sprachrhythmus und Betonung. Diese drei Faktoren sind nicht nur für eine gute Verständlichkeit wichtig, sie bestimmen auch darüber, wie gut und wie gern die Person am anderen Ende der Leitung Ihnen zuhört.

Sie kennen das Phänomen: Neigt jemand zu Monotonie (»Leiern«), ist es schwer, dieser Person für längere Zeit aufmerksam zu folgen. Die Gedanken schweifen unwillkürlich ab – und schon haben Sie womöglich eine entscheidende Information verpasst, die gerade gesagt wurde. Der wichtigste Tipp im Hinblick auf die Modulation lautet daher: Vermeiden Sie Monotonie.

Die Sprachme-
lodie variiert
von Mensch zu
Mensch.

Sprachmelodie   Wie stark Sie während des Sprechens zwischen hohen und tiefen Tönen abwechseln und wie weit das Tonspektrum nach oben und unten reicht, ist weitestgehend eine Frage der individuellen Veranlagung. Es gibt gewisse geschlechtsspezifische Unterschiede: Frauen neigen eher zu einer ausgeprägten Sprachmelodie, bei Männern dagegen ist der Wechsel zwischen lang und kurz oft charakteristischer als der Wechsel zwischen hoch und tief. Eine melodiöse Sprache empfindet ein Zuhörer oder eine Zuhörerin aber durchaus als angenehm, solange sie nicht gekünstelt klingt.

> **Warnung: Übertreiben Sie es nicht mit dem Auf und Ab der Töne!**
>
> Vor allem, wer am Telefon oft das Gleiche sagen muss, neigt mitunter zu Übertreibungen. Wenn Sie beispielsweise am Empfang eines Hotels, in der Telefonzentrale einer Firma sitzen oder im Callcenter für die Beschwerdehotline eines Dienstleisters zuständig sind, ist diese Gefahr groß. Allzu ausgeprägtes »Flöten« sollten Sie aber vermeiden, denn es klingt gekünstelt und unecht.

Wer die Stimme
am Satzende hebt,
wirkt unsicher.

Auch wenn Sie sich eine ausgeprägte Sprachmelodie nicht angewöhnen können – und dies wahrscheinlich auch gar nicht wollen –, sollten Sie beim Sprechen auf eines achten: auf den Klang Ihrer Stimme jeweils am Ende eines Satzes. Denn dieser Klang ist gar nicht so unbedeutend für die Wirkung des Gesagten. Am Telefon möchte jeder Mensch gern sicher und selbstbewusst wirken. Aber die Angewohnheit vieler Menschen, die Stimme am Satzende zu heben, macht dieses Bestreben häufig zunichte. Probieren Sie es selbst einmal aus und sprechen Sie die folgenden Sätze zweimal laut aus:

- einmal mit einer zum Satzende hin abfallenden Tonhöhe und
- einmal mit zum Satzende hin ansteigenden Tonhöhe.

> »Ich finde das nicht richtig.«
> »Das halte ich für eine gute Idee.«
> »Davon bin ich überzeugt.«

Sie merken selbst: Wenn Sie Ihre Stimme zum Satzende hin anheben, klingt das wie eine Frage – oder so, als wollten Sie noch einen Satz anfügen, der mit »aber« beginnt und dem Gesagten widerspricht. Genauso wird Ihre Aussage dann auch von der Person aufgefasst, mit der Sie gerade telefonieren: Intuitiv wird sie vermuten, Sie hegten selbst gewisse Zweifel oder wollten das Gesagte anschließend sofort wieder infrage stellen.

TIPP **Gewöhnen Sie sich an, am Satzende die Stimme zu senken**

Wenn Sie am Telefon Sicherheit und Selbstbewusstsein vermitteln möchten, sollten Sie sich angewöhnen, die Stimme am Ende eines Satzes zu senken. Damit verhindern Sie, dass Ihr Gesprächspartner oder Ihre Gesprächspartnerin allein durch den Klang Ihrer Stimme zu einem Widerspruch ermuntert wird.

Heben Sie Ihre Stimme am Satzende nur, wenn Sie das Gesagte tatsächlich bezweifeln, wenn Sie im Anschluss gleich Gegenargumente dazu anführen oder wenn Sie wirklich eine Frage stellen wollen.

Senken Sie die Stimme am Schluss eines Aussagesatzes.

Sprachrhythmus und Betonung   Selbst wenn Sie nicht zu den Menschen gehören, deren Satzmelodie sehr ausgeprägt ist, können Sie doch mit einem guten Sprachrhythmus und einer ausgeprägten Betonung für mehr Abwechslung sorgen. Das sollten Sie auch tun, damit Ihr Gesprächspartner oder Ihre Gesprächspartnerin das Zuhören nicht als langweilig oder anstrengend empfindet.

Heben Sie Wichtiges sprachlich hervor,

- indem Sie entsprechende Pausen vor und nach einer bedeutsamen Aussage machen,
- indem Sie einzelne, entscheidende Wörter stärker betonen als den Rest des Satzes und
- indem Sie bestimmte Silben bewusst in die Länge ziehen oder lauter aussprechen.

Heben Sie Wichtiges hervor.

Je stärker die
emotionale
Beteiligung, desto
weniger monoton
die Sprache

TIPP | **Sprechen Sie mit emotionaler Beteiligung**

Einen speziellen Rhythmus oder die richtige Betonung brauchen Sie sich nicht
erst mühsam anzueignen. In der Regel besitzen Sie das richtige Gefühl dafür.
Sie müssen das, was Sie sagen, lediglich mit emotionaler Beteiligung aussprechen, sich also mit Ihrer Aussage identifizieren.

Den Unterschied können Sie sich verdeutlichen, indem Sie eine frei gehaltene
Rede vergleichen mit einer Rede, die der oder die Vortragende vom Blatt abliest
und unter Umständen noch nicht einmal selbst geschrieben hat. Letztere wird
mit weniger emotionaler Beteiligung gehalten – und folglich fällt es dem
Publikum auch schwerer, zuzuhören.

Ausdrucksweise

Drücken Sie
sich am Telefon
möglichst
einfach aus.

Am Telefon muss Ihr Gesprächspartner oder Ihre Gesprächspartnerin
sofort verstehen, was Sie sagen. Die betreffende Person hat Ihren Text
nicht vor sich, kann also den Text weder zurückspulen noch erneut
durchlesen, um sich Vergessenes wieder ins Gedächtnis zu rufen. Schon
im eigenen Interesse sollten Sie sich daher möglichst kurz und einfach
ausdrücken. Folgende Ratschläge helfen Ihnen, dies zu beherzigen:

- Vermeiden Sie Schachtelsätze.
- Vermeiden Sie unnötig komplizierte Satzkonstruktionen.
- Vermeiden Sie ermüdende Aufzählungen.
- Ersetzen Sie Fremd- und Fachwörter durch verständliche Begriffe.
- Sprechen Sie bildhaft statt abstrakt.

Schachtelsätze
erschweren das
Verstehen.

Schachtelsätze vermeiden Unser Kurzzeitgedächtnis kann im
Durchschnitt 7 bis 14 Wörter speichern. Was darüber hinausgeht, wird
gar nicht erst erfasst, sondern gleich aussortiert. Im Idealfall zählt ein
Satz beim Telefonieren also nicht mehr als 14 Wörter. Sie werden aber
zugeben: Das ist oft zu wenig, um einen komplexen Gedanken auszudrücken. Versuchen Sie deshalb, einen Gedankengang in mehrere Sätze
aufzuspalten. Beispiel:

Nicht so (langer Schachtelsatz):	Sondern so (einzelne, kurze Sätze):
Herr Dr. Mohr, unser Orthopäde, den ich gestern bezüglich ihrer Beschwerden befragt habe, lässt Ihnen ausrichten, dass es – zumindest nach seiner Erfahrung – so gut wie ausgeschlossen sei, dass diese Symptome durch eine ernsthafte Verletzung verursacht würden.	Gestern habe ich unseren Orthopäden, Herrn Dr. Mohr, zu Ihren Beschwerden befragt. Er meinte: Diese Symptome würden nicht durch eine ernsthafte Verletzung verursacht. Zumindest nach seiner Erfahrung sei das so gut wie ausgeschlossen.

Ist es nicht möglich, einen Gedanken in kurze Sätze aufzuspalten, sind längere Aussagen durchaus erlaubt. Achten Sie aber auf eine sinnvolle Reihenfolge. Denn unverständlich wird ein Satz vor allem dann, wenn ein Gedankengang ständig durch neue Gedanken unterbrochen wird. Je mehr Nebengedanken Sie in Einschüben und Nebensätzen unterbringen, desto unverständlicher wird Ihre Aussage. Leicht verständlich ist dagegen auch ein längerer Satz, solange darin nur ein Gedanke auf dem anderen aufbaut. Beispiel:

Achten Sie bei langen Sätzen auf eine logische Abfolge der Gedanken.

Nicht so (unnötig verschachtelt):	Sondern so (der Reihe nach):
Im Hinblick auf die Beseitigung vom Müll im Naturschutzgebiet – das Thema kam erneut in der letzten Sitzung zur Sprache und wurde kontrovers diskutiert – will der Stadtrat jetzt Fakten schaffen, indem er – und dafür werden noch Freiwillige gesucht – in zwei Wochen eine Waldputzaktion veranstaltet.	Das Thema Müll im Naturschutzgebiet kam bei der letzten Sitzung erneut zur Sprache. Nach kontroverser Diskussion stimmten fast alle Teilnehmer für eine Waldputzaktion, die in zwei Wochen stattfinden soll und für die noch Freiwillige gesucht werden.

Einschübe sind nicht verboten, solange sie kurz oder formelhaft sind. Unproblematisch sind beispielsweise folgende Einfügungen:

Kurze Einschübe sind erlaubt.

- soviel ich weiß –
- meiner Meinung nach –
- meint er/meint sie –
- soviel ist sicher –
- und davon gehe ich aus –

Ganze Sätze oder Nebensätze sollten Sie dagegen nicht als Einschub verwenden. Denn Sie wissen ja: Was über die Grenze von 7 bis 14 Wörtern hinausgeht, blockiert das Kurzzeitgedächtnis und verhindert, dass der Zuhörer oder die Zuhörerin den Kerngedanken der Aussage erfasst.

Vermeiden Sie umständliche Satzkonstruktionen. **Unnötig komplizierte Satzkonstruktionen vermeiden** Komplizierte Satzkonstruktionen kommen meist eher bei der schriftlichen Kommunikation vor. Gemeint sind beispielsweise

- der Gebrauch von Verben im Passiv statt im Aktiv (»Die Regelung wurde seitens der Hausverwaltung zum ersten Januar dieses Jahres eingeführt«),
- Aussagen im Nominalstil (»Vorschläge zur Umsetzung der Vorgaben hinsichtlich der Lärmschutzrichtlinie«) und
- umständliche Partizipialkonstruktionen (»die von den geplanten Änderungen voraussichtlich am meisten betroffenen Personen«).

Dagegen neigt ein Mensch im Gespräch – auch im Telefongespräch – glücklicherweise dazu, die Dinge möglichst einfach auszudrücken. Eine Ausnahme gibt es allerdings: Immer dann, wenn es auf Genauigkeit ankommt oder sich ein Sachverhalt nicht ohne Weiteres vereinfachen lässt, werden auch im (Telefon-)Gespräch gern komplizierte Satzkonstruktionen verwendet. Das rührt daher, dass sich viele Menschen gerade bei rechtlichen Sachverhalten, Verwaltungsvorschriften oder wissenschaftlichen Erkenntnissen eher am Wortlaut irgendwelcher Schriftstücke orientieren, statt den Inhalt in eigene Worte zu fassen. Dies aber macht es der Person am anderen Ende der Leitung fast unmöglich, dem Gesagten zu folgen. Daher gilt: Drücken Sie Ihre Gedanken möglichst in Ihrer eigenen Sprache aus. Konkret:

Aktiv statt Passiv

Gebrauchen Sie Verben nicht im Passiv, sondern im Aktiv	
Nicht so:	**Sondern so:**
Seitens der Hochschulverwaltung wurde mir mitgeteilt, …	Die Hochschulverwaltung hat mir mitgeteilt, …
Durch die jüngste Spendenaktion konnten für unsere Organisation 10.000 Euro eingesammelt werden.	Die jüngste Spendenaktion hat unserer Organisation 10.000 Euro eingebracht.

Verwenden Sie Verben statt Substantive

Nicht so:

Die rasche Nutzbarmachung des neuen Entsorgungskonzeptes sollte im Vordergrund sämtlicher Bemühungen stehen.

Vorschläge zur Steigerung der Attraktivität unserer Produktpräsentationen auf der CEBIT

Sondern so:

Wir sollten uns bemühen, das neue Entsorgungskonzept so schnell wie möglich nutzbar zu machen.

Vorschläge, wie wir unsere Produkte auf der CEBIT noch attraktiver präsentieren können.

Lösen Sie sperrige Partizipialkonstruktionen auf

Nicht so:

Der in der gestrigen Sitzung von Frau Dahl vorgebrachte Einwand …

Ihre hinsichtlich der Messgenauigkeit geäußerten Bedenken …

Sondern so:

Der Einwand, den Frau Dahl in der gestrigen Sitzung vorbrachte, …

Ihre Bedenken im Hinblick auf die Messgenauigkeit …

Vermeiden Sie Aufzählungen   Längere Aufzählungen mögen in gedruckter Form leicht zu erfassen sein – vor allem, wenn sie mit einem Spiegelstrich oder Punkt sauber und tabellarisch untereinander stehen. Im gesprochenen Text sind sie dagegen schwer zu verstehen. Das liegt nicht am Zuhörer oder der Zuhörerin, sondern an der Person, die spricht: Aufzählungen werden automatisch »heruntergeleiert«, also mit immer gleicher Sprachmelodie, gleicher Betonung und stets dem gleichen Rhythmus vorgetragen. Das ist Monotonie pur!

Sie können sich das geradezu bildlich vorstellen: Auch im direkten Gespräch verdreht eine Person die Augen in Richtung Himmel und ihre Stimme klingt immer gleich, sobald sie in den Aufzählungsmodus verfällt. Das tun wir zwangsläufig, wenn wir bemüht sind, nur ja keinen Aufzählungspunkt zu vergessen.

> **TIPP** **Bilden Sie einzelne Sätze statt längerer Aufzählungsketten**
>
> Lösen Sie längere Aufzählungen auf. Bilden Sie für jeden Aufzählungspunkt
> einen ganzen Satz und achten Sie bewusst darauf, diese Sätze nicht immer
> gleich zu bilden und auszusprechen. Es hilft auch, zu jedem Aufzählungspunkt
> gleich eine Erläuterung zu formulieren. Damit umgehen Sie die Monotonie, die
> fast immer mit einer Aufzählung einhergeht.

Fremdwörter und Fachbegriffe durch verständliche Wörter ersetzen Wenn sich zwei Experten der gleichen Fachrichtung am Telefon unterhalten, sind Fremdwörter und Fachbegriffe kein Problem. Anders sieht es aus, wenn eine der beiden Personen sich im betreffenden Gebiet nicht so gut auskennt und die andere das nicht weiß bzw. darauf keine Rücksicht nimmt. Hier lautet die klare Empfehlung: Stellen Sie sich auf das fachliche Niveau Ihres Gesprächspartners oder Ihrer Gesprächspartnerin ein. Lassen Sie Fremd- oder Fachwörter weg, sofern diese nicht allgemein verständlich sind. Sagen Sie beispielsweise

- als Arzt oder Ärztin nicht »Influenza«, sondern »Grippe«,
- als Rechtsanwalt oder Rechtsanwältin nicht »ex ante« und »ex post«, sondern »aus früherer Sicht« und »im Nachhinein, aus heutiger Perspektive«,
- als Computerexperte oder -expertin nicht »RAM« oder »Random access memory«, sondern »Arbeitsspeicher«.

Gibt es für ein Fremdwort keine gleichbedeutende deutsche Übersetzung oder kein Lehnwort, das sich längst eingebürgert hat, dann erklären Sie, was damit gemeint ist.

Bildhafte Ausdrücke verwenden Zuhören kann der Mensch am anderen Ende der Leitung am besten, wenn das Gesagte sofort eine Vorstellung oder ein Bild in seinem Kopf hervorruft. Daher sollten Sie, wo immer das möglich ist, eher bildhafte Ausdrücke verwenden anstatt abstrakter Begriffe. Leider neigen Unternehmen, Wissenschaft und Verwaltung gleichermaßen dazu, schöne, konkrete, bildhafte Wörter mehr und mehr durch farblose, abstrakte, bürokratische Begriffe zu ersetzen. Ein Beispiel, das dies verdeutlicht:

Was ist eine »Personenvereinzelungsanlage«?

Dieses bürokratische Begriffsungetüm hat eine Stadtverwaltung erfunden. Gemeint ist schlicht und ergreifend ein Drehkreuz. Stellen Sie gedanklich diese beiden Begriffe nebeneinander. Bei einem Drehkreuz kann sich jedes Kind sofort ein Bild davon machen, welche Vorrichtung gemeint ist: Sie dreht sich und sieht von oben aus wie ein Kreuz. Bei einer »Personenvereinzelungsanlage« wird es nicht nur Kindern schwerfallen, sich etwas Sinnvolles darunter vorzustellen.

Zugegeben, ganz so augenfällig ist der Unterschied bei vielen anderen Begriffen nicht. Längst haben auch viele abstrakte Begriffe für handfeste Alltagsgegenstände Eingang in unsere Sprache gefunden. Trotzdem gilt: Wann immer Sie die Wahl haben, bevorzugen Sie den bildhafteren, anschaulicheren Begriff. Dann versteht Ihr Gesprächspartner oder Ihre Gesprächspartnerin sofort, was Sie meinen. Einige weitere Beispiele:

> Wenn Sie die Wahl haben, bevorzugen Sie den bildhaften Begriff.

Sagen Sie nicht:	Sondern sagen Sie:
Minderjährige	Kinder und Jugendliche
Gefährt	Auto, Fahrrad, Motorrad
Städtische Grünanlagen	Stadtpark
Kübelgrün	Topfpflanze
Kommunen	Städte und Gemeinden
Gebäck	Kekse, Kuchen

Besonderheiten beim Durchgeben von Namen und Adressen

Bei Namen und Adressen kommt es darauf an, dass die Person am anderen Ende der Leitung jeden einzelnen Buchstaben richtig mitbekommt. Hier ist das Telefonalphabet hilfreich. Allerdings sollten Sie nicht übergangslos beginnen, einen Namen im Telefonalphabet zu buchstabieren, sondern dies zunächst ankündigen (»Ich buchstabiere«). Das international übliche Telefonalphabet finden Sie im Kapitel »Telefonieren auf Englisch«. In Deutschland gebräuchlich ist diese Variante:

> Beim Durchgeben von Namen hilft das Telefonalphabet.

Das in Deutschland gebräuchliche Telefonalphabet							
A	Anton	I	Ida	Q	Quelle	Y	Ypsilon
B	Berta	J	Julius	R	Richard	Z	Zeppelin
C	Cäsar	K	Kaufmann	S	Siegfried	Ä	Ärger
D	Dora	L	Ludwig	T	Theodor	Ö	Ökonom
E	Emil	M	Martha	U	Ulrich	Ü	Übermut
F	Friedrich	N	Nordpol	V	Viktor	Ch	Charlotte
G	Gustav	O	Otto	W	Wilhelm	Sch	Schule
H	Heinrich	P	Paula	X	Xanthippe	ß	Eszett

Erfragen Sie gleich die richtige Schreibweise.

Wenn Sie selbst nach einem Namen fragen, lassen Sie ihn sich stets auch gleich buchstabieren. Spätestens wenn Sie der betreffenden Person einen Brief oder eine E-Mail schreiben wollen, werden Sie froh sein, wenn Sie die korrekte Schreibweise schon kennen und nicht noch mühsam nachfragen müssen.

Sonderzeichen richtig durchgeben

Bei Internet- und E-Mail-Adressen müssen Sie zuweilen auch bestimmte Sonderzeichen durchgeben:

@	at {æt}, Klammeraffe, At-Zeichen	-	Minus, Bindestrich	.	dot, Punkt	/	slash {slæʃ}, Schrägstrich

Nachfragen ist erlaubt

Nachfragen, bevor es zu Missverständnissen kommt

Wenn Sie etwas am Telefon nicht verstanden haben, scheuen Sie sich nicht, nachzufragen. Das gilt auch für den Namen Ihres Gesprächspartners oder Ihrer Gesprächspartnerin, der zwar am Anfang in der Regel genannt, häufig aber nicht sofort verstanden wird. Nach dem Namen können Sie selbst noch am Ende eines längeren Telefonats fragen.

> »Ich muss ja zugeben, dass ich Ihren Namen eingangs nicht ganz verstanden habe. Können Sie ihn mir noch einmal sagen?«

> »Ich bin nicht sicher, ob ich Ihren Namen richtig mitbekommen habe. Wären Sie so nett, ihn mir zu buchstabieren?«

Tipps für eine klare, zielführende und psychologisch kluge Kommunikation

Ob ein Telefongespräch erfolgreich verläuft, haben Sie zum großen Teil selbst in der Hand. Es liegt nicht nur daran, wie verständlich Sie sich ausdrücken, sondern auch, ob Sie klar und psychologisch geschickt vermitteln, was Sie sagen beziehungsweise erreichen wollen. Hierzu im Folgenden einige Tipps.

Bereiten Sie sich vor

Es ist selten aufwendig, ein Telefongespräch vorzubereiten. Bevor Sie die Nummer der Person wählen, mit der Sie sprechen wollen, sollten Sie sich aber Gedanken machen: über Ihre Ziele und – falls nötig – auch über den besten Weg, sie zu erreichen. Diese Vorbereitung bringt eine ganze Menge. Schließlich wollen Sie Situationen vermeiden, in denen Sie den Hörer mit dem diffusen Gefühl auf die Gabel legen, nichts von dem erreicht zu haben, was Sie eigentlich wollten.

Bereiten Sie jedes Telefonat vor.

Als Faustformel gilt: Je mehr für Sie von einem Telefonat abhängt, desto besser sollten Sie sich vorbereiten.

Kernfrage: Was wollen Sie erreichen?

Wollen Sie eine bestimmte Auskunft erhalten? Haben Sie ein bestimmtes Problem, das die Person am anderen Ende der Leitung für Sie lösen soll? Müssen Sie Ihrem Gesprächspartner oder Ihrer Gesprächspartnerin nur eine bestimmte Information geben? Oder wollen Sie, etwa bei einem Angebot, über den Preis verhandeln? – Was auch immer Ihr Anliegen ist, machen Sie sich auf jeden Fall Notizen dazu, was Sie erreichen wollen. Fassen Sie Ihre Gesprächsziele so konkret wie möglich. Überlegen Sie sich, welche Reaktion Sie sich von Ihrem Gesprächspartner oder Ihrer Gesprächspartnerin wünschen und setzen Sie dafür notfalls sogar eine Frist. Einige Beispiele:

Legen Sie Ihre Ziele konkret fest.

Zu unkonkret:	Konkret, mit Handlungsanweisung:
»Ich will mich wegen einer überhöhten Rechnung beschweren.«	»Bei meiner Rechnung sind zwei Posten fragwürdig. Ich will erreichen, dass der Aussteller sie streicht und mir binnen zwei Wochen eine neue, entsprechend nach unten korrigierte Rechnung ausstellt.«

Zu unkonkret:	Konkret, mit Handlungsanweisung:
»Ich will einen Auftrag bekommen.«	»Ich will herausbekommen, ob meine Leistungen für die betreffende Firma interessant sind. Falls ja, möchte ich den Namen und die Abteilung derjenigen Person erfahren, die über die Auftragsvergabe entscheidet, und sie – falls möglich – von einem Angebot meinerseits überzeugen.«
»Ich will einen Software-lieferanten im Preis herunter-handeln.«	»12.000 Euro sind zuviel, meine Firma will maximal 10.000 Euro zahlen. Ich möchte den Anbieter fragen, ob sich sein Softwarepaket entsprechend abspecken lässt, ohne wichtige Funktionen einzubüßen. Ein neues schriftliches Angebot soll mir bis Ende nächster Woche vorliegen.«

Überlegen Sie, wie sich ein Ziel am besten erreichen lässt.

Manchmal empfiehlt es sich, auch den Weg aufzuschreiben, der zum gewünschten Ziel führen könnte. Meist genügen Stichworte. So stellen Sie sicher, dass Sie nichts vergessen. Ein Beispiel für solche Notizen:

Telefonat mit A. Büchle,

Werbeagentur Stellberg & Schöne

1. *Kurze Info über den Bearbeitungsstand, Warnung: Verspätung möglich.*
2. *Abgabetermin endgültig? Oder Verlängerung möglich? Bis wann höchstens? – (Verlängerung um eine Woche wäre optimal)*
3. *Technische Fragen:*
   Daten in welcher Form abgeben?
   Bilder als .jpg– oder .tif–Datei?
   Probeausdruck per Post nötig? Oder reichen die Daten per E-Mail?

Ziele klar vermitteln

Vermitteln Sie Ihre Ziele im Gespräch klar und deutlich.

Wenn Sie für sich selbst geklärt haben, was Sie wollen, fällt es Ihnen leicht, Ihre Ziele auch dem Menschen zu vermitteln, mit dem Sie gerade telefonieren. Nehmen Sie Ihren Notizzettel stets als Leitfaden, um beim Telefonieren das Wichtigste nicht zu vergessen. So stellen Sie sicher, dass Sie das Gewünschte auch zur Sprache bringen und nicht etwa abschweifen oder sich durch andere Themen ablenken lassen, die Ihr Gesprächspartner oder Ihre Gesprächspartnerin aufbringt.

Höflichkeit und Freundlichkeit sind das A und O

Den Mitarbeitern von Telefonagenturen wird in ihren Einweisungen oft empfohlen, während eines Gesprächs möglichst zu lächeln. Das verbessere ihre innere Einstellung gegenüber dem Gesprächspartner oder der Gesprächspartnerin entscheidend. Tatsächlich haben Psychologen herausgefunden, dass schon ein kleines Lächeln unsere Stimmung ein wenig aufhellt. Ob dieses Patentrezept allerdings auch bei schwierigen Telefonaten funktioniert, sei dahingestellt.

Höflichkeit und Freundlichkeit sind entscheidend.

Tatsache ist aber: Eine positive innere Einstellung wirkt sich günstig auf ein Telefonat aus. Sie kommen weiter, wenn Sie der Person am anderen Ende der Leitung mit Respekt begegnen und ihr Wertschätzung entgegenbringen. Freundlichkeit schafft die beste Gesprächsatmosphäre, zumindest aber höflich sollten Sie am Telefon auf jeden Fall sein.

Orientieren Sie sich an Ihrem Gesprächspartner beziehungsweise Ihrer Gesprächspartnerin Nicht umsonst heißt es im Volksmund »Wie man in den Wald hineinruft, so schallt es heraus.« Das heißt: Je freundlicher Sie sind, desto eher wird Ihr Gesprächspartner oder Ihre Gesprächspartnerin Ihre Freundlichkeit erwidern. Lassen Sie sich aber umgekehrt von einem muffigen, schlecht gelaunten Anrufer nicht zur Unfreundlichkeit verleiten. Bleiben Sie freundlich und höflich.

Freundlichkeit schafft eine gute Gesprächsatmosphäre.

Nennen Sie die andere Person häufiger beim Namen

Fast alle Menschen mögen es, bei ihrem Namen genannt zu werden. Die Namensnennung sollten Sie daher nicht nur auf die Begrüßung beschränken. Flechten Sie während eines Telefonats den Namen Ihres Gesprächspartners oder Ihrer Gesprächspartnerin ruhig hin und wieder ein. Das ist umso wirkungsvoller, je weniger gut Sie einen Anrufer oder eine Anruferin kennen. Dann stellt sich bei der betreffenden Person schneller ein vertrautes Gefühl ein. Übertreiben Sie die Namensnennung aber nicht: Durch allzu häufiges Ansprechen mit dem Namen fühlen sich manche Menschen bedrängt.

Nennen Sie öfter den Namen der anderen Person.

Bei unerfreulichen Anlässen: Konzentrieren Sie sich auf die Sachebene Ein Mindestmaß an Höflichkeit ist auch bei einem unerfreulichen Gespräch nicht zuviel verlangt. Nehmen Sie die Person am anderen Ende der Leitung ernst. Machen Sie sich klar, dass sie schon deshalb Respekt verdient, weil sie ein fühlender Mensch und nicht etwa ein gefühlloser Roboter ist.

Auch bei unerfreulichen Gesprächen höflich bleiben

Falls Sie sich ärgern, konzentrieren Sie sich auf die Sachebene des

Gesprächs und nicht auf den Menschen, mit dem Sie sprechen. Es hilft Ihnen nichts, ihn anzugreifen oder zu beschuldigen. Das wird ihn auch nicht motivieren, sich inhaltlich mit Ihrem Anliegen auseinanderzusetzen. Wenn Sie möglichst objektiv schildern, warum Sie sich ärgern und was Ihr Gesprächspartner oder Ihre Gesprächspartnerin tun kann, um Ihren Verdruss zu mindern, wird die betreffende Person am ehesten auf Sie eingehen.

Nie im ersten Ärger zum Hörer greifen

TIPP **Niemals im ersten Ärger zum Telefonhörer greifen**

Es mag verlockend sein, eine unerfreuliche Angelegenheit sofort durch einen Anruf aus der Welt zu schaffen. Das sollten Sie aber nicht in der ersten Aufwallung von Ärger tun, denn harsche Worte würden nur Ihre negativen Gefühle auf den Gesprächspartner oder die Gesprächspartnerin übertragen. Der oder die Angerufene würde sich womöglich beleidigt, gedemütigt, zu Unrecht beschuldigt oder angegriffen fühlen. Dass Ihr Ärger einen offenkundigen Grund hat, nähme er oder sie in diesem Moment gar nicht wahr.

Warten Sie lieber, bis Ihr Ärger etwas abgeklungen ist. Dann sind Sie in der Lage, den Grund für Ihren Verdruss am Telefon sachlich darzustellen und der Person am anderen Ende der Leitung zu vermitteln, was Sie von ihr erwarten.

Aktiv zuhören: fast noch wichtiger als reden

Zuhören ist so wichtig wie reden.

Beim Telefonieren geht es um eine wechselseitige Verständigung. Es sind also nicht nur die Dinge wichtig, die Sie sagen wollen, sondern auch die Dinge, die die Person am anderen Ende der Leitung anspricht.

Nicht nur mit halbem Ohr zuhören

Viele Menschen betrachten Phasen, in denen die andere Person redet, als willkommene Gelegenheit, »nachzuladen«. Sie überlegen sich bereits, was sie als Nächstes sagen wollen, rüsten sich mit neuen Argumenten und sind gedanklich schon bei ihrem nächsten Redebeitrag anstatt bei dem, was die andere Person ihnen gerade erzählt. Sie hören allenfalls mit halbem Ohr zu – also genau genommen gar nicht.

Ein solches »Zuhören mit halbem Ohr« sollten Sie sich aber gar nicht erst angewöhnen, es schadet nur der Verständigung. Konzentrieren Sie sich stattdessen voll und ganz aufs Zuhören. Lassen Sie sich nicht passiv berieseln, sondern zeigen Sie Interesse an dem, was Ihr Gesprächspartner oder Ihre Gesprächspartnerin Ihnen gerade sagt. Fühlen Sie sich in den Menschen ein, mit dem Sie gerade telefonieren, und denken Sie mit bei dem, was er sagt.

Die Zauberformel lautet »aktiv zuhören«. Damit kommen Sie schneller an Ihr Ziel, beugen Missverständnissen vor (»Das haben Sie mir nie gesagt«), und selbst bei Meinungsverschiedenheiten finden Sie auf diese Weise eher einen für beide Seiten akzeptablen Kompromiss. Folgende Techniken erleichtern Ihnen das aktive Zuhören am Telefon:

Techniken aktiven Zuhörens

Gesagtes kurz kommentieren   Beim Zuhören geht es nicht darum, sofort eine eigene Stellungnahme abzugeben. Das heben Sie sich lieber für später auf. Stattdessen geht es zunächst darum zu signalisieren, dass das Gesagte bei Ihnen angekommen ist. Im direkten Gespräch würde beispielsweise ein Nicken diesen Zweck erfüllen. Da solche Gesten am Telefon nicht wahrgenommen werden, müssen Sie ein hörbares Zeichen von sich geben, etwa einen kurzen Kommentar. Beispiele:

Kurze Kommentare zeigen, dass Sie zuhören.

> **Kurze Kommentare, die Sie beim Zuhören einstreuen können**
>
> »Ja«, »Aha«, »Verstehe ich«, »Finde ich richtig«, »Richtig«, »Habe ich auch schon erlebt«, »Genau«, »Geht mir genauso«, »Sie haben recht«, »Stimmt«, »Ein wichtiger Aspekt«, »Finde ich auch«, »Klingt plausibel«, »Kann ich nachvollziehen«.

Rückfragen   Auch indem Sie hin und wieder eine Rückfrage stellen, demonstrieren Sie, wie aufmerksam Sie zuhören. Die Fragetechnik hat zudem noch weitere Vorteile: Auf diese Weise zwingen Sie die Person am anderen Ende der Leitung zu mehr Klarheit, etwa

Rückfragen zwingen zur Klarheit.

- wenn die Aussage bislang noch recht vage geblieben ist,
- wenn sich der oder die Betreffende offenbar nicht recht festlegen will oder
- wenn er oder sie einfach nicht zum Punkt kommt.

Aber Vorsicht: Verwenden Sie die Rückfragetechnik nicht, um etwa vorhandene Zweifel an der Schilderung anzumelden (»Und Sie sind wirklich der Meinung, unsere Abbuchung wäre nicht gerechtfertigt?«). Rückfragen dienen in der Zuhörphase ausschließlich der Klärung der Frage, was Ihr Gesprächspartner oder Ihre Gesprächspartnerin Ihnen sagen will beziehungsweise worauf er oder sie hinauswill. Ein skeptischer oder ironischer Unterton ist nicht angebracht. Bleiben Sie sachlich und fragen Sie ernsthaft nach. Beispiele:

Die Rückfragetechnik nicht verwenden, um Gesagtes anzuzweifeln

Rückfragen während des Zuhörens

- Eine Anruferin beschwert sich über eine angeblich ungerechtfertigte Abbuchung. – »Können Sie mir kurz darlegen, inwiefern die Abbuchung aus Ihrer Sicht ungerechtfertigt ist?«
- Ein Dienstleister schildert ausführlich die Vorzüge seines Angebots. – »Eine kurze Frage: Was ist aus Ihrer Sicht der entscheidende Vorteil?«
- Eine Mitarbeiterin beklagt sich beim Vorgesetzten über das unfaire Verhalten eines Kollegen. – »Nur zur Klarstellung – haben Sie ihn schon darauf angesprochen?«
- Ein Experte referiert über eine komplizierte Studie und verliert sich in fachlichen Details. – »Um es auf den Punkt zu bringen – welche Ergebnisse sind aus Ihrer Sicht für unser Vorhaben relevant?«

Unausgesprochene Emotionen zur Sprache bringen

Ungesagte Botschaften zur Sprache bringen Eine Äußerung enthält nicht nur die reine Sachinformation, die laut ausgesprochen wird. Oftmals schwingen auch Empfindungen und Emotionen mit, die verständlicherweise meist nicht laut ausgesprochen werden. In bestimmten Situationen kann es aber sinnvoll sein, diese Emotionen explizit zur Sprache zu bringen, um dann sachlich darauf einzugehen. Das ist immer dann der Fall, wenn der Fokus einer Aussage nicht auf der Sachebene liegt, sondern auf dem emotionalen Gehalt. Die folgenden Gesprächsausschnitte verdeutlichen, was damit gemeint ist:

So bringen Sie die Gefühlsebene an die Oberfläche

- »Schon zweimal haben Sie mir eine Antwort auf meine E-Mail-Anfrage versprochen und ich habe immer noch nichts von Ihnen gehört.« – »Das heißt, Sie sind verärgert?« – »Ja genau. Ich ärgere mich, weil das so lange dauert.« – »Ihren Ärger kann ich verstehen. Es ist wirklich kaum zu entschuldigen, Sie unnötig so lange warten zu lassen. Allerdings …«
- »Auf meine Argumente sind Sie bei der gestrigen Sitzung ja kaum eingegangen.« – »Sie fühlen sich übergangen?« – »Nicht direkt übergangen, aber ich finde schon, dass meine Rechercheergebnisse mehr Aufmerksamkeit verdient hätten.« – »Wenn bei Ihnen dieser Eindruck entstanden sein sollte, tut mir das leid. Ich kann Ihnen aber versichern, dass Ihre Einwände nicht ungehört geblieben sind …«

Einen Gedanken weiterführen Manche Menschen reden ohne Punkt und Komma, anderen fällt es schwer, ihre Gedanken in Worte zu fassen. Solche Menschen ermuntern Sie, mit ihrer Schilderung fortzufahren, indem Sie den zuletzt geäußerten Gedanken weiterführen und dann eine Frage stellen. Beispiele:

Führen Sie eine angefangene Schilderung weiter.

So ermuntern Sie jemanden fortzufahren

- »Da beschloss ich, ihn auf den Fehler anzusprechen.« – »Sie haben Herrn Oberleitner also zur Rede gestellt. Wie hat er reagiert?«
- »Also habe ich bei Ihnen ein Bücherregal bestellt, das auch pünktlich geliefert und aufgestellt wurde.« – »Aber irgendetwas stimmt nicht, sonst würden Sie nicht bei mir anrufen. Womit sind Sie unzufrieden?«
- »Damals dachte ich, die Internetnutzung sei im pauschalen Monatspreis inbegriffen.« – »Und jetzt haben Sie eine Mobilfunkrechnung in astronomischer Höhe bekommen und stellen fest, dass das nicht so ist?« – »Genau. Ich habe natürlich schon beim Anbieter angerufen.« – »Der vermutlich behauptet, es hätte alles seine Richtigkeit?« – »Zumindest bestreitet er, mit einer Flatrate für die UMTS-Nutzung geworben zu haben und verweist auf den Vertrag.« – »Das heißt, er weigert sich, den Vertrag rückgängig zu machen.« – »Stimmt. Er besteht auf der Mindestlaufzeit von zwei Jahren und kommt mir auch bei der aktuellen Rechnung in Bezug auf die Höhe nicht entgegen.« – »Und aus diesem Grund haben Sie beschlossen, sich bei mir rechtlichen Beistand zu holen.« – »Richtig. Ich möchte, dass Sie meine Chancen prüfen.«

Gesagtes kurz in eigenen Worten zusammenfassen Fassen Sie das, was Ihnen die Person am anderen Ende der Leitung sagt, ruhig von Zeit zu Zeit mit eigenen Worten zusammen. Das empfiehlt sich besonders

Fassen Sie das Gesagte in eigenen Worten zusammen.

- wenn die betreffende Person sehr aufgebracht oder nervös ist,
- wenn sich der geschilderte Vorgang kompliziert anhört oder
- bei einer kontroversen Debatte.

Eine kurze Zusammenfassung bringt auch ein erhitztes Gespräch schnell zurück auf die Sachebene. Ein aufgebrachter oder nervöser Mensch lässt sich leichter besänftigen, wenn er sich verstanden fühlt. Eine erhitzte Debatte verliert an Vehemenz, wenn Sie der gegnerischen Person zeigen, dass Sie sich auch die Gegenargumente anhören und sie bei Ihrer Meinungsfindung berücksichtigen.

Ihre Zusammenfassung sollte stets von der Frage begleitet sein, ob Sie Ihren Gesprächspartner oder Ihre Gesprächspartnerin auch richtig wiedergeben. Falls nicht, geben Sie der anderen Person die Möglichkeit, falsch Verstandenes richtigzustellen. Beispiele:

So fassen Sie das Gesagte zusammen

- »Korrigieren sie mich, wenn ich Ihre Meinung jetzt falsch wiedergebe: Sie folgern aus dem Gutachten, dass wir um weitere Sanierungsmaßnahmen nicht herumkommen, und halten jedes Provisorium an diesem Altbau für zu gefährlich.«
- »Habe ich Sie richtig verstanden? Sie sind enttäuscht, weil wir Sie nicht bei der nächsten Messe in Österreich eingeplant haben, obwohl Sie gern dabei gewesen wären?«
- »Ich wiederhole, was Sie mir eben gesagt haben: Sie haben den Mangel an Ihrem neuen Flachbildschirm schon vor drei Monaten entdeckt und ihn damals zur Reparatur an uns zurückgeschickt. Danach funktionierte er kurzfristig, ist aber jetzt erneut defekt. Ist das korrekt?«
- »Noch einmal: Sie haben grundsätzlich Interesse an unserer Leistung. Der Preis aber erscheint Ihnen zu hoch, und deshalb wollen Sie jetzt absagen. Ist das richtig?«

Eine kurze Zusammenfassung verschafft Ihnen wieder Gehör.

Mit dieser Technik schaffen Sie es mühelos, sich auch für Ihren Redebeitrag wieder Gehör zu verschaffen. Formulieren Sie Ihre Antwort aber erst, wenn die Person am anderen Ende der Leitung Ihrer Zusammenfassung auch zustimmt und keine neuen Aspekte mehr vorbringen will. Erst dann wird sie auch bereit sein, Ihnen wieder ihre volle Aufmerksamkeit zu schenken.

Schweigephasen überbrücken

Schweigen muss am Telefon überbrückt werden.

Schweigephasen sind in jedem Gespräch normal – man redet nicht ständig ohne Punkt und Komma. Sitzen sich zwei Personen in einem Raum gegenüber, ist das Schweigen auch nicht unangenehm. Es wird durch Mimik oder Gestik überbrückt beziehungsweise es erklärt sich von selbst, wenn eine Person für kurze Zeit mit etwas anderem beschäftigt ist (sich zum Beispiel Notizen macht oder etwas in ihren Unterlagen sucht).

Am Telefon fehlen Ihnen diese Zusatzinformationen, die ansonsten Ihr Auge liefert. Deshalb ist es sinnvoll, Schweigephasen zu überbrücken. Kommentieren Sie die Tätigkeiten, die Sie davon abhalten, eine sofortige Antwort zu geben. Sagen Sie ehrlich, was Sie gerade machen. Beispiele:

So erklären Sie ein Schweigen

- »Einen Moment – ich bin gerade etwas wortkarg, weil ich mitschreibe, was Sie gerade gesagt haben.«
- »Augenblick – ich blättere hier nur gerade Ihre Akte durch, damit ich den Vorgang vor mir habe.«
- »Bitte warten Sie kurz – ich bin gerade dabei, die gewünschte Datei zu öffnen. Mein Computer ist etwas langsam.«
- »Nicht wundern, wenn das jetzt so lange dauert. Ich kämpfe gerade mit den Tücken der Technik.«

Schon ist klar, was Sie tun, warum Sie unaufmerksam wirken oder warum die gewünschte Antwort noch auf sich warten lässt. Aber auch, wenn Sie um eine Antwort verlegen sind, sollten Sie etwas sagen – gewissermaßen als Ersatz für ein Achselzucken, ein Kopfschütteln oder einen nachdenklichen oder zögernden Gesichtsausdruck. Beispiele:

Kommentare, wenn Ihnen keine passende Antwort einfällt

- »Damit erwischen Sie mich jetzt auf dem falschen Fuß. Da muss ich mich erst informieren, bevor ich etwas Falsches sage.«
- »Das sind ja unerhörte Neuigkeiten. Mir fehlen die Worte.«
- »Jetzt bin ich so verblüfft, dass mir erst einmal keine Antwort einfällt. Lassen Sie mich einen Moment nachdenken.«
- »Uff – jetzt bin ich sprachlos. Was soll ich dazu sagen?«

Spaßhaften oder ironischen Unterton erklären

Wenn sich die Gesprächspartner nicht gut kennen, kann eine Aussage am Telefon falsch interpretiert werden. Diese Gefahr besteht vor allem bei scherzhaften, ironischen oder spöttischen Bemerkungen. Das bedeutet: Wenn Sie befürchten, die Person am anderen Ende der Leitung könnte Ihre Aussage für bare Münze nehmen und die Ironie darin nicht wahrnehmen, sagen Sie dazu, dass das jetzt nicht ernst gemeint war. Beispiele:

Ironie wird bei einem Telefonat oft nicht verstanden.

Wie Sie auf einen ironischen Tonfall verweisen

- »Man hat Sie also höchst zuvorkommend bedient. – Das war jetzt ein Scherz.«
- »Sie sitzen an diesem Montagmorgen also wieder gelangweilt und untätig an Ihrem Schreibtisch.« – »Ganz und gar nicht, ich sagte doch …« – »Keine Angst, das war ironisch gemeint. Ich weiß, wie viel Sie zu tun haben.«
- »Fertig sein muss der Auftrag bis heute Mittag – nein, im Ernst: Es genügt, wenn Sie uns die Auswertung bis morgen Abend liefern.«

Fragen Sie im Zweifel nach, ob eine Aussage ernst gemeint war.

Umgekehrt sollten Sie ruhig nachfragen, wenn Sie nicht sicher sind, ob eine Bemerkung ironisch gemeint war oder nicht:

Musterformulierungen

- »Haben Sie das jetzt wirklich so gemeint oder war das ein Scherz?«
- »Meinen Sie das ernst?«
- »Das ist jetzt aber nicht Ihr Ernst gewesen, oder doch?«

Vermeiden Sie Reizformulierungen und Negativphrasen

Reizformulierungen vermeiden

Das Telefonieren empfinden nicht alle Menschen als angenehm, was vor allem daran liegt, dass sie häufig höchst unwirsch abgespeist werden. »Der ist nicht da«, »Da bin ich nicht zuständig«, »Da müssen Sie später noch mal anrufen« – wer solche »Killerphrasen« ständig zu hören bekommt, muss zu dem Schluss gelangen, für die Person am anderen Ende der Leitung sei der Begriff Dienstleistung ein Fremdwort.

Negativphrasen und Reizformulierungen haben folglich bei einem professionellen Telefonat nichts zu suchen. Wenn Sie nicht wollen, dass ein Anrufer oder eine Anruferin frustriert auflegt, ersetzen Sie die negativen Aussagen lieber durch positivere Aussagen, wie sie in der rechten Spalte aufgeführt sind:

Negativphrase/Reizformulierung (besser vermeiden):	Positive Aussage (stattdessen verwenden):
»Herr Schneider ist nicht da.«	»Herr Schneider ist momentan nicht erreichbar. Kann ich ihm etwas ausrichten?« »Herr Schneider ist momentan nicht im Hause. Möchten Sie ihm eine Nachricht hinterlassen?« »Herr Schneider ist unterwegs. Soll er Sie zurückrufen?« »Herr Schneider ist erst am Donnerstag wieder im Büro. Kann ich in der Zwischenzeit etwas für Sie tun?«
»Da bin ich nicht zuständig.« »Da kann ich Ihnen leider auch nicht weiterhelfen.«	»Dafür ist bei uns Herr Müller zuständig. Soll ich Sie durchstellen?« »Da finden Sie in unserer Reklamationsabteilung den richtigen Ansprechpartner. Darf ich Ihnen die Durchwahl geben?« »Im Moment weiß ich nicht, wer für Ihr Anliegen zuständig ist. Wenn Sie einen Moment warten, frage ich schnell nach.« »Einen Augenblick, ich muss erst nachfragen, wer in Ihrem Fall der richtige Ansprechpartner ist.«
»Davon weiß ich nichts.«	»Darüber bin ich zwar nicht informiert, aber ich erkundige mich gern für Sie.«
»Das geht nicht.«	»Ich will versuchen, das möglich zu machen.« »Ich kann Ihnen zwar nicht versprechen, ob das klappt, aber ich werde mich kundig machen.«
»Am besten rufen Sie später noch einmal an.«	»Bei Frau Theegarten ist gerade besetzt. Wollen Sie es in fünf Minuten noch einmal probieren? Die Durchwahl lautet -21.« »Die richtige Ansprechpartnerin für Sie ist Frau Theegarten. Leider erreiche ich sie gerade nicht. Kann sie Sie zurückrufen? Und wann würde es Ihnen am besten passen?«

Sie merken selbst: Mit einer einfachen Umformulierung ist es hier nicht getan. Entscheidend ist vielmehr die innere Einstellung. Die Formulierungen in der linken Spalte zeigen allzu offensichtlich, dass sich die Person, die das Telefonat entgegennimmt, nicht zuständig fühlt, sich um das Anliegen des Anrufers oder der Anruferin zu kümmern. Damit aber erweist sie der Firma, Behörde oder Organisation, für die sie arbeitet, einen Bärendienst, denn der oder die Anrufende wird zwangsläufig

Signalisieren Sie Hilfsbereitschaft.

von ihrer Gleichgültigkeit auf eine mangelnde Servicebereitschaft im gesamten Hause schließen.

Ganz anders wirken dagegen die Formulierungen rechts: Hier fühlt sich die Person, die das Gespräch entgegennimmt, auch verantwortlich – zumindest, soweit sie selbst tatsächlich etwas unternehmen kann, um dem Anrufer oder der Anruferin weiterzuhelfen. Auf diese Weise bekommt er oder sie insgesamt einen positiven Eindruck.

Der typische Ablauf eines Telefongesprächs

Ein Telefongespräch hat in der Regel einen typischen Ablauf, der aus mehreren unterschiedlichen Abschnitten besteht. Das sind im Wesentlichen

Der typische Ablauf eines Telefongesprächs

- das Melden und Begrüßen,
- die Bitte um Durchstellung zum gewünschten Gesprächspartner oder zur gewünschten Gesprächspartnerin,
- eventuell ein Small Talk,
- das Kerngespräch, das das eigentliche Anliegen thematisiert, also beispielsweise eine Bitte um Informationen, eine Bestellung, Beschwerde oder Verhandlung, ein Erfahrungsaustausch, ein Akquiseversuch oder die Vorstellung eines Angebots,
- der Abschluss und die Verabschiedung.

Nicht jede Phase ist in jedem Telefonat gleichermaßen vertreten. Einige fehlen bisweilen ganz – etwa der Small Talk. Andere kommen womöglich gleich mehrfach vor – beispielsweise die Begrüßung, wenn Sie nacheinander mit verschiedenen Personen sprechen. Doch hat jeder Abschnitt seine eigenen Regeln und Besonderheiten. Diese sollen im Folgenden näher unter die Lupe genommen werden.

Melden und Begrüßen

Wenn Sie beruflich viel telefonieren, stellen Sie schnell fest: Nicht jedes Büro, jede Firma, Institution, Kanzlei, Praxis, Behörde oder Organisation meldet sich auf die gleiche Weise. Längst nicht überall hat sich eine standardisierte, einheitliche Meldeformel eingebürgert.

Empfehlenswert: eine feste Meldeformel

Oft schallt Ihnen aus dem Hörer zunächst einmal nur der Name derjenigen Person entgegen, die das Gespräch entgegennimmt; manchmal ist es auch nur der Nachname. Sie werden aber zugeben: Besonders informativ ist das nicht. Mit dem Namen allein weiß der Anrufer oder die Anruferin oft wenig anzufangen. Das gilt vor allem, wenn er oder sie sich noch gar nicht sicher ist, überhaupt mit der richtigen Adresse oder in der richtigen Abteilung verbunden zu sein. Daher gilt: Zumindest die wichtigsten Informationen für die anrufende Person müssen in der Meldeformel enthalten sein.

Was in die Meldeformel gehört

Was in die Meldeformel gehört

Welche Bestandteile in die Meldeformel gehören, ist von Fall zu Fall verschieden. Manche dienen der Information und sind daher unerlässlich, andere sind lediglich ein Zeichen von Höflichkeit oder Gesprächs- oder Servicebereitschaft.

Bei der Namens- nennung den Vornamen stets dazusagen

Vor- und Nachname   Bei Privatpersonen, Einzelunternehmer(inne)n oder Freiberufler(inne)n, die allein arbeiten, genügt es meist, sich am Telefon nur mit dem eigenen Namen zu melden. Sie sollten allerdings nicht nur den Nachnamen, sondern stets auch Ihren Vornamen nennen. Das ist gleich aus mehreren Gründen sinnvoll:

- Es zeugt von Freundlichkeit. Wer am Telefon nur ein »Schmidt«, »Müller«, »Schulze« oder »Meier« verlauten lässt, klingt nicht gerade freundlich und gesprächsbereit, sondern eher kurz angebunden oder sogar ruppig.
- Die Nennung des kompletten Namens wirkt persönlicher. Erst Vor- und Nachname charakterisieren Ihre Person.
- Sie schließen Verwechslungen aus. Das betrifft nicht nur Nachnamen, die im gesamten deutschsprachigen Raum häufig sind, etwa Maier, Müller, Schneider, Schmidt, sondern auch Menschen mit einem Namen, der regional gehäuft auftritt oder in einzelnen Dörfern oft vorkommt. So ist nicht selten zu beobachten, dass in einer Firma mehrere Mitarbeiterinnen oder Mitarbeiter denselben Nachnamen tragen. Dann hat nur der Vorname noch eine gewisse Unterscheidungskraft.
- Sie sorgen für Verständlichkeit. Nicht immer wird der erste Laut am Telefon verständlich übertragen. Manchmal bekommt die anrufende Person – gerade am Anfang – nicht alles mit. In solchen Fällen wird sie vielleicht einen Teil Ihres Vornamens nicht verstehen, zumindest aber den Nachnamen.

Ein akademischer Grad gehört nicht in die Meldeformel.

Akademische Grade   Akademische Grade beziehungsweise Titel gehören normalerweise nicht in die Meldeformel. Wer seinen eigenen Namen nennt, lässt den Doktor- oder Professorentitel üblicherweise weg, um nicht unbescheiden zu wirken – das ist beim Telefonieren nicht anders als bei einer persönlichen Vorstellungsrunde. Es gibt aber Ausnahmen.

Angebracht ist die Nennung des eigenen Titels, wenn er im unmittelbaren Zusammenhang mit Ihrer beruflichen Tätigkeit steht. Er kann Ihre Stellung beziehungsweise Ihre berufliche Eignung unterstreichen. Beispiele:

Wann ein Titel die eigene Qualifikation oder Stellung unterstreicht

In einer Arztpraxis ist es für die Patienten zweckmäßig, wenn sich die praktizierende Medizinerin gleich mit ihrem Doktortitel meldet.

Auch bei einem Professor im Universitätsbetrieb ist die Nennung des Titels nicht verfehlt, denn dieser offenbart, dass der Anrufer oder die Anruferin mit einem Vertreter aus Forschung bzw. Lehre spricht.

Ebenso ist bei einem Diplom-Ingenieur, der ein Sachverständigenbüro betreibt, die Nennung des Titels sinnvoll. Sie unterstreicht seine fachliche Qualifikation.

Manchmal fungieren akademische Titel auch als Türöffner. Das ist etwa der Fall, wenn Sie durch Nennung des Titels dem gewünschten Gesprächspartner oder der gewünschten Gesprächspartnerin schnell klarmachen können, dass es Ihnen um den fachlichen Austausch geht. Auch wenn Sie hervorheben möchten, dass Sie sich fachlich auf gleicher Augenhöhe befinden wie die angerufene Person, kann Ihnen die Nennung Ihres Titels dabei helfen. Beispiel:

Wie ein akademischer Titel als Türöffner fungieren kann

Ein promovierter Biologe arbeitet in der Marketingabteilung eines Pharmakonzerns. Für seine alltägliche Arbeit ist sein Doktortitel nicht weiter relevant. Eines Tages aber braucht er Informationen von einer Wissenschaftlerin, die bei einer Forschungsanstalt des Bundes arbeitet. Er nennt am Telefon seinen Titel und wird sofort zur gewünschten Ansprechpartnerin durchgestellt, die sich auch die Zeit nimmt, die Frage des »Kollegen« zu beantworten.

Name der Firma, Behörde, Institution etc.   Wenn Sie nicht als Privatperson, Einzelunternehmer(in) oder Freiberufler(in) telefonieren, sollten Sie nach Ihrem eigenen Namen auch den Namen der Firma, Institution, Kanzlei, Praxis, Behörde oder Organisation nennen, für die Sie tätig sind.

Firma oder Institution nennen

Die Bezeichnung für den Arbeitgeber kann bei bekannten Anrufern entfallen

Diese Information können Sie allerdings weglassen, wenn Sie etwa an der Rufnummernanzeige erkennen, dass eine Person anruft, mit der Sie häufiger telefonieren. Auch bei internen Anrufen ist die Nennung des Firmen- oder sonstigen Namens nicht nötig.

Allzu lange Firmennamen durch kurze ersetzen Probleme gibt es manchmal mit allzu ausführlichen Bezeichnungen für Firmen, Behörden, Institutionen oder Organisationen, bei denen man sich allzu leicht verhaspelt. In solchen Fällen sollten Sie eine Kurzform festlegen, die einheitlich innerhalb des gesamten Hauses gebraucht wird. Beispiele:

Nicht so:	Sondern so:
»Goldberger und Eberspächer Marketing- und Vertriebsgesellschaft mit beschränkter Haftung«	»Goldberger und Eberspächer GmbH«
»Stiftung für den Erhalt des Marienberger Waldschlösschens«	»Stiftung Marienberger Waldschlösschen«

Zuweilen ist es erforderlich, den eigenen Namen hörbar von der Bezeichnung zu trennen, die die Firma, Behörde, Institution oder Organisation führt, in deren Auftrag Sie telefonieren. Dafür eignen sich etwa folgende Zusätze:

Zusätze, durch die die Meldeformel besser klingt

Zusätze, mit denen Sie Ihren Namen von der Firmen- oder sonstigen Bezeichnung trennen	
Zusatz:	**Beispiel:**
»Mein Name ist …«	»Lange und Stufenbach AG. Mein Name ist Martina Groß.«
»Sie sprechen mit …«	»Werbeagentur Gellert und Partner. Sie sprechen mit Andreas Brehm.«
»Es spricht …«	»Overath Logistik. Es spricht Martin Overath.«
»… am Apparat«	»Granotec Spezialmaschinen GmbH. Elisabeth Weiler am Apparat.«

Ein solcher Zusatz klingt allerdings häufig etwas floskelhaft. Wo er aber der Meldeformel einen gefälligeren Sprachrhythmus verleiht oder sie verständlicher macht, ist er allemal empfehlenswert.

Abteilung, Zweigstelle oder Ort   In Einzelfällen kann es zweckmäßig sein, auch die Abteilung oder Zweigstelle zu nennen. Ebenso ist manchmal der Ort der Filiale, in der Sie tätig sind, eine sinnvolle Ergänzung der Meldeformel. Diesen Zusatz sollten Sie allerdings nur aufnehmen, wenn er nicht unnötig aufbläht. Sollte diese Gefahr bestehen, nennen Sie

- gegenüber externen Anruferinnen und Anrufern den Namen Ihrer Firma, Behörde, Organisation oder Institution und – nur kurz – die Abteilung, Zweigstelle oder den Ort,
- gegenüber internen Anruferinnen und Anrufern ausschließlich die Abteilung, Zweigstelle oder den Ort.

Einige Beispiele:

> **Meldeformeln mit Abteilung, Zweigstelle oder Ort**
>
> (Externer Anruf) »Weilheimer & Söhne, Einkaufsabteilung. Es spricht Christine Hoffmann.«
> (Externer Anruf:) »Logistik Martens in Hardtheim. Mein Name ist Günther Weber.«
> (Interner Anruf:) »Reklamationsabteilung. Sie sprechen mit Hannelore Schwarz«
> (Interner Anruf:) »Qualitätsmanagement. Bernd Landauer am Apparat.«

Begrüßung   Wenigstens eine kurze Begrüßung sollten Sie mit der Person am anderen Ende der Leitung austauschen. Üblicherweise wird der Gruß gleich in die Meldeformel integriert, sie können ihn aber auch nachholen, sobald die Person am anderen Ende der Leitung Sie begrüßt hat. Es gibt keine strengen Regeln, welche Begrüßungsformeln bei einem geschäftlichen Telefonat angebracht und welche etwa unpassend wären. Nur allzu jugendliche oder saloppe Begrüßungen (»Hey«, »Hi!«) fallen bei geschäftlichen Telefonaten auf. Ansonsten sind förmliche Begrüßungen genauso möglich wie ein weniger förmlicher Gruß. Sie können eine Grußformel verwenden, die im gesamten deutschsprachigen Raum üblich ist, aber auch einen Gruß, der nur regional üblich ist. Beispiele:

Es ist manchmal zweckmäßig, Abteilung, Zweigstelle oder Ort zu nennen.

Begrüßungsformeln am Telefon

»Guten Tag« (förmlich)

»Guten Morgen« (förmlich)

»Guten Abend« (förmlich)

»Hallo« (informell)

»Grüß Gott« (nur in Süddeutschland gebräuchlich)

»Grüezi« (nur in der Schweiz gebräuchlich)

»Moin« (nur in Norddeutschland gebräuchlich)

»Servus« (informell, in Bayern und Österreich gebräuchlich)

»Salut« (informell, in der Schweiz gebräuchlich)

Bei der Wahl der Grußformel sollten Sie allerdings darauf achten,

- dass sie dem Stil, den Gepflogenheiten und dem Ansehen Ihrer Firma, Behörde oder Institution entspricht,
- dass sie in Ihre Region passt und
- dass sie der anrufenden Person und dem Umgang, die Sie mit ihr pflegen, angemessen ist.

So ist es durchaus passend, wenn eine Werbeagentur alle Anrufer und Anruferinnen – auch konservative Geschäftskunden – mit einem informellen »Hallo« begrüßt, um ihr jugendliches, unkonventionelles Image zu unterstreichen.

Bei einer Bank oder Anwaltskanzlei hingegen wird der Standardgruß meist »Guten Morgen« oder »Guten Tag« lauten. Eine Begrüßung mit »Hallo« bleibt hier die Ausnahme, es sei denn, die Person, die das Gespräch entgegennimmt, kennt den Anrufer oder die Anruferin persönlich und weiß, dass er oder sie ihr diesen ungezwungenen Umgangston nicht verübeln wird.

TIPP Ist die Meldeformel zu lang, holen Sie die Begrüßung später nach

Den Gruß müssen Sie nicht zwangsläufig in die Meldeformel integrieren. Sie können ihn auch nachholen, wenn sich der Anrufer oder die Anruferin zu erkennen gegeben und Sie begrüßt hat. Das empfiehlt sich vor allem, wenn Ihre eigene Meldeformel schon recht lang ist.

Servicezusätze   Häufig mündet die Meldeformel in eine Frage. Sinnvoll ist dies vor allem in der Telefonzentrale beziehungsweise am Empfang. Bevor eine anrufende Person Ihnen gar zu ausführlich ihr Anliegen schildert, stellen Sie klar: Sie dienen lediglich als Bindeglied, das für die Durchstellung des Gesprächs zum richtigen Ansprechpartner beziehungsweise zur richtigen Ansprechpartnerin zuständig ist. Musterformulierungen:

> **Typische Fragen in der Telefonzentrale oder am Empfang**
>
> »Mit wem darf ich Sie verbinden?«
>
> »Zu wem darf ich Sie durchstellen?«
>
> »Wen möchten Sie sprechen?«

Auch Abteilungen, die für die Kundenbetreuung zuständig sind und beispielsweise Bestellungen oder Kundenbeschwerden entgegennehmen, beenden die Meldeformel üblicherweise mit einer Frage. Da bei solchen Gesprächen die Zeit eine wichtige Rolle spielt – schließlich muss die Leitung schnell wieder für den nächsten Anrufer oder die nächste Anruferin frei sein – sollte diese Frage direkt zum Kernanliegen führen. Beispiele:

> **Typische Fragen am Servicetelefon**
>
> »Was kann ich für Sie tun?«
>
> »Was darf ich für Sie tun?«
>
> »Wie kann ich Ihnen weiterhelfen?«
>
> »Womit kann ich Ihnen weiterhelfen?«

Allerdings sind solche Zusätze wirklich nur in der Telefonzentrale oder am Servicetelefon sinnvoll. Denn sie verkommen allzu leicht zu Floskeln, die nur heruntergeleiert werden. Das verleiht einem Gesprächsanfang dann eine unnötig distanzierte Note.

Meldeformel: die richtige Reihenfolge

Sollte die Meldeformel mit einem Gruß beginnen? Oder doch lieber mit dem Namen? Trotz vieler Diskussionen gibt es keine verbindliche Reihenfolge für die einzelnen Bestandteile der Meldeformel, die in jedem Fall richtig wäre. Üblich ist lediglich, zuerst die Bezeichnung der Firma oder des sonstigen Arbeitgebers zu nennen und dann den eigenen Namen. Ob dagegen der Gruß vorangestellt oder angehängt wird, ist reine Geschmackssache. Machen Sie es davon abhängig, wie sich Ihre Meldeformel insgesamt anhört. Einige Beispiele:

Die Reihenfolge bei der Meldeformel kann variieren

»Peter Grünberg. Grüß Gott!« (Personenname, Gruß)

»Guten Tag! Sie sprechen mit Ralf Müller.« (Gruß, Personenname)

»Bürgermeisteramt Obernheim, Regina Walter, guten Tag!« (Behördenname, Personenname, Gruß)

»Guten Tag, Raiffeisenbank Rangeshausen. Sie sprechen mit Yvonne Hofmeister. Wie kann ich Ihnen weiterhelfen?« (Gruß, Firmenname, Personenname, Servicezusatz)

»Guten Tag, Musterstedt Versandhaus AG. Mein Name ist Arne Jansen. Was kann ich für Sie tun?« (Gruß, Firmenname, Personenname, Servicezusatz)

Wenn nicht gleich der erste Ton hörbar ist, beginnen Sie mit einem Gruß.

Sie sollten allerdings stets berücksichtigen, dass ein Anrufer oder eine Anruferin nicht immer sofort das erste Wort hört oder versteht.

Es kann sein, dass die anrufende Person beim Abheben zunächst gar nicht darauf gefasst ist, Ihre Stimme zu hören. Das ist etwa der Fall, wenn sie länger in der Warteschleife war oder das Telefon vergleichsweise lange klingeln lassen musste, bevor Sie das Gespräch annehmen können.

Auch übermitteln manche Telefone Ihre Stimme erst einige Millisekunden nach dem Abheben, was bewirkt, dass der Anrufer oder die Anruferin das erste Wort nicht hört.

In solchen Fällen leiten Sie die Meldeformel besser mit einem Gruß ein, bevor Sie die Bezeichnung Ihres Arbeitgebers und Ihren eigenen Namen nennen.

Prüfen Sie, ob Ihre Stimme gleich nach dem Abheben zu hören ist

Manche Telefone übermitteln nach dem Abheben des Hörers zunächst für kurze Zeit noch keinen Ton. Das hat aber unliebsame Folgen: Wer nach dem Abheben seinen Namen nennt und nicht ahnt, dass der Anrufer oder die Anruferin ihn noch nicht hören kann, sorgt für Irritationen. Auf solche technischen Tücken sollten Sie gefasst sein. Bitten Sie eine Person, Sie testweise von einem externen Telefon aus anzurufen und Ihnen zu sagen, ob es bei Ihrem Telefon eine solche Übermittlungspause gibt. Falls ja, gewöhnen Sie sich an, nach dem Abheben stets noch einen Moment zu warten, bevor Sie sich melden.

Wie sich die Person meldet, die anruft

Ein Anrufer oder eine Anruferin hat es leichter als die Person, die das Gespräch entgegennimmt. Er oder sie braucht nur auf die Meldeformel zu antworten. Üblicherweise wird dabei stets folgende Reihenfolge eingehalten:

Die Person, die anruft, grüßt und nennt ihren Namen.

- Gruß, gegebenenfalls mit persönlicher Anrede der Person, die das Gespräch entgegengenommen hat,
- eigener Name (Vor- und Zuname) und
- gegebenenfalls Name der Firma, Behörde, Institution etc.

> **Beispiele, wie sich der Anrufer oder die Anruferin zu erkennen gibt**
>
> »Guten Tag, Frau Welsch, hier ist Karin Meyer von der Walz Gartengeräte KG.«
> »Hallo, Herr Ockenfeld, hier spricht Martin Leyendecker von der Raiffeisenbank Hofen.«
> »Servus, Frau Wagenknecht. Ich bin's, Markus Brockmann.«

Falls Sie um einen Rückruf gebeten wurden, können Sie dies gleich dazusagen. Das empfiehlt sich auch, wenn Sie zunächst nicht die richtige Person am Apparat haben. Beispiele:

Weisen Sie darauf hin, dass Sie um Rückruf gebeten wurden

> **Wie Sie angeben, dass es sich um den gewünschten Rückruf handelt**
>
> »Guten Morgen, Frau Herstedt. Hier spricht Anton Müller von der Kreisverwaltung Oberstedt. Sie hatten mich um Rückruf gebeten.«
> »Guten Tag, Herr Schäfer. Hier ist Anja Hoppenstedt. Ihre Nummer war in meinem Display angezeigt. Sie hatten versucht, mich anzurufen?«
> »Hallo, Frau Martens, hier spricht Henning Thelen. Herr Janssen hatte mir eine Nachricht auf den Anrufbeantworter gesprochen, ich möge ihn bitte zurückrufen. Ist er im Moment erreichbar?«

Bitte um Durchstellung zur gewünschten Person

Wenn Sie nicht sofort mit dem richtigen Ansprechpartner oder der richtigen Ansprechpartnerin verbunden sind, müssen Sie sich durchstellen lassen. Falls Sie den Namen der betreffenden Person kennen, bitten Sie die Dame oder den Herrn am anderen Ende der Leitung direkt darum, verbunden zu werden.

So bitten Sie um Durchstellung zur gewünschten Person.

Zuständige Person erfragen

Wenn Sie nicht wissen, wer für Ihr Anliegen zuständig ist, müssen Sie den Zuständigen zunächst erfragen. Begehen Sie nicht den Fehler, gleich der ersten Person, die das Gespräch entgegennimmt, Ihr Anliegen im Detail zu schildern. Sie wird damit wenig anfangen können. Am besten finden Sie zunächst einen Oberbegriff, worum es geht (Bestellung?, Reklamation?, Produktberatung?), und bitten um Auskunft, wer Ihr Anliegen entgegennehmen kann. Beispiele:

Bei Behörden oder großen Firmen werden Sie möglicherweise auch gleich nach einem Aktenzeichen oder einer Kundennummer gefragt. Diese sollten Sie von Anfang an bereithalten, um sofort mit der zuständigen Person verbunden zu werden.

Small Talk

Er wird oft als Zeitverschwendung oder unnützes, oberflächliches Geschwätz abgetan. Tatsächlich aber erfüllt Small Talk eine wichtige Funktion: Er sorgt dafür, dass zwei Gesprächspartner miteinander warm werden. Nehmen Sie sich ruhig die Zeit für eine kurze, persönliche Plauderei am Telefon. Wenige Sätze genügen, und schon fällt es beiden Beteiligten leichter, sich am Telefon auszutauschen. Das kann für das fachliche Gespräch, das anschließend folgt, nur nützlich sein.

Lediglich wenn Sie bei einer Servicehotline oder in einer Firmenzentrale anrufen, ist Small Talk nicht angebracht. Hier sollten die Leitungen möglichst schnell wieder für weitere Anrufe frei werden.

Ansonsten gilt: Ein Small Talk ist angenehm und eine wichtige psychologische Vorbereitung für das spätere Hauptanliegen.

Mögliche Themen für einen Small Talk am Telefon

Eine ganze Reihe von Themen bieten sich an, um ein Telefongespräch auf angenehme Weise einzuleiten:

Das Wetter Am unverfänglichsten ist die Frage nach dem Wetter. Viele Menschen plaudern gern über dieses Thema – schließlich kann das Wetter unsere Laune erheblich beeinflussen. Beispiele:

Das Wetter ist ein gutes Small-Talk-Thema.

Small Talk über das Wetter

»Ist es bei Ihnen in Hamburg auch so neblig wie bei uns in Kiel?« – »Neblig nicht, aber es regnet Bindfäden. Da wäre mir Nebel fast noch lieber.« – *(Witzelnd:)* »Oh, glauben Sie mir, das muss sich nicht unbedingt ausschließen. Geregnet hat es bei uns heute Morgen auch schon. Meine Schuhe waren patschnass, als ich hier ankam.« – *(Schmunzelnd:)* »Na dann hoffe ich nur, dass der Nebel dicht genug ist, dass Sie Ihre Schuhspitzen nicht sehen müssen.« – »Die brauche ich nicht zu sehen. Dass sie nass sind, kann ich auch fühlen.« *(Beide lachen.)*

»Ist das nicht ein herrlicher Tag heute?« – »Das kann man wohl sagen. Fast möchte man die Arbeit Arbeit sein lassen und stattdessen einen Spaziergang machen.« – »Wem sagen Sie das? Ich könnte wetten: Bis Freitag bleibt es noch schön und zum Wochenende wird es dann wieder mies!« – »Da sind Sie wahrscheinlich zu pessimistisch. Laut Wetterbericht soll es am Wochenende durchweg schön bleiben.« – »Das sind ja gute Nachrichten. Ich fürchte nur, bevor wir ans Wochenende denken können, ruft erst einmal die Pflicht.« – »Genau deswegen rufe ich an: …«

Das Befinden Auch mit der freundlichen Frage nach dem Befinden Ihres Gesprächspartners oder Ihrer Gesprächspartnerin können Sie einen Small Talk einleiten. Beispiele:

Die Frage nach dem Befinden

Small Talk über das Befinden

»Wie geht es Ihnen, Frau Schmied?« – »Angesichts der Tatsache, dass sich hier die Arbeitsberge stapeln, überraschend gut.« – »Die stapeln sich auch hier bei mir. Das ist offenbar überall gleich.« – *(Mit einem kurzen Lachen:)*

> »Wahrscheinlich. Lassen Sie mich raten: Sie wollen von Ihrem Arbeitsberg
> einen kleinen Stapel auf meinen Arbeitsberg umschichten?« – *(Schmunzelnd:)*
> »Gewissermaßen! Aber keine Sorge, es ist nichts Schlimmes: …«
>
> »Na, wie ist bei Ihnen die Lage?« – »Ich kann nicht klagen. Das Wochenende
> steht vor der Tür.« – »Das hält mich auch schon den ganzen Tag bei Laune.
> Wollen Sie wieder wandern gehen?« – »Nein, Rad fahren. Meine Kinder wollen
> mit, und denen macht das Radfahren mehr Spaß.« – »Da wünsche ich Ihnen
> allen viel Vergnügen! Bevor es aber so weit ist, habe ich noch eine Bitte an
> Sie: …«
>
> »Hallo, Herr Langer. Wie geht es Ihnen?« – »Danke, prima. Und selbst?« –
> »Auch gut, ich bin nur ein wenig müde. Unsere Jüngste hat uns heute Nacht
> vom Schlafen abgehalten. Sie zahnt gerade.« – »Das kenne ich. Als junges
> Elternpaar wünscht man sich zuweilen, das Milchgebiss würde nur aus vier
> Zähnen bestehen und nicht aus 20.« – »Genau das ging mir heute Nacht auch
> durch den Kopf. Aber egal, das stehen wir jetzt auch noch durch. Was ich Sie
> fragen wollte: …«

Aber Vorsicht: Antworten Sie auf die Frage nach Ihrem Befinden nie mit
einer ausführlichen Schilderung aktueller Beschwerden oder gar Krank-
heiten. Für einen netten kleinen Plausch sind diese Themen zu unerfreulich. Zudem kann es die Person, mit der Sie telefonieren, in Verlegenheit bringen, wenn sie nicht weiß, wie sie auf eine schlechte Nachricht reagieren soll. Das gilt vor allem für Menschen, die Sie nicht näher kennen. Falls es Ihnen also gerade nicht gut geht, antworten Sie nur
kurz und lenken Sie das Gespräch rasch wieder auf ein erfreulicheres
Thema, zum Beispiel so:

> **Wie Sie den Small Talk auf ein anderes Thema lenken**
>
> »Wie geht es Ihnen?« – »Um ehrlich zu sein, habe ich gerade starke
> Kopfschmerzen. Aber die verschwinden hoffentlich, sobald die Tablette wirkt.
> Ich hoffe, Ihnen geht es gut?« – »Ja, danke!« – »Wie haben Sie denn das
> Wochenende verbracht?«
>
> »Wie geht es Ihnen?« – »Im Moment könnte es besser sein, aber reden wir
> lieber von etwas anderem. Haben Sie gestern Abend das Länderspiel gesehen?«

Freizeitbeschäftigungen, Hobbys und aktuelle Vorhaben Menschen, die Sie schon etwas besser kennen oder über die Sie mehr wissen, können Sie auch nach ihren Freizeitbeschäftigungen und Hobbys fragen. Ob Sport, Naturerlebnisse, Musik, Kunst, Literatur oder Kino – eine kurze Nachfrage fördert vieles zutage, worüber sich angeregt plaudern lässt. Ideal sind natürlich gemeinsame Interessen, sofern Sie die Ihres Gesprächspartners oder Ihrer Gesprächspartnerin kennen. Auch aktuelle Projekte und Vorhaben sind als Thema für einen Small Talk geeignet. Einige Beispiele:

Small Talk über Freizeitbeschäftigungen und Hobbys

»Sind Sie in jüngster Zeit mal dazugekommen, auf Vogelschau zu gehen?« – »Dafür musste ich gar nicht erst losgehen. Der Kranichzug hat begonnen. Gestern in der Mittagspause war ein großer Schwarm direkt über mir. Ich habe zuerst die Rufe gehört und dann nach oben geschaut – herrlich!« – »Ich beneide Sie. Wir liegen offenbar zu weit entfernt von der Hauptzugroute. Selten verirrt sich mal ein Schwarm hierher. Aber immerhin: Die ersten Kiebitze sind da.« – »Was ja auch ein wunderschöner Anblick ist.« – »Ich habe mich auch gefreut. Aber nun zum eigentlichen Grund, warum ich anrufe: …«

»Übrigens: Waren Sie schon in der Ausstellung ›Buddhismus in Japan‹?« – »Nein. Sagen Sie bloß, Sie haben sie schon gesehen?« – »Ja, ich war vorgestern zusammen mit meinem Mann dort.« – »Und hat sie Ihnen gefallen?« – »Es ging so. Die Ausstellungsobjekte sind natürlich klasse. Aber ich hätte mir ausführlichere Erklärtexte gewünscht. Ich hatte das Gefühl, die Ausstellung sei ausschließlich für Experten konzipiert und nicht fürs gemeine Volk.« – »Na wunderbar, dann weiß ich ja, dass ich da besser nicht unvorbereitet reingehe.« – »Interessant ist sie nichtsdestotrotz. Wenn Sie dort waren, würde ich gern einmal Ihre Meinung dazu hören. Jetzt aber erst einmal zu etwas anderem: …«

Small Talk über aktuelle Vorhaben

»Haben Sie den Weg von Ihrer Baustelle zurück an Ihren Arbeitsplatz gefunden?« – »Mit Mühe. Aber ich muss zugeben: Wenn man das ganze Wochenende über mit dem Verlegen von Fliesen beschäftigt war, ist es geradezu eine Wohltat, wieder am Rechner zu sitzen. Und Sie haben sich vermutlich wieder der Gartengestaltung gewidmet?« – »Aber nur ein paar Stunden. Wir hatten Besuch, da kam das Gärtnern zu kurz. Nächstes Wochenende wieder.« – »Planen wir zunächst einmal den Ablauf dieses Arbeitstags, bevor wir ans Wochenende denken. Ich habe folgende Frage an Sie: …«

Beispiele für Small Talk über Freizeitbeschäftigungen und Hobbys

Beispiele für Small Talk über aktuelle Vorhaben

Wichtig: Ergehen Sie sich nicht allzu ausführlich in der Schilderung Ihrer eigenen Freizeitbeschäftigungen, Hobbys oder Vorhaben. Sie wissen bestimmt, wie langweilig es sein kann, wenn jemand nur über sich redet. Fragen Sie stattdessen lieber nach, was Ihren Gesprächspartner oder Ihre Gesprächspartnerin interessiert.

Aktuelle Ereignisse und Nachrichten   »Haben Sie schon gehört?« – Auch auf aktuelle Ereignisse, über die beispielsweise die Medien berichten, können Sie im Small Talk kurz eingehen. Aber Vorsicht: Meiden Sie bewusst kontroverse Themen. Ein Small Talk sollte nicht in eine erhitzte Debatte münden, sondern eine angenehme Gesprächsatmosphäre schaffen. Daher bieten sich am ehesten Nachrichten aus den Rubriken Gesellschaft, Wissenschaft oder Kultur an. Politik und Wirtschaftsnachrichten eignen sich nur, wenn sie konsensfähig sind. Beispiele:

Small Talk über aktuelle Ereignisse und Nachrichten

»Haben Sie schon gehört? Von Prada gibt's jetzt Luxushandys in der Geschenkschachtel.« – »Ach du liebe Zeit! Dann ist ja neben der Designerhandtasche bald auch das Designerhandy ein Muss.« – »Für Leute mit dem nötigen Kleingeld sicherlich.« – »Selbst wenn ich es hätte, muss ich ja ehrlich sagen: Mir reicht mein altes Motorola. Das ist zwar nicht sonderlich schön, aber praktisch. Und so klein, dass es ohnehin kaum einer sieht.« – »Meist telefoniert man ja ohnehin vom Festnetz aus.« – »Genau – so wie wir jetzt. Und das bringt mich zum eigentlichen Grund meines Anrufs …«

»Haben Sie es auch gelesen? Hunde können angeblich Krebs im Frühstadium erschnüffeln. Das stand gestern in der Zeitung.« – »Ich habe es gesehen. Schon kurios! Ein Hund anstatt komplizierter Krebsdiagnostik. Obwohl ich bezweifle, dass so was mit unserer Fiffi klappen würde. Sie hat zwar eine ausgesprochen gute Nase, reagiert aber auf alles – also auf Leckerli genauso wie vermutlich auf den Geruch von Krebszellen.« – »Aus diesem Grund haben sie bestimmte Hunde extra dafür abgerichtet, bei einer etwaigen Krebserkrankung speziell anzuschlagen.« – »Also künftig lieber in die Hundeschule als zur Krebsvorsorge?« – »Da ist mir offen gestanden die normale Krebsvorsorge lieber!« – »Zurück in die Niederungen eines normalen Forscherlebens. Mir fehlt noch der Laborbericht von …«

Den Small Talk elegant beenden

Nicht immer beschränkt sich der Small Talk auf wenige, kurze Sätze. Manch eine Person lässt sich gern zu einer längeren Plauderei hinreißen, wenn es um ein Thema geht, über das sie gerne redet. Aber allzu lang sollte sich ein Small Talk bei einem geschäftlichen Telefonat nicht hinziehen. Schließlich wollen Sie rasch zum Hauptanliegen des Gesprächs kommen, also beispielsweise eine wichtige Fragen klären oder eine Absprache treffen.

Ein Small Talk soll nicht zum Zeitfresser werden.

Wenn das lockere Eröffnungsgespräch zum Zeitfresser wird, sollten Sie es bewusst abbrechen. Die zuvor genannten Beispiele zeigen, wie das am elegantesten geht: Sie kommentieren das Gesagte mit einer kurzen Schlussbemerkung und leiten dann zum eigentlichen Grund für das Gespräch über. Sollte das nicht funktionieren, können Sie auch deutlicher werden, ohne allerdings unhöflich zu sein. Beispielsweise so:

Wie Sie einen allzu langen Small Talk beenden

»Entschuldigen Sie, Frau Raspe. An dieser Stelle muss ich ein wenig aufs Gaspedal drücken, denn ich sehe gerade, mein nächster Termin naht. Weswegen ich Sie eigentlich angerufen habe: …«

»Herr Seifried, verzeihen Sie – unser nettes Gespräch müssen wir leider ein anderes Mal fortsetzen. Allerdings wüsste ich noch gern von Ihnen …«

»So gern ich mich weiter mit Ihnen über dieses interessante Thema unterhalten würde – mir fehlt leider die Zeit dazu. Eigentlich wollte ich Sie um Folgendes bitten: …«

Überleitung zum eigentlichen Gesprächsanlass

Das Kerngespräch über das eigentliche Anliegen

Nach Melden, Begrüßen und – eventuell – einem Small Talk kommen Sie zum eigentlichen Anlass des Telefongesprächs. Das kann ein, aber auch mehrere Anliegen sein, die Sie nach und nach zur Sprache bringen. Manchmal haben auch beide Gesprächspartner verschiedene Themen, die sie besprechen wollen. In der Regel wird dann zunächst die Person ihr Anliegen zuerst schildern, die die andere angerufen hat.

Haken Sie alle wichtigen Themen Punkt für Punkt ab In solchen Situationen zeigt sich, wie wertvoll eine Gesprächsvorbereitung ist. Ein kleiner Zettel, auf dem die wichtigsten Anliegen, Ziele, Argumente und

Punkt für Punkt die wichtigsten Themen auf Ihrer Liste ansprechen

Fristen notiert sind, und Sie geraten gar nicht erst in die Gefahr, Wichtiges zu vergessen. Gleichgültig, ob es sich

- um die Bitte um eine Information,
- um eine wichtige Mitteilung,
- um einen Austausch von Erfahrungen,
- um eine Bestellung,
- um eine Beschwerde beziehungsweise Reklamation,
- um eine Verhandlung oder
- um ein Akquise- beziehungsweise Verkaufsgespräch handelt,

lassen Sie sich nicht von Ihrem Vorhaben abbringen, Ihr oder Ihre Anliegen der Reihe nach Punkt für Punkt anzusprechen.

Ein Thema erst abhaken, wenn Sie ein Ergebnis haben

Betrachten Sie ein Gesprächsthema erst dann als erledigt, wenn Sie ein konkretes Ergebnis – oder wenigstens ein Zwischenergebnis – erzielt haben. Dieses Ergebnis muss nicht immer Ihrem Ziel entsprechen. Eine klare Aussage hilft Ihnen aber zumindest bei der Frage, ob Sie einen Gesprächspunkt abhaken sollten oder ob es sich lohnt, weiter darüber zu sprechen oder die Diskussion notfalls zu vertagen. Beispiele:

Thema	Gesprächsziel	Ergebnis
Akquise	»Ich will Herrn Müller mein Angebot vorstellen.«	»Herr Müller hat kein Interesse.«
Information	»Herr Brinkers muss über die neuen Abgabefristen informiert werden. Seine Berechnungen müssen künftig jeweils zum 15. eines Monats vorliegen.«	»Herr Brinkers hat die neuen Abgabefristen zur Kenntnis genommen.«
Reklamation	»Ich will, dass mein defektes Notebook repariert wird.«	»Das Notebook wird morgen von einem Kurierdienst abgeholt. Innerhalb der nächsten zwei Wochen bekomme ich Bescheid, was defekt ist und bis wann es repariert werden kann.«

Was die Gesprächsarten (zum Beispiel Beschwerde, Bestellung, Akquisegespräch) im Einzelnen charakterisiert und was Sie dabei besonders beachten müssen, lesen Sie im nächsten Kapitel.

Geben Sie auch der anderen Person Gelegenheit, Ihr(e) Anliegen zur Sprache zu bringen Vergessen Sie aber nicht, der Person, mit der Sie telefonieren, die Möglichkeit zu geben, auch Ihr(e) Anliegen zur Sprache zu bringen. Diese Person ist vielleicht etwas im Nachteil, wenn sie nicht selbst angerufen hat, denn in diesem Fall hatte sie keine Gelegenheit, sich auf das Gespräch vorzubereiten. Sie sollten daher als Anrufer oder Anruferin mitdenken, welche Informationen Ihr Gesprächspartner oder Ihre Gesprächspartnerin noch braucht. Falls sich das nicht erahnen lässt, bieten Sie am Ende des Gesprächs auf jeden Fall an, bei eventuellen Fragen auch künftig weiterhin ansprechbar zu sein. Beispiele:

Auch die andere Person ihre Themen zur Sprache bringen lassen

> **Wie Sie die Person am anderen Ende der Leitung ermuntern, eigene Themen anzusprechen**
>
> »Damit ist aus meiner Sicht alles Wichtige besprochen. Haben Sie Ihrerseits noch Gesprächsbedarf zu irgendeinem Punkt?«
>
> »Jetzt sind meine Fragen so weit geklärt. Gibt es aus Ihrer Sicht noch etwas, worüber wir reden müssten?«
>
> »Das war der letzte Punkt auf meiner Themenliste. Fehlt aus Ihrer Sicht noch ein wichtiger Punkt?«
>
> »Dann hätten wir das geklärt. Oder gibt es auf Ihrer Seite noch Fragen?«

Abschluss und Verabschiedung

Bringt die Person am anderen Ende der Leitung keine eigenen Themenvorschläge oder Anliegen mehr vor, dann leiten Sie den Abschluss des Gesprächs ein. Hierzu haben Sie drei elegante Möglichkeiten:

So gelingt ein eleganter Abschluss.

- Sie fassen das Ergebnis kurz zusammen,
- Sie geben einen Ausblick und/oder
- Sie danken der Person am anderen Ende der Leitung für das Gespräch oder für ihren Beitrag dazu.

Jeder dieser Punkte kann für sich allein stehen. Sie lassen sich aber oft auch miteinander kombinieren. Einige Beispiele:

Zum Abschluss: Zusammenfassung, Ausblick und/oder Dank

»Dann haben wir jetzt ja doch noch einen tragfähigen Kompromiss gefunden. Vielen Dank, dass Sie sich noch einmal bei mir gemeldet haben, um die Verhandlungen fortzusetzen. Ich freue mich, dass wir weiterhin zusammenarbeiten.«

»Das sind ja spannende Dinge, die Sie bislang herausgefunden haben. Ich freue mich auf Ihren Abschlussbericht und bin schon gespannt, welche weiteren Ergebnisse Sie noch zutage fördern werden.«

»Danke für Ihre Informationen. Damit sollte es mir nicht schwerfallen, das gewünschte Konzept zu erstellen. Ich melde mich bei Ihnen, sobald es in groben Zügen steht.«

Mögliche
Abschiedsformeln

Übliche Abschiedsgrüße und mögliche Variationen   Wie bei der Begrüßung gilt auch beim Abschied: Am Telefon geht es nicht zwangsläufig allzu förmlich zu. Bei der Verabschiedung sind verschiedenste Grüße denkbar. Wie formell oder zwanglos die Grußformel ist, die Sie verwenden, sollten Sie von Ihrer Person, von Ihrem Gesprächspartner, aber auch vom Image abhängig machen, das Ihre Firma, Behörde, Institution oder Organisation pflegt oder das in Ihrer Branche oder Ihrem Bereich üblich ist. Auch beim Abschied sind regional eingefärbte Grußformeln durchaus erlaubt. Beispiele für eine Verabschiedung am Telefon:

Mögliche Grußformeln zum Abschied

»Auf Wiederhören« (förmlich, distanziert)

»Leben Sie wohl« (förmlich, endgültig)

»Guten Tag« (förmlich)

»Guten Abend« (förmlich)

»Tschüss« (informell)

»Ade« (eher informell, in Schwaben und Franken gebräuchlich)

»Servus« (informell, in Bayern und Österreich gebräuchlich)

»Salü« (informell, in der Schweiz gebräuchlich)

»Bis bald« (informell)

»Bis dann« (sehr unverbindlich, informell)

»Mach's gut«/»Machen Sie's gut« (informell)

Selbst bei unerfreulichen Gesprächen nicht grußlos auflegen

Legen Sie niemals grußlos auf.

Selbst bei unerfreulichen Gesprächen sollten Sie einen höflichen Abschluss herbeiführen und nicht grußlos auflegen. Hier sind eine Zusammenfassung, ein Ausblick und ein kurzer Gruß meist die beste Lösung. Beispiele:

So bringen Sie ein unerfreuliches Gespräch zu einem Abschluss

»So leid es mir tut: Offenbar erzielen wir keine Einigung. Es bleibt also nur der gerichtliche Weg. Auf Wiederhören!«

»Ich stelle fest: Einer Lösung sind wir jetzt nicht näher als am Anfang unseres Gesprächs. Es hat demnach auch keinen Zweck, das Gespräch fortzuführen. Ich betrachte unsere Zusammenarbeit als beendet. Guten Tag!«

»Bevor Sie mir die nötigen Fakten nicht liefern, kann ich Ihnen keine Zusage geben. Vertagen wir unsere Verhandlungen also, bis die nötigen Informationen vorliegen. Ich gehe davon aus, dass Sie sich dann wieder bei mir melden. Auf Wiederhören!«

Bestellung

Bestellung:
Missverständnisse
vermeiden

J e nachdem, worum es im Kern bei einem Telefongespräch geht, werden unterschiedliche Schwerpunkte gesetzt und verschiedene Gesprächstechniken angewendet. Bei einer Bestellung geht es vor allem um die sachliche Information, um Eindeutigkeit und Vollständigkeit.

Damit eine telefonische Bestellung nicht zu Missverständnissen, Reklamationen oder gar zu rechtlichen Streitigkeiten führt, sollten Sie daher stets folgende Punkte beachten, wenn Sie per Telefon eine Bestellung aufgeben oder annehmen.

Eine Bestellung aufgeben

Halten Sie alle Informationen bereit, die für Ihre Bestellung erforderlich sind:

Halten Sie alle
nötigen Informa-
tionen bereit.

- Ihre Kundennummer (falls vorhanden),
- Ihr eigener Name und der Name der Firma, Behörde, Institution oder Organisation, in deren Auftrag Sie bestellen,
- Ihre Adresse (falls gewünscht, getrennt nach Liefer- und Rechnungsadresse),
- die Bezeichnung, Zahl und – falls vorhanden – Bestellnummer des oder der gewünschten Artikel oder Produkte,
- die gewünschte Lieferzeit (falls nötig, zum Beispiel: »Bitte erst ab Montag liefern, denn am Freitagnachmittag ist hier niemand anzutreffen«) und
- die gewünschte Zahlungsart (falls abweichend vom Standard, zum Beispiel: »auf Rechnung«, »per Lastschrift«, »per Vorkasse«).

Bei Dauerlieferverträgen wie etwa Zeitungs- oder Zeitschriftenabonnements empfiehlt sich außerdem noch ein Hinweis, ab wann Sie einen Bezug wünschen. Falls Sie ein Abonnement nur für eine befristete Zeit abschließen möchten, sollten Sie auch das von Vornherein anmerken.

Fordern Sie
eine schriftliche
Bestätigung an.

Es empfiehlt sich stets, eine schriftliche Bestätigung anzufordern, damit Sie auch einen rechtsverbindlichen Nachweis für Ihre Bestellung haben.

Eine Bestellung entgegennehmen

Falls Sie eine Bestellung entgegennehmen, fragen Sie alle oben aufge-führten Informationen Punkt für Punkt ab und erfassen Sie die ge-wünschten Artikel oder Produkte sofort.

Viele Missverständnisse lassen sich vermeiden, indem Sie die An-gaben laut wiederholen, die die Person am anderen Ende der Leitung macht. Dann kann der- oder diejenige sofort widersprechen, falls Sie et-was nicht richtig verstanden haben sollten.

Wiederholen Sie die Angaben

Beim Durchgeben von Zahlenreihen kommt es besonders häufig zu Missverständnissen. Viele professionelle Datenerfassungssysteme ar-beiten daher mit Prüfziffern am Ende jeder Kunden- beziehungsweise Bestellnummer, die eventuelle Zahlendreher oder falsch eingegebene Ziffern sofort enttarnen. Sie sollten aber bedenken: Dass auf diese Wei-se Fehler recht unwahrscheinlich sind, wissen zwar Sie als Mitarbeite-rin oder Mitarbeiter in der Bestellannahme. Eine Person, die die Bestel-lung aufgibt, wird es dagegen in der Regel nicht wissen. Ihr zuliebe soll-ten Sie den Bestellvorgang am Telefon besonders transparent gestalten.

Beschwerde

Beschwerden werden oft emotional vorgebracht.

Telefonische Beschwerden oder Reklamationen sind nicht immer besonders angenehm – das betrifft sowohl diejenige Person, die sich beschwert, als auch diejenige, die die Beschwerde entgegennimmt. Die größte Gefahr besteht bei solchen Gesprächen darin, dass die miteinander Telefonierenden emotional werden und dass deshalb die reinen Sachinformationen in den Hintergrund treten. Im ungünstigsten Fall ist ein Beschwerdegespräch eine Abfolge von Vorwürfen und Gegenangriffen. Ganz unrealistisch ist dieses Szenario nicht, es kommt durchaus vor, dass ein Gespräch eskaliert. Solche erhitzten Telefonate verringern die Chance auf eine vernünftige Lösung, die beide Seiten zufriedenstellt.

Freundlichkeit und Sachlichkeit sind für beide Seiten wichtig.

Machen Sie sich daher klar: Bei einer Beschwerde geht es zunächst darum, den Grund zu beheben, und nicht darum, den eigenen Ärger loszuwerden oder die Schuldfrage zu klären. Dieses Ziel sollten Sie deshalb stets im Auge behalten und dabei freundlich und sachlich bleiben, gleichgültig, ob Sie sich beschweren oder eine Beschwerde entgegennehmen. Deshalb ist bei Beschwerden und Reklamationen auf beiden Seiten besonders viel Feingefühl nötig.

Sich beschweren

Erst innehalten, dann beschweren

Ein Artikel wurde in der falschen Farbe oder Menge geliefert, eine Rechnung ist zu hoch, der Service oder die Beratung einer Firma war unzureichend oder das gekaufte Produkt erweist sich als defekt – die Gründe für eine Beschwerde oder Reklamation können vielfältig sein. Unterdrücken Sie aber den Impuls, sofort zum Hörer zu greifen. Es lohnt sich, einige Augenblicke zu warten. Das ist aus folgenden Gründen besser:

- Erstens sind Sie häufig in dem Moment, in dem womöglich Ärger aufwallt, zu beunruhigt oder aufgebracht, um den Anlass Ihrer Beschwerde sachlich und strukturiert darzustellen. Im Vordergrund stehen zunächst meist Verwirrung, Empörung oder gar Ärger. Das schlägt sich auch auf den Ton nieder. Klingt er allzu scharf, missmutig oder wütend, wird das zwangsläufig die Person am anderen

Ende der Leitung gegen Sie aufbringen – in der Regel selbst dann, wenn Sie in der Sache völlig recht haben.

- Zweitens ist die Person, bei der Sie sich telefonisch beschweren, oft nicht diejenige, die für den Fehler verantwortlich ist. Gerade bei größeren Firmen gibt es meist eine zentrale Hotline, die sich um Beschwerden und Reklamationen kümmert. Die Mitarbeiter, die solche Anrufe entgegennehmen, können persönlich in der Regel nichts für eventuelle Fehler, müssen aber helfen, eine Lösung zu finden.
- Drittens bedeutet ein allzu schneller Anruf bei Beschwerden oft auch mangelnde Vorbereitung. Das kann sich zu Ihrem Nachteil auswirken, wenn Sie sich vorher nicht genau überlegt haben, welche Forderung Sie stellen wollen.

Der Inhalt: Machen Sie deutlich, was Sie erreichen wollen

Wenigstens kurz sollten Sie sich Gedanken machen, was Sie mit Ihrer Beschwerde erreichen wollen. Gerade in Fällen, die für Sie mit besonders unangenehmen Auswirkungen verbunden sind, lohnt sich das. Zwei Überlegungen sollten Sie im Vorfeld anstellen:

Kernfrage bei Beschwerden: Was wollen Sie erreichen?

- Wie lässt sich der bemängelte Defekt beheben? Überlegen Sie sich eine Lösung, die Sie der Person am anderen Ende der Leitung vorschlagen wollen. Setzen Sie außerdem eine Frist, bis wann der Mangel aus Ihrer Sicht spätestens behoben sein soll.
- Welche Nachteile sind Ihnen dadurch entstanden, dass etwa ein Defekt aufgetreten ist und womöglich nicht sofort behoben werden kann? Wie viel Ärger hatten Sie damit? War beides gravierend, verlangen Sie auch dafür eine angemessene Entschädigung.

Beide Forderungen sollten Sie nacheinander zur Sprache bringen und sich am Telefon nicht vorschnell abfertigen lassen. Den zweiten Punkt – ein Ausgleich für die entstandenen Nachteile – müssen Sie meist von sich aus ansprechen, denn für die Person, die Ihre Beschwerde entgegennimmt, ist der Fall in der Regel erledigt, wenn der Grund für die Beschwerde beseitigt ist. Ein Beispiel:

Eine Beschwerde mit zwei Forderungen

Firma XYZ hat ein Kopiergerät bestellt. Es wird defekt geliefert. Daraufhin ruft eine XYZ-Mitarbeiterin bei der Beschwerdehotline des Lieferanten an und verlangt eine kostenfreie Reparatur. Das Gerät wird abgeholt und etwa zwei

Wochen später – angeblich funktionsfähig – wieder geliefert. Die Funktionsfähigkeit erweist sich aber als Irrtum. Abermals wendet sich die Mitarbeiterin an die Beschwerdehotline des Lieferanten und schildert den Fall. Daraufhin entwickelt sich folgendes Gespräch:

»Es tut mir sehr leid, dass Sie erneut Scherereien mit dem Kopierer haben. Selbstverständlich werden wir ihn noch einmal abholen und reparieren.« – »Entschuldigen Sie bitte, aber das ist nicht die Lösung, die mir vorschwebt. Bei der letzten Reparatur mussten wir volle zwei Wochen warten, bis das Gerät wieder da war. Deshalb möchte ich diesmal, dass uns sofort ein neuer, voll funktionsfähiger Kopierer geliefert wird.« – »Ich bin nicht sicher, ob sich das einrichten lässt, ich will aber versuchen, das hausintern für Sie durchzusetzen. Sollte es sich nicht machen lassen, können wir Ihnen aber für die Zeit der Reparatur kostenlos ein Leihgerät zur Verfügung stellen. Wären Sie auch damit einverstanden?« – »Das ist in Ordnung. Ich habe aber noch ein zweites Anliegen: Durch den Defekt und die lange Reparaturphase waren wir volle zwei Wochen ohne Kopiergerät. Das war für uns mit großem Aufwand verbunden, denn wir mussten zwei- bis dreimal am Tag zu einem Kopierladen fahren und die erforderlichen Kopien machen. Das heißt: Es ging wertvolle Arbeitszeit verloren, zudem fielen Fahrt- und Kopierkosten an. Dafür hätten wir gern eine Entschädigung.« – »Ich kann Ihnen leider keinen Barausgleich anbieten.« – »Das habe ich auch nicht erwartet. Wie wäre es stattdessen, wenn Sie uns mit dem neuen oder reparierten Kopierer zwei Tonerpatronen liefern – ohne dass wir dafür bezahlen müssen, versteht sich?« – »Einverstanden. Dafür kann ich sorgen. Ich kümmere mich darum.«

An diesem Beispiel sehen Sie: Sie müssen sich nicht immer auf den nächstbesten Vorschlag einlassen, den Ihnen die Gegenseite macht. Erscheint er Ihnen nicht aussichtsreich – wie im obigen Beispiel der erneute Reparaturversuch – nennen Sie eine Lösung, die Sie für praktikabler halten. In diesem Fall ist das der Austausch durch ein Neugerät.

Zusätzlich eine angemessene Entschädigung fordern

Außerdem zeigt das zitierte Beispiel, dass die Beschwerde mit dem Lösungsvorschlag allein nicht zwangsläufig erledigt sein muss. Hier ergreift die Beschwerdeführerin noch einmal die Initiative. Sie macht deutlich, dass die Geduld und Leidensfähigkeit ihrer Firma Grenzen hat. Objektiv stellt sie dar, welche Nachteile sie durch die lange Wartezeit erlitten hat. Damit macht sie ihre zweite Forderung plausibel, nämlich eine Entschädigung für die entstandenen Kosten zu bekommen. Der Erfolg zeigt, dass sich eine solche Initiative durchaus lohnen kann.

Die geforderte Entschädigung sollte angemessen sein

Überziehen sollten Sie Ihre Wünsche in Bezug auf eine solche Ausgleichsforderung allerdings nicht – sonst werden Sie mit Sicherheit abgewiesen. Wenn Sie eine Entschädigung verlangen, die in einem angemessenen Verhältnis zum entstandenen Schaden steht und die sich überdies für die Gegenseite leicht durchsetzen lässt, haben Sie jedoch eine realistische Chance auf Erfolg.

Die Form: Vermeiden Sie Vorwürfe, Angriffe und Beleidigungen

Gerade bei Beschwerden kommt es nicht allein darauf an, was Sie sagen, sondern auch, wie Sie es vorbringen. Lassen Sie nicht zu, dass Ihre Verärgerung zum Hauptthema des Gesprächs wird. Schließlich wollen Sie nicht in erster Linie Ihrem Ärger Luft machen, sondern eine akzeptable Lösung für Ihr Problem durchsetzen. Gefragt sind deshalb

Vorwürfe, Angriffe und Beleidigungen sind nicht angebracht.

- Sachlichkeit anstelle von Emotionen,
- Zurückhaltung anstelle von Vorwürfen und
- ein klarer Bezug auf den tatsächlichen Vorfall anstelle von Pauschalaussagen über die vermeintliche Unfähigkeit der Firma oder Institution, bei der Sie sich beschweren.

Dass eine Beschwerde berechtigt ist, lässt sich durchaus sachlich und objektiv darstellen – wie auch, dass Sie allen Grund haben, sich zu ärgern. Dieser Ärger darf aber nicht unterschwellig das ganze Gespräch bestimmen. Bemühen Sie sich daher um einen neutralen Tonfall. Vermeiden Sie Vorwürfe und Schuldzuweisungen. Machen Sie keinerlei pauschalisierende Aussagen (»Bei Ihnen geht immer alles schief«). Beschränken Sie sich ganz auf die Sachlage und Ihre Forderung.

Auch durch die richtige Wortwahl erreichen Sie, dass die Person am anderen Ende der Leitung Ihre Beschwerde ernst nimmt. Besonders wirkungsvoll sind sogenannte Ich-Botschaften. Das bedeutet: Wann immer es möglich ist, sollten Sie bei Beschwerden das persönliche Fürwort »ich« anstelle der Anrede »du« beziehungsweise »Sie« verwenden. Ich-Botschaften nehmen jeder Aussage den Stachel, sorgen dafür, dass die Person am anderen Ende sich auf den Inhalt des Gesagten konzentriert und nicht etwa auf einen vorwurfsvollen Ton. Auch wenn Sie damit eigentlich das Gleiche sagen – eine Ich-Botschaft wirkt weniger aggressiv und kritisch. Eine Du- beziehungsweise Sie-Botschaft lässt sich meist ohne Weiteres in eine Ich-Botschaft übersetzen. Einige Beispiele:

Ich-Botschaften nehmen einer Aussage die Schärfe.

Sie-Botschaft (nicht empfehlenswert)	Ich-Botschaft (empfehlenswert)
»Sie haben die falsche Papiersorte geliefert.«	»Ich habe die falsche Papiersorte bekommen.«
»Ihr Vorschlag ist nicht akzeptabel.«	»Diesen Vorschlag finde ich nicht akzeptabel.«
»Bei der letzten Rechnung haben Sie einen Fehler gemacht.«	»Bei der letzten Rechnung ist mir ist ein Fehler aufgefallen.«
»Sie haben sich nicht an die Absprache gehalten.«	»Ich habe unsere Absprache anders in Erinnerung.«
»Ihr Verhalten ist alles andere als fair.«	»Dieses Verhalten finde ich alles andere als fair.«

Eine Beschwerde entgegennehmen

Wer eine Beschwerde entgegennimmt, hat drei Hauptaufgaben zu bewältigen: Die betreffende Person muss

- die wichtigsten Informationen erfragen oder aus dem Gesagten herausfiltern,
- den aufgebrachten Anrufer oder die aufgebrachte Anruferin beschwichtigen,
- eine akzeptable Lösung herbeiführen.

Auch wenn Sie nicht zuständig sind, helfen Sie der anrufenden Person weiter

Wenig hilfreich sind Aussagen wie:
»Da bin ich nicht zuständig.«
»Da kann ich auch nichts machen.«
»Dafür kann ich nichts.«

Bedenken Sie: Die Person, die mit Ihnen spricht, betrachtet Sie immer als Repräsentanten oder Repräsentantin Ihrer Firma, Behörde, Institution oder Organisation. Wenn Sie nicht weiterhelfen, wirft das ein schlechtes Licht auf Ihren Arbeitgeber. Zeigen Sie sich daher stets hilfsbereit, und sei es nur, indem Sie zumindest den richtigen Gesprächspartner oder die richtige Gesprächspartnerin vermitteln.

Die wichtigsten Informationen erfragen

Gerade Menschen, die sich über eine Sache ärgern oder die eine Angelegenheit emotional sehr beschäftigt, bringen ihr Anliegen meist nicht klar, überlegt und wohlstrukturiert vor, sondern oft verworren und undifferenziert. Da ist es gar nicht so leicht, die wesentlichen Informationen herauszufiltern. Genau das ist aber Ihre erste Pflicht. Notieren Sie sich die wichtigsten Punkte und erfragen Sie, was Sie sonst noch wissen müssen:

- Wer ruft an?
- In welcher Angelegenheit? Falls es dafür ein Aktenzeichen oder eine Vorgangsnummer gibt, erfragen Sie auch diese Information.
- Was ist der Grund für die Beschwerde?
- Wie lässt sich die Angelegenheit aus der Welt schaffen?

Signalisieren Sie gleich zu Anfang Ihren Willen, dem Anrufer oder der Anruferin zu helfen. Machen Sie aber zunächst keine Aussagen dazu, ob Sie die Beschwerde für berechtigt halten oder nicht. Das können Sie erst tun, wenn Sie sich einen Überblick über die Sachlage verschafft haben. Beispiel:

> **Wie Sie Ihre Bereitschaft signalisieren, der anrufenden Person zu helfen**
>
> »Ich will sehen, was ich für Sie tun kann. Vorher brauche ich aber noch einige wichtige Angaben von Ihnen: ...«
>
> »Ich helfe Ihnen gern, die Angelegenheit zu klären. Dazu möchte ich aber zunächst Folgendes von Ihnen wissen: ...«
>
> »Wir werden Ihrer Beschwerde auf jeden Fall nachgehen. Noch einmal zu dem Fall, den Sie gerade geschildert haben: Was wurde Ihnen beim Verkauf genau von unserem Mitarbeiter versprochen?«

Gezielte Rückfragen geben einer Beschwerde Struktur.

Zeigen Sie sich hilfsbereit.

Die anrufende Person beschwichtigen

Beschwerden werden häufig alles andere als sachlich vorgebracht. Nicht selten ist der Anrufer oder die Anruferin aufgebracht oder ärgerlich. Einen wichtigen Beitrag, die betreffende Person zu beschwichtigen, leisten Sie schon, indem Sie ruhig und sachlich alle relevanten Daten erfragen und aufnehmen – siehe oben. Sie können aber noch mehr tun:

- Hören Sie aktiv zu, anstatt sofort zu antworten. Besonders Rückfragen und eine Zusammenfassung des Gesagten in eigenen Worten geben der anrufenden Person das Gefühl, Gehör zu finden und verstanden zu werden.

Wie Sie eine aufgebrachte Person beschwichtigen

- Senden Sie Ich-Botschaften.
- Reagieren Sie nicht auf den Tonfall, sondern nur auf die geschilderte Sachlage.
- Entschuldigen Sie sich (falls nötig).
- Verschwenden Sie keine Energie darauf, sich zu verteidigen, sondern konzentrieren Sie sich darauf, eine Lösung zu finden.

Beleidigungen müssen Sie sich nicht bieten lassen.

Falls ein Anrufer oder eine Anruferin sich nur noch in Beleidigungen und Beschimpfungen ergeht, stellen Sie die betreffende Person in ruhigem Ton vor die Wahl: Entweder das Problem wird sachlich diskutiert oder Sie vertagen das Gespräch auf später.

Hin und wieder kommt es vor, dass die Person am anderen Ende der Leitung kein Ende findet und die wichtigen Tatsachen immer wieder neu aufgreift. In einem solchen Fall können Sie den Redefluss unterbrechen, am besten, indem Sie die Aussage kurz zusammenfassen und sofort einen Lösungsvorschlag präsentieren:

Dauerredner unterbrechen

Einen Dauerredner unterbrechen

»Herr Seiffert, ich denke, der wesentliche Punkt Ihrer Beschwerde ist klargeworden. Auch nach Beendigung des Vertrags wurde weiterhin der Monatsbeitrag von Ihrem Konto abgebucht. Das ist ein bedauerliches Versehen und tut uns natürlich leid. Selbstverständlich werden wir umgehend ... «

Eine Lösung anbieten

Wie zufrieden ein Anrufer oder eine Anruferin mit dem Verlauf des Beschwerdegesprächs ist, hängt im Wesentlichen davon ab, ob Sie eine akzeptable Lösung anbieten oder nicht. Bemühen Sie sich daher stets um ein Lösungsangebot. Hier gibt es folgende Möglichkeiten:

Stets einen Lösungsvorschlag unterbreiten

- Abhilfe schaffen: Hat die anrufende Person recht, versprechen Sie ihr, das Problem zu beheben. Ist sie sehr aufgebracht, sollten Sie zudem überlegen, ob sie ihr noch ein weiteres Zugeständnis machen.
- Den Anspruch ablehnen: Das sollten Sie stets gut begründen. Schließlich möchten Sie, dass die Person am anderen Ende der Leitung Ihre Entscheidung versteht und sie nicht etwa als Akt der Willkür oder als Zeichen Ihrer mangelnden Servicebereitschaft auffasst.
- Eine Kulanzregelung anbieten: Dieses Vorgehen empfiehlt sich in Zweifelsfällen bzw. in Fällen, in denen eigentlich kein Anspruch auf Abhilfe besteht.

Die Erfahrung zeigt: Mit einer unkomplizierten, kulanten Lösung erzielen Sie in vielen Fällen eine nachhaltig positive Wirkung. Denn Sie stellen den Menschen am anderen Ende der Leitung zufrieden, machen ihm klar, seine Beschwerde war nicht vergeblich. Hat jemand das Gefühl, von Ihnen ernst genommen und zuvorkommend behandelt worden zu sein, wird er Ihre Produkte und Dienstleistungen gern weiter in Anspruch nehmen und sogar weiterempfehlen.

Eine Kulanzlösung erhöht die Kundentreue.

Bei einer Kulanzregelung muss im Gespräch allerdings deutlich werden, dass es sich um eine solche handelt. Sagen Sie der anrufenden Person explizit, dass sie zwar im Unrecht ist, dass Sie aber aus Gefälligkeitsgründen bereit sind, ihr entgegenzukommen. Dieser Hinweis ist nötig, um zu vermitteln, dass Ihr Lösungsangebot nicht etwa einen Rechtsanspruch begründet. Beispiele:

Kulanzregelung ausdrücklich als solche benennen

»Herr Schneider, die Laufzeit Ihres Vertrags dauert noch bis Mitte nächsten Jahres an. Sie haben eigentlich keinen Anspruch darauf, ihn vorzeitig zu beenden. Nach Rücksprache mit unserer Rechtsabteilung kann ich Ihnen aber Folgendes anbieten: Ausnahmsweise würden wir Ihnen erlauben, den Vertrag schon zum Jahresende zu beenden. Können Sie sich mit dieser Kulanzlösung anfreunden?«

»Unsere Prüfung hat ergeben, dass der Defekt des Geräts auf einer fehlerhaften Nutzung beruht und nicht etwa auf einem Mangel, der zum Kaufzeitpunkt bestand. Das bedeutet: Auf eine kostenfreie Reparatur haben Sie – rein rechtlich gesehen – keinen Anspruch. Allerdings haben wir uns entschlossen, Ihnen als gutem Kunden einen Kompromiss vorzuschlagen: Wenn Sie möchten, führen wir die Reparatur für Sie aus und stellen Ihnen dafür nur 50 % der Kosten in Rechnung, was in etwa auf 100 Euro hinauslaufen wird. Das ist für Sie immer noch billiger als der Kauf eines neuen Gerätes oder die Reparatur durch einen anderen Anbieter. Sind Sie mit diesem Vorschlag einverstanden?«

Machen Sie ggf. klar, dass es sich um eine Kulanzregelung handelt.

Am Ende einer Beschwerde gehen Sie – länger oder kürzer – auf die gefundene Lösung ein. Wichtig ist vor allem, der Person, die sich beschwert, mitzuteilen, welche nächsten Schritte jetzt anstehen. So sorgen Sie für Klarheit und Zufriedenheit. Beispiele:

Benennen Sie die nächsten Schritte.

Zum Abschluss eine Zusammenfassung

»Gut, dann wäre das abgemacht. Unser Kurier holt das defekte Gerät in den nächsten Tagen bei Ihnen ab. Die Transportkosten übernehmen selbstverständlich wir. Spätestens Ende nächster Woche sollten Sie das reparierte Gerät wiederhaben.«

»In Ordnung, Frau Obermann, das habe ich jetzt vermerkt. Mit Ihrer nächsten Rechnung bekommen Sie eine Gutschrift von 90 Euro, die mit dem Rechnungsbetrag verrechnet wird. Unser Softwarespezialist setzt sich außerdem noch diese Woche mit Ihnen in Verbindung, um den Fehler auf Ihrem Rechner zu beheben. Damit ist der Schaden hoffentlich endgültig behoben!«

In besonders kniffligen Fällen lohnt sich mitunter die Nachfrage, ob der Anrufer oder die Anruferin mit der Lösung zufrieden ist. Dazu reicht eine kurze Frage, beispielsweise diese:

Zufrieden? Manchmal lohnt sich die Nachfrage

»Ist die Angelegenheit damit zu Ihrer Zufriedenheit erledigt?«
»Einverstanden?«
»Ist das die Lösung, die Sie angestrebt haben?«
»Sind Sie damit zufrieden?«

Akquisegespräch und Telefonmarketing

Akquise zu betreiben heißt, die Gewinnung von Kunden anzustreben. Der Begriff stammt aus dem Lateinischen; das Verb »acquirere« bedeutet »erwerben«, »gewinnen«, »sich verschaffen«. Auch der englische Begriff »Marketing« umfasst laut Definition alle Maßnahmen eines Unternehmens, den Absatz der eigenen Produkte und Leistungen zu fördern.

Telefonakquise oder Telefonmarketing gehört zu den schwierigsten Aufgaben am Telefon. Das gilt vor allem, wenn Sie sich zum ersten Mal an eine Person wenden mit der Absicht, ihr etwas zu verkaufen. Dann spricht man von »Kaltakquise«. Zunächst müssen Sie aber klären, ob Ihr Vorhaben, am Telefon einen Kunden anzuwerben, rechtlich überhaupt statthaft ist.

Akquise gehört zu den anspruchsvollsten Aufgaben am Telefon.

Die rechtliche Situation: Wann Telefonmarketing erlaubt ist und wann nicht

Die Kaltakquise, also ein Anruf ohne vorherige Geschäftsbeziehung, ist in Deutschland grundsätzlich verboten. Das geht aus dem Gesetz gegen den unlauteren Wettbewerb (UWG) hervor. Am strengsten wird diese Regelung bei der Zielgruppe der Verbraucher und Verbraucherinnen gehandhabt. Eine Ausnahme besteht nur dann, wenn die betreffende Person vorher eindeutig ihre Einwilligung gegeben hat. Das wäre beispielsweise der Fall, wenn sie bei einem E-Mail-Newsletter angekreuzt hat, dass sie gern telefonisch über interessante Angebote informiert werden möchte.

Kaltakquise ist in Deutschland grundsätzlich verboten.

Bei Geschäftsleuten (Nicht-Verbrauchern) wird diese Regel hingegen großzügiger ausgelegt. Hier genügt es, wenn eine mutmaßliche Einwilligung vorliegt. Davon können Sie ausgehen, wenn Sie ein Angebot machen, dessen Inhalt aller Voraussicht nach auf das Interesse des oder der Angerufenen stoßen kann – etwa, weil es die geschäftliche Tätigkeit des Unternehmens betrifft, in dem diese Person arbeitet.

In der Regel erlaubt sind Werbeanrufe bei Personen, mit denen Sie – beziehungsweise Ihre Firma oder Organisation – bereits eine Geschäftsbeziehung haben. Eine telefonische Kontaktaufnahme ist dann statthaft, wenn die Zielperson oder das Zielunternehmen der telefonischen Werbung nicht ausdrücklich widersprochen hat.

Achtung: Verstöße können teuer werden

Gegen das Verbot der telefonischen Kaltakquise sollten Sie besser nicht verstoßen. Denn sonst kann der oder die Betroffene, aber auch ein Konkurrent, eine Verbraucherschutzorganisation oder die Wettbewerbszentrale rechtlich dagegen vorgehen. Dazu bedarf es noch nicht einmal einer Klage vor Gericht.

Schon eine wettbewerbsrechtliche Abmahnung, also ein Schreiben, mit dem der Initiator eines Werbeanrufs auf den Verstoß aufmerksam gemacht und zur Abgabe einer Unterlassungserklärung aufgefordert wird, kann teuer werden. Sollte er tatsächlich im Unrecht sein und muss sich daher dieser Unterlassungsaufforderung beugen, ist er nach deutschem Recht verpflichtet, die (Anwalts-)Kosten für die Erstellung der Abmahnung zu tragen.

Geplant ist außerdem die Einführung eines Bußgeldes, mit dem Verstöße gegen das Kaltakquiseverbot geahndet werden sollen (Stand: 31. März 2008). Zudem soll künftig bei Werbeanrufen die Rufnummernunterdrückung verboten sein.

Ein Akquisegespräch führen

Der Erfolg eines Akquisegesprächs liegt nicht zuletzt in der guten Vorbereitung. Bevor Sie jemanden anrufen, sollten Sie sich über folgende Punkte Gedanken machen:

Die richtige Vorbereitung

Zielgruppe oder Zielperson: Für wen ist Ihr Angebot überhaupt interessant? Es hat z. B. wenig Sinn, mit der Sekretärin zu sprechen, wenn sich Ihr Angebot eigentlich an den Einkaufsleiter richtet. Sie sollten zumindest den Namen der Person, die Sie anrufen wollen, kennen, bevor Sie sie anwählen.

Nutzen/Argumente: Welchen Nutzen hat Ihr Angebot für die betreffende Person? Versetzen Sie sich in die Person hinein, die Ihr Angebot annehmen soll. Was hat sie davon? Finden Sie verschiedene Werbeargumente, die aus Sicht des oder der Betroffenen für Ihr Angebot sprechen.

Mögliche Einwände: Welche Vorbehalte könnte der oder die Angerufene gegen Ihr Angebot vorbringen (»Zu teuer«, »Da muss ich mich so lange binden« etc.)? Bereiten Sie sorgfältig eine Argumentation vor, die diese Einwände entkräften kann (s. Abschnitt »Mit Einwänden richtig umgehen«).

Mögliche Alternativangebote: Welche Alternativen können Sie der Person am anderen Ende der Leitung vorschlagen, wenn Ihr Angebot nicht in der ursprünglichen Form auf die gewünschte Resonanz stößt? Wie können Sie Ihr Angebot notfalls modifizieren?

Natürlich wird es Ihnen nicht möglich sein, auf Anhieb alle Eventualitäten zu bedenken, die im Verlauf eines Akquisegesprächs auftreten können. Auf längere Sicht helfen Ihnen solche Vorüberlegungen aber doch. Wenn Sie mehrere Werbeanrufe für das gleiche Angebot tätigen, ergänzen Sie nach und nach Ihre Liste. Machen Sie sich nach jedem Gespräch Notizen. Schreiben Sie z. B. die Argumente auf, die bei Ihren verschiedenen Gesprächspartnern am besten ankommen. Halten Sie außerdem stichwortartig die Einwände fest, die Sie immer wieder zu hören bekommen. Je besser Sie vorbereitet sind, desto eher führt die Telefonakquise zum gewünschten Erfolg.

Auch sprachlich sollten Sie sich auf das bevorstehende Gespräch einstellen. Anders als bei Beschwerden sind bei Werbeanrufen Du- beziehungsweise Sie-Botschaften durchaus sinnvoll. Mit der Anrede »Sie« machen Sie klar: Sie rufen nicht nur aus reinem Eigennutz an, sondern durchaus auch im Interesse des Gesprächspartners oder der Gesprächspartnerin. Je weniger sich Ihre Sprache um Ihre eigene Person dreht, desto besser. Ersetzen Sie, wann immer möglich, das Fürwort »ich« durch die Anrede »du« beziehungsweise »Sie«. Einige Beispiele:

Sie-Botschaften sind bei Werbeanrufen richtig.

Ich-Botschaft (nicht empfehlenswert)	Sie-Botschaft (empfehlenswert)
»Ich mache Ihnen folgenden Vorschlag: ….«	»Wie gefällt Ihnen folgender Vorschlag? …«
»Ich empfehle Ihnen …«	»Für Sie ist es am besten, wenn …«
»Ich schicke Ihnen noch heute unser Angebot zu.«	»Sie erhalten in Kürze Ihr persönliches Angebot.«
»Lassen Sie mich die Vorteile kurz schildern: …«	»Überzeugen Sie sich selbst, welche Vorteile Ihnen das bringt: …«

Einen wörtlichen Gesprächsleitfaden sollten Sie jedoch nicht erstellen. Denn sobald Sie etwas ablesen oder auswendig herunterleiern, sinkt die Bereitschaft der Person am anderen Ende der Leitung, Ihnen zuzuhören. Außerdem sollten Sie sich die Fähigkeit erhalten, auf Fragen, Einwände und Gegenargumente der angerufenen Person individuell zu reagieren.

Die einzelnen Phasen im Akquisegespräch

Ein erfolgreiches Akquisegespräch besteht aus mehreren Phasen. So unterschiedlich die Angebote auch sein mögen, die Sie per Telefon unterbreiten: Letztlich ähneln sich die meisten Werbeanrufe in ihrem Ablauf. Die Phasen, die typischerweise vorkommen, sind

- gegebenenfalls eine kurze Klärung, ob Sie mit der richtigen Person sprechen,
- die Begrüßung und Eröffnung,
- das Angebot und die Argumente, die dafür sprechen,
- die Behandlung von Einwänden,
- das Wiederaufgreifen des Angebots, gegebenenfalls in modifizierter Form,
- falls nötig: Rechtliches (Abschlussmodalitäten, Preis, Vertragsdauer, Widerrufsbelehrung etc.) sowie
- der Abschluss und die Verabschiedung.

Klären Sie zunächst, ob Sie mit der richtigen Person sprechen

Stellen Sie sicher, dass Sie mit der richtigen Person sprechen.

Bevor Sie Ihr Angebot darlegen, müssen Sie sicher sein, dass Sie tatsächlich mit derjenigen Person sprechen, für die es potenziell interessant ist. Es hat keinen Sinn, etwa dem Praktikanten in einem Handwerksbetrieb von den Vorzügen Ihrer Produkte oder Leistungen vorzuschwärmen, wenn allein der Meister eine Kaufentscheidung treffen könnte. Fragen Sie deshalb zunächst immer nach, mit wem Sie sprechen, bevor Sie Ihr Angebot präsentieren.

Sollten Sie den Namen der zuständigen Person nicht kennen, empfiehlt es sich, ihn in einem gesonderten Anruf zu erfragen. Das ist vor allem dann sinnvoll, wenn Sie es zunächst mit einer Person im Vorzimmer, Empfang oder Sekretariat zu tun haben. Falls Sie dort nämlich in einem Zug nach dem Namen fragen und anschließend um Durchstellung bitten, wird man Ihr Anliegen automatisch als nachrangig betrachten und Sie abwimmeln – denn offenbar kennen Sie den gewünschten Gesprächspartner oder die gewünschte Gesprächspartnerin noch nicht einmal. Hier teilen Sie Ihr Anliegen besser auf zwei Anrufe auf:

In zwei Schritten zur gewünschten Zielperson

1. Zuständige Person ermitteln

Fragen Sie in der Zentrale nach, wer für den Bereich zuständig ist, zu dem Ihr Angebot passt, und lassen Sie sich den Namen notfalls buchstabieren.

2. Zuständige Person anwählen

Rufen Sie dann gezielt bei dieser Person an. Sollten Sie je in deren Vorzimmer oder Sekretariat landen, können Sie wenigstens klar benennen, mit wem Sie reden möchten. Dann ist die Gefahr geringer, sofort abgewiesen zu werden.

Um den Namen der Zielperson zu erfragen, tätigen Sie einen Extraanruf.

Wie Sie reagieren, wenn man versucht, Sie abzuweisen, lesen Sie im Abschnitt »Vermittlungsgespräch« unter der Überschrift: »Die Kunst, sich nicht abwimmeln zu lassen«.

Begrüßung und Eröffnung

Zunächst begrüßen Sie die angerufene Person. Sprechen Sie sie dabei mit ihrem Namen und gegebenenfalls mit ihrem akademischen Titel an. Dann nennen Sie Ihren eigenen Namen und den der Firma oder Organisation, in deren Auftrag Sie anrufen. Ihren eigenen Namen sollten Sie nie verschleiern, sondern immer besonders deutlich aussprechen. Sie können ihn sogar durch Wiederholung betonen – das müssen Sie aber nicht. Beispiele:

Verschleiern Sie Ihren Namen oder Auftraggeber nicht.

Begrüßung bei einem Werbeanruf

»Guten Tag, Herr Kunze. Mein Name ist Irina Schmeil von der Löffler und Beifuß GmbH.«

»Guten Morgen. Hier spricht Karl Wenzler von der Organisation ›Kinder für eine bessere Zukunft‹. Spreche ich mit Frau Charlotte von Weidenfels?«

»Guten Tag. Hier ist das Softwarehaus Jenning und Söhne. Mein Name ist Schneider, Matthias Schneider.«

Die Telefonakquise mit einem Small Talk zu beginnen, empfiehlt sich nicht. Sie sollten so schnell wie möglich zu Ihrem eigentlichen Anliegen kommen – dem Angebot. Damit Sie aber nicht mit der Tür ins Haus fallen, ist eine Überleitung angebracht.

Am elegantesten wirkt eine kurze Erläuterung der Hintergründe, die Ihren Anruf motivieren. Sie ebnet Ihnen den Weg und schafft eine etwas persönlichere Gesprächsatmosphäre. Ein Motiv zu benennen ist

Nennen Sie ein Motiv für Ihren Anruf.

recht einfach, wenn Sie einen Menschen anrufen, mit dem Sie bereits Kontakt hatten. Hier beziehen Sie sich am besten auf bestehende Verträge, laufende Geschäftsbeziehungen oder das letzte Gespräch. Wenn der oder die Betreffende als Vorbereitung des Gesprächs bereits Werbepost von Ihnen, Ihrer Firma, Organisation oder Ihrem Auftraggeber bekommen hat, nehmen Sie darauf Bezug. Beispiele:

Mögliche Motive (Akquise bei bestehenden Kunden oder Kundinnen)

»Bei Durchsicht Ihrer Unterlagen ist mir aufgefallen, dass Sie zwar ein Sparkonto bei uns haben, aber noch keinen Vertrag über eine Altersvorsorge. Ist das richtig?« (Bank, Anruf bei bestehendem Kunden)

»Ich sehe gerade in unserer Datenbank, dass Sie die XYZ-Zeitschrift im Abonnement haben. Sind Sie denn zufrieden damit?« – »Ja, ich lese sie ganz gerne.« – »Das freut mich! Dann ist vielleicht auch folgendes Angebot für Sie interessant: Speziell für die XYZ-Leser gibt es jetzt …« (Pressevertrieb, Anruf bei Abonnentin)

»Hallo, Herr Groß. Sie erinnern sich vielleicht: Wir hatten im Oktober miteinander über die Einrichtung eines neuen Warenwirtschaftssystems in Ihrer Firma gesprochen.« (Softwarehaus, Anruf bei einem früheren Interessenten)

»Vor Kurzem haben Sie Post von unserer Firma bekommen, nämlich unsere Präsentationsmappe – ich wollte fragen, ob sie bei Ihnen angekommen ist.« (Nachfasstelefonat nach schriftlicher Werbeaktion)

Bei einer Kaltakquise ist es etwas schwieriger, einen plausiblen Beweggrund zu nennen. Hier kommen aktuelle Ereignisse, Medienberichte, aber auch Dinge, die Sie schon über die betreffende Person – oder die Gruppe, der sie angehört – wissen, als Motiv infrage. Beispiele:

Mögliche Motive (Kaltakquise)

»Herr Rath, neulich war es wieder in der Presse zu lesen: Der Kostendruck wächst und wächst, und gerade die Metallindustrie hat schwer unter den anziehenden Stahlpreisen zu leiden. Ist das auch in Ihrer Firma ein Thema?« (Großhandelsvertreter, Anruf bei potenziellem Abnehmer)

»Beim Surfen im Internet bin ich zufällig auf Ihre Website gestoßen und bin etwas erstaunt, dass die letzte Überarbeitung schon im Jahr 2005 war. Ist das Absicht?« (Internet-Programmierer, Anruf bei einem Freiberufler)

»Frau Pohland, der Grund für meinen Anruf sind die jüngsten Brandereignisse in Vilsenstädt. Wussten Sie, dass das mit einem funktionierenden Feuerlöscher hätte vermieden werden können?« (Feuerlöscher-Wartungsdienst, Anruf bei einem Privathaushalt)

Mit einer solchen Einleitung schaffen Sie einen Übergang zur nächsten Phase – zur Vorstellung Ihres Angebots.

Stellen Sie Ihr Angebot vor – und die Argumente, die dafür sprechen

Achten Sie in dieser Phase strikt darauf, das Wesentliche in Kürze zu präsentieren. Lassen Sie sich dabei ganz auf die Denkweise der Person am anderen Ende der Leitung ein. Das bedeutet:

- Vermeiden Sie Details, Zahlen und Fachbegriffe sowie allzu ausführliche Produkt- oder Leistungsbeschreibungen.
- Benutzen Sie stets eine bildhafte Sprache. Reden Sie beispielsweise nicht von »Produkt«, wenn Sie eine Zeitschrift meinen, und nicht von »Leistung«, wenn Sie etwa von der Programmierung von Internetseiten sprechen.
- Stellen Sie konsequent den Nutzen in den Vordergrund, den Ihr Angebot der Person am anderen Ende der Leitung bringt.

Langatmige, abstrakte Beschreibungen kommen nicht gut an.

Argumentieren Sie nicht aus Sicht des Verkäufers, sondern immer aus Sicht der Person, die das angebotene Produkt bestellen oder die angebotene Leistung in Anspruch nehmen soll. Was hat sie davon? Was bringt es ihr? So finden Sie die besseren Argumente. Beispiele:

Argumentieren Sie aus Sicht potenzieller Kunden und Kundinnen.

Produkt	Nicht so: (reine Produktbeschreibung)	Sondern so: (Hervorhebung des Nutzens)
Rentenvertrag	»Sie bekommen ab dem 60. Lebensjahr eine Zusatzrente ausgezahlt.«	»Sie haben im Alter ein zusätzliches Einkommen«
Fernsehzeitschrift	»Auf einer Doppelseite sind alle wichtigen Programme nebeneinander aufgelistet.«	»Sie haben im Nu einen Überblick über das gesamte Programm des Tages.«

Probieren Sie ruhig mehrere Argumente aus – welches die Person am anderen Ende der Leitung letztlich überzeugt, wird von Gespräch zu Gespräch unterschiedlich sein. Idealerweise sammeln Sie zunächst al-

Probieren Sie mehrere Argumente aus.

le Argumente, die infrage kommen, um sie nachher zu testen. Selbst wenn sich die einzelnen Argumente womöglich nur in Nuancen voneinander unterscheiden – manchmal gibt auch ein geringfügig anderer Schwerpunkt den Ausschlag für Ihren Verkaufserfolg. Ein Beispiel:

Für einen Festpreis bei der Handynutzung (Flatrate) sprechen

- die volle Kostenkontrolle: Man weiß stets, wie viel man maximal ausgibt;
- die einfache Tarifstruktur: Es kostet jeden Monat gleich viel;
- eine Ersparnis für Menschen, die viel telefonieren;
- die Möglichkeit, ohne schlechtes Gewissen länger mit dem Handy zu telefonieren als bisher;
- die Gewissheit, bei der Rechnung keine bösen Überraschungen zu erleben (das kann beispielsweise auch das entscheidende Argument sein für Menschen, die einen Vertrag für ihre heranwachsenden Kinder abschließen wollen).

Präsentieren Sie der Person am anderen Ende der Leitung aber nicht alle Argumente auf einmal, sondern führen Sie zu Beginn maximal zwei an. Sonst besteht die Gefahr, die betreffende Person »totzureden«. Dann ist sie nicht mehr aufnahmefähig, sondern lässt ihre Gedanken abschweifen – was wiederum die denkbar schlechteste Voraussetzung ist, um einen Abschluss herbeizuführen.

Mit Sie-Botschaften den Nutzen ins rechte Licht rücken

Wenn Sie den Nutzen und die Vorteile Ihres Angebots präsentieren, achten Sie auf Ihre Sprache. Verwenden Sie auch hier bewusst »Sie-Botschaften«, um den Nutzen ins rechte Licht zu rücken. Beispiele:

Sie-Botschaften, mit denen Sie den Nutzen ins rechte Licht rücken

»Das hilft Ihnen …«	»Das garantiert Ihnen …«
»Dadurch senken Sie Ihre Kosten …«	»Das bringt Ihnen …«
»Das hat für Sie den Vorteil …«	»Dadurch gewinnen Sie …«
»Auf diese Weise sparen Sie …«	»Damit sind Sie in der Lage …«
»Das Gute daran ist, dass Sie …«	»Zudem haben Sie das gute
»Außerdem erreichen Sie …«	Gefühl …«
»Sie profitieren davon, weil …«	

Mit Einwänden richtig umgehen

Ihre Argumente mögen noch so stichhaltig sein – trotzdem wird die Person am anderen Ende der Leitung sie in aller Regel nicht unwidersprochen hinnehmen. Von dieser Erfahrung kann Ihnen jeder professionelle Telefonverkäufer und jede professionelle Telefonverkäuferin ein Lied singen. Lassen Sie sich davon aber nicht beirren.

Einwände sind nichts Negatives – im Gegenteil! Sie zeugen oft von einem gewissen Interesse, das Ihr Gegenüber dem Angebot entgegenbringt. Außerdem geben sie Ihnen womöglich neue Ansatzpunkte für eine Argumentation, die Ihren Gesprächspartner oder Ihre Gesprächspartnerin auch wirklich überzeugt. Bisweilen verhelfen Ihnen Einwände sogar zu der Erkenntnis, wie Sie Ihr Angebot modifizieren können, damit es besser ankommt, oder welche möglichen Alternativen stattdessen auf das Interesse des potenziellen Kunden oder der potenziellen Kundin stoßen.

Einwände sind nichts Negatives.

Aber Vorsicht: Nicht jeder Einwand ist genauso gemeint, wie er geäußert wird. Sie sollten stets unterscheiden zwischen

- echten Einwänden, die zeigen, dass ein Kunde sich bereits gedanklich mit Ihrem Angebot beschäftigt, zum Beispiel kritische Anmerkungen, skeptische Rückfragen, kurze Gegenargumente oder die Äußerung von Bedenken, und
- Vorwänden, das sind Schutzbehauptungen, also im Wesentlichen der Versuch, Nein zu sagen, ohne unbedingt das Wort »Nein« zu gebrauchen.

Unterscheiden Sie klar zwischen Einwänden und Vorwänden.

Um Vorwände handelt es sich meist, wenn eine Einwendung auf die andere folgt und Sie das Gefühl haben, mit Ihrer Argumentation buchstäblich gegen eine Mauer zu prallen. Auch pauschale Behauptungen und grobe Verallgemeinerungen deuten darauf hin, dass eine Aussage eher ein Vorwand als ein Einwand sein könnte (»So was ist doch immer wahnsinnig teuer«).

Lassen Sie sich jedoch nicht zu schnell abweisen. Eine gewisse Beharrlichkeit zahlt sich aus. Finden Sie zunächst durch kurze Rückfragen heraus, ob es sich bei einer Aussage um einen Einwand oder doch eher um einen Vorwand handelt. Ein Beispiel, um den Unterschied zu verdeutlichen:

Worin sich
Einwände und
Vorwände
unterscheiden.

Der wichtige Unterschied zwischen Einwand und Vorwand

Eine Künstleragentur versucht, die A-cappella-Gruppe, die sie vertritt, für
Auftritte zu vermitteln. Dazu ruft eine Mitarbeiterin bei verschiedenen Firmen
an, von denen sie weiß, dass diese häufiger repräsentative Veranstaltungen
für ihre Kunden durchführen. Ein Auszug aus zwei Akquisegesprächen:

Einwand

»Kein Interesse!« – »Kein Interesse, sagen Sie? Hat das einen speziellen
Grund?« – »Das ist mir zu teuer.« – »Sie machen sich Sorgen wegen des
Preises?« – »Ja genau. Unser Budget ist begrenzt, da sind teure Auftritte
nicht drin.« – »Was zahlen Sie denn üblicherweise als Honorar für einen
Abendauftritt, wenn ich fragen darf?« – »Lassen Sie mich mal überlegen.
Das liegt in der Größenordnung von 600 bis 700 Euro. Mehr auf keinen
Fall.«

Vorwand

»Kein Interesse! Das ist immer so teuer.« – »Welchen Preis zahlen Sie denn
üblicherweise für solche Abendauftritte, wenn ich fragen darf?« – »Das
geht Sie nichts an. Außerdem ist uns eine A-cappella-Gruppe ohnehin zu
konservativ.« – »Sie denken jetzt an klassische Musik? Unsere Jungs haben
vorwiegend Popmusik in ihrem Repertoire.« – »Kommt trotzdem nicht
in Frage. Wir haben schon jemanden, bei dem wir immer unsere Auftritte
buchen.«

Einwände lassen
sich argumentativ
ausräumen.

Sie sehen: Im ersten Fall offenbart die angerufene Person auf Nachfrage den eigentlichen Grund für ihre Bedenken – den mutmaßlich zu hohen Preis. Hier hat die Mitarbeiterin der Veranstaltungsagentur mit ihrer Nachfrage einen konkreten Ansatzpunkt herausgefunden, welche
Befürchtungen sie ausräumen muss, um die A-cappella-Gruppe doch
noch für einen Auftritt zu vermitteln. Sie könnte etwa einen Sonderpreis für das erste Engagement anbieten oder noch einmal gezielt den
Nutzen eines Auftritts hervorheben (»Da kommen dann viel mehr Leute zu Ihrer Veranstaltung«).

Bei Vorwänden
bringen Argu-
mente nichts.

Im zweiten Fall ist das nicht so. Hier folgt ein Gegenargument auf
das andere. Das lässt darauf schließen, dass die Anruferin abgeschmet-
tert werden soll. Ihr Versuch, argumentativ auf jede einzelne Äußerung
einzugehen, läuft ins Leere. Jedes Mal führt die Person am anderen Ende der Leitung ein anderes Argument ins Feld – ohne über die Einzelheiten diskutieren zu wollen.

Wenn Sie aber zu dem Schluss gekommen sind, ein Einwand sei ernst gemeint, dann nehmen Sie ihn auch ernst. Hören Sie zu und versuchen Sie, den Gehalt zu erfassen, bevor Sie ein Gegenargument anführen. Eine wichtige Grundregel dabei lautet: Antworten Sie nie mit »Ja, aber ...«.

> **Nicht empfehlenswert: die Worte »Ja, aber ...«**
>
> Die Worte »Ja, aber ...« sind Gift für jedes Verkaufsgespräch. Wer auf einen Einwand hin damit kontert, signalisiert:
> - dass er gar nicht richtig zugehört hat,
> - dass er kein inhaltliches Interesse an dem vorgebrachten Einwand hat,
> - dass er die Person am anderen Ende der Leitung nicht ernst nimmt,
> - dass er die Bedenken als substanzlos und unberechtigt betrachtet,
> - dass er lieber widerspricht als der Argumentation des Gesprächspartners oder der Gesprächspartnerin zu folgen.

Mit »Ja, aber ...« sollten Sie nie antworten.

Fragen Sie stattdessen lieber nach, was hinter einem Einwand steckt. Verwenden Sie dabei die Technik des aktiven Zuhörens. Es ist durchaus erlaubt, auch einmal zu bestätigen, was Ihnen Ihr Gesprächspartner oder Ihre Gesprächspartnerin sagt (»Da haben Sie natürlich recht«). Nehmen Sie erst danach Stellung zu den geäußerten Bedenken.

Eine Reihe von Ein- und Vorwänden kommt immer wieder vor. Im Folgenden finden Sie eine Aufstellung der häufigsten Behauptungen sowie Möglichkeiten, darauf angemessen zu reagieren.

Einer der häufigsten Einwände: »Keine Zeit!« Ausgesprochen häufig wird die angerufene Person auf einen Werbeanruf mit der Aussage reagieren, sie habe keine Zeit. Darauf reagieren Sie am besten mit einer Rückfrage:

> »Komme ich gerade ungünstig?«
> »Soll ich Sie lieber ein anderes Mal anrufen?«
> »Oh, das tut mir leid, wenn ich zur Unzeit anrufe.
> Wann passt es Ihnen denn besser?«

So reagieren Sie auf den Einwand: »Keine Zeit!«

Wird die Person am anderen Ende der Leitung deutlicher – etwa mit »Für so etwas habe ich nie Zeit!« – dann wissen Sie auch: Das war kein Einwand, sondern ein Vorwand, und Sie beenden besser das Gespräch.

Zeigt sie sich dagegen offen, versuchen Sie eine klare Aussage zu bekommen, wann der- oder diejenige bereit ist, Ihren Anruf entgegenzunehmen. So vermeiden Sie spätere vergebliche Versuche, die betreffende Person zu erreichen.

Hinterfragen Sie diese Aussage »Kein Interesse!« oder »Brauche ich nicht!« »Kein Interesse!« – das klingt abschließend, ist aber nicht zwangsläufig so gemeint. Hier lohnt es sich, vorsichtig nachzuhaken. Kontern Sie darauf aber nicht direkt mit der Nachfrage: »Warum?«, denn das bringt die Person am anderen Ende der Leitung oft unnötig in einen Rechtfertigungszwang, der für ein Verkaufsgespräch nicht förderlich ist. Schließlich soll sich die angerufene Person nicht unwohl fühlen, weil sie Rede und Antwort stehen muss.

Hinterfragen Sie den Einwand: »Kein Interesse!«

Fragen Sie lieber etwas subtiler nach den möglichen Gründen, auch wenn Sie damit – streng genommen – das Wort »warum« nur höflich umschreiben:

> »Möchten Sie mir Ihre Gründe verraten?«
> »Darf ich nach dem speziellen Hintergrund Ihrer Ablehnung fragen?«
> »Sie klingen sehr entschieden. Hat das besondere Gründe?«

Sie können auch ins Blaue hinein auf einen möglichen Grund tippen, um so das wahre Motiv für die pauschale Ablehnung herauszubekommen, etwa mit einer Nachfrage wie dieser:

> »Das heißt, Sie haben schon eine Lösung, die Sie zufrieden stellt?«
> »Sie haben in dieser Hinsicht offenbar schon selbst vorgesorgt. Richtig?«

Sie werden sehen: Hinter der pauschalen Aussage »Kein Interesse« steckt oft ein handfester Grund, über den sich dann auch reden lässt.

Einwände, die Feingefühl erfordern: »Für so was habe ich kein Geld!«, »Das ist mir zu teuer!«. Die Kosten sind ein wichtiges Argument. Folglich werden Sie mit diesem Einwand bei der Telefonakquise ausgesprochen häufig konfrontiert. Hier sollten Sie zunächst Verständnis zeigen, denn von der Hand zu weisen ist das Kostenargument keineswegs. Reagieren Sie also zunächst mit einer Bestätigung:

Ein häufiger Einwand: »Zu teuer!«

> »Da haben Sie natürlich recht. Man muss es ja auch bezahlen können.«
> »Gut, dass Sie das so offen sagen. Es stimmt: Die Geldfrage ist heute wichtiger denn je.«
> »Ich gebe Ihnen ja recht: Man sollte stets auch die Kostenseite betrachten.«
> »Gut, dass Sie das ansprechen. Wer hat schon Geld zu verschenken?«

Anschließend können Sie versuchen,

- vorsichtig die finanziellen Möglichkeiten der angerufenen Person auszuloten (»Wie hoch ist denn Ihr Werbebudget, wenn ich fragen darf?«, »Wollen Sie mir sagen, wie viel Geld Ihnen in Ihrem Haushalt monatlich zur Verfügung steht?«),
- eine mögliche Zahlungsbereitschaft zu eruieren (»Wie viel würden Sie denn maximal für eine Flatrate zahlen?«, »Was wäre Ihnen ein Wartungsvertrag wert?«),
- einen Test-, Aktions- oder Sonderpreis anzubieten oder
- mit den geldwerten Vorteilen zu argumentieren, die Ihr Angebot bringt (»Gerade, wenn man wenig Geld hat, ist es wichtig ...«).

Wie Sie auf den Einwand »Habe ich schon!« klug reagieren Ein Akquiseanruf fördert häufig auch folgenden schlagkräftigen Einwand zutage: »Das habe ich schon!«

Eine solche Aussage muss nicht das Ende bedeuten. Sie können immer noch erfragen, ob nicht ein zusätzlicher Bedarf besteht. Wenn die Situation geeignet erscheint, sollten Sie die Person am anderen Ende der Leitung zunächst loben. Das kommt bei allen Produkten infrage, die mit dem Thema Sicherheit oder Vorsorge zu tun haben (Altersvorsorge, Versicherung, Netzwerk- und Datensicherheit etc.):

Der Einwand »Habe ich schon!« muss nicht das Aus bedeuten.

> »Gut, dass Sie daran schon gedacht haben.«
> »Das ist prima – solche Dinge werden heute immer wichtiger, aber das weiß längst nicht jeder.«
> »Schön zu hören, dass Sie sich in Ihrer Firma dieser heiklen Materie schon angenommen haben.«

Fragen Sie dann nach der Art des jeweiligen Produkts oder nach der Zufriedenheit damit. Stellen Sie hierzu möglichst eine offene Frage, die mit einem Fragewort beginnt (wie, was, inwiefern), denn eine solche Frage kann nicht kurz, knapp und abweisend mit »Ja« oder »Nein« beantwortet werden. Beispiel:

> »Was haben Sie denn da, wenn ich fragen darf?«
>
> »Wie zufrieden sind Sie denn damit?« (Nicht: »Sind Sie denn zufrieden damit?«)
>
> »Darf ich fragen, wie Sie damit zurechtkommen?« (Nicht: »… ob Sie damit zurechtkommen?«)

Achtung: Widerstehen Sie der Versuchung, das Produkt oder die Leistung der Konkurrenz schlechtzumachen. Das bringt nichts, es wird bei der Person am anderen Ende der Leitung eher zu Widerstand führen als zu einem Verkaufserfolg. Zwei andere Möglichkeiten bieten sich hier an:

- Schlagen Sie einen Vergleich des alten Produkts mit Ihrem neuen Angebot vor. Bei einer Zeitung oder Zeitschrift wäre das beispielsweise ein kostenloses Testabonnement für vier Wochen, damit die angerufene Person anschließend entscheiden kann, welche Publikation ihr besser gefällt und welche sie behalten möchte.
- Bieten Sie Ihr Produkt oder Ihre Leistung als Zusatzbaustein an. Bei einer Krankenversicherung könnte der anrufende Versicherungsvermittler beispielsweise fragen, ob denn auch der Zahnersatz im bestehenden Vertrag inbegriffen ist. Falls nicht, könnte er versuchen, eine Police zu verkaufen, die dieses Kostenrisiko abdeckt.

Hin und wieder werden Sie auch folgenden Einwand zu hören bekommen:

Eine Herausforderung bei der Telefonakquise: der Einwand »Damit habe ich schlechte Erfahrungen gemacht!«. Über die ehrliche Aussage »Nein danke. Damit habe ich schlechte Erfahrungen gemacht!« können Sie ausgesprochen froh sein, denn dieser Einwand liefert Ihnen einen handfesten Ansatzpunkt für Ihre Argumentation. Versuchen Sie zunächst durch gezielte Fragen folgende Einzelheiten herauszufinden:

- Worin genau bestand die schlechte Erfahrung?
- Hat der oder die Betreffende sie mit einem Produkt oder einer Leistung aus Ihrem Hause gemacht? Oder mit einem vergleichbaren Produkt/einer vergleichbaren Leistung eines Wettbewerbers?
- Wie lange ist das her?

Wenn Sie das wissen, bestätigen Sie der Person am anderen Ende der Leitung erst einmal, dass sie sich zu Recht geärgert hat, beispielsweise so:

Wer schlechte Erfahrungen gemacht hat, muss überzeugt werden.

> »Das ist natürlich ärgerlich.«
> »Wenn ich das erlebt hätte, hätte ich auch die Nase voll.«
> »Wie unangenehm! Kein Wunder, dass Sie auf so ein Erlebnis keine Lust mehr haben.«
> »Ich verstehe. Diese Erfahrung möchten Sie natürlich nicht noch einmal machen.«

Anschließend können Sie ganz leicht argumentieren: Warum ein solcher Fehler heute ausgeschlossen ist, warum das bei Ihrem Angebot nicht vorkommen kann oder welche Produkt- beziehungsweise Vertragsvariante aus Ihrer Angebotspalette geeignet ist, ein solches Vorkommnis auszuschließen.

Eine Verkaufshürde: »Da muss ich mich so lange binden!« An diesem – berechtigten – Einwand ist vorwiegend die Gestaltung des Angebots »schuld«. Sicherlich mag es ausgesprochen einträglich sein, wenn sich etwa ein Abonnement über mindestens ein Jahr erstreckt oder ein Mobilfunkvertrag ganze zwei Jahre lang läuft. In dieser Zeit kann der Kunde oder die Kundin nicht abwandern, und der Anbieter verdient sicheres Geld.

Bei der Telefonakquise stellen lange Vertragslaufzeiten aber ein schier unüberwindliches Verkaufshindernis dar. Denn dieser Einwand lässt sich nicht ohne Weiteres argumentativ entkräften, hier spielt das Bauchgefühl der angerufenen Person oft eine zu große Rolle. Sicherlich können Sie zunächst Ihr Verständnis äußern:

Lange Bindungsfristen sind eine Verkaufshürde.

> »Ich kann es Ihnen nachfühlen, wenn Sie eine so lange Bindung nicht wollen.«
> »Für mehr als ein Jahr möchten Sie sich lieber nicht festlegen? – Ihre Bedenken kann ich verstehen.«

Falls Sie an der Laufzeit des angebotenen Vertrags nichts ändern können, bleiben Ihnen nur folgende Argumente, um die Person am anderen Ende der Leitung letztlich doch zu überzeugen:

Argumente, die
für eine lange
Bindungsfrist
sprechen

Argumente, die für eine lange Vertragslaufzeit sprechen

Bequemlichkeit

Beispiel Mobilfunkvertrag: »Sie brauchen sich in dieser Zeit um nichts zu kümmern. Das lästige Wiederaufladen Ihres Handys entfällt.«

Beispiel Abonnement einer Programmzeitschrift: »Sie brauchen dann nicht alle zwei Wochen daran zu denken, wieder eine neue Fernsehzeitschrift zu kaufen und ärgern sich nicht, wenn Sie es einmal vergessen haben.«

Günstiger Preis

Beispiel Abonnement: »Das stimmt – Sie binden sich für ein Jahr. Dafür zahlen Sie aber deutlich weniger als bei einem Kauf am Kiosk. Aus Ihren Erzählungen schließe ich, dass Sie dies ausgesprochen häufig tun. Da sparen Sie sogar noch Geld.«

Sicherheit

Beispiel Versicherungsvertrag: »Dafür genießen Sie von Anfang an unseren günstigen Rundumschutz.«

Ständige Verfügbarkeit

Beispiel Onlinezugriff auf ein Datenarchiv: »Dafür haben Sie die Gewissheit, dass Sie nicht lange suchen müssen, wenn Sie dringend eine Information brauchen. Sie können jederzeit auf unser Archiv zugreifen.«

Wenn Sie selbst über die Vertragslaufzeit bestimmen können, bedenken Sie stets, dass eine lange Bindungsfrist eine Verkaufshürde ist. Sie sollten einer interessierten Person anfangs zumindest eine bestimmte Frist einräumen, in der sie den Vertrag widerrufen kann, ohne zahlen zu müssen. Eine Widerrufsfrist von zwei Wochen ist nach deutschem Recht gegenüber Verbrauchern ohnehin vorgeschrieben (Fernabsatzgesetz). Musterformulierung:

Wer sich lange
binden soll, muss
genug Zeit
haben, sich das zu
überlegen.

Widerruf möglich

Beispiel Softwarelizenz: »Testen Sie unsere Software doch einfach vier Wochen kostenlos. Wenn sie Ihnen nicht zusagt, teilen Sie uns dies einfach kurz mit, und der Fall ist für Sie erledigt.«

Möglicherweise bleibt es nicht bei einem Einwand, sondern Sie müssen mehrere Bedenken nacheinander aus dem Weg räumen. Nehmen Sie sich ruhig die Zeit dafür. Das lohnt sich meist.

Greifen Sie Ihr Angebot wieder auf – eventuell in modifizierter Form

Nutzen Sie die Informationen, die Sie in der Einwandphase bekommen haben. Sie müssen ja nicht unbedingt genau das verkaufen, was Sie sich vorgenommen haben. Wenn Sie merken, dass sich die Person am anderen Ende der Leitung

- von einem bestimmten Punkt nicht recht überzeugen lässt, modifizieren Sie Ihr Angebot, damit es besser zu den Kundenbedürfnissen passt;
- für etwas anderes interessiert, dann unterbreiten Sie ihr ein anderes Angebot, das auf den Bedarf zugeschnitten ist, den sie hat erkennen lassen.

Denn auch darauf sollten Sie vorbereitet sein: Dass Sie nicht genau das Produkt oder die Leistung absetzen können, die Sie ursprünglich verkaufen wollten, dafür aber eine Abwandlung des ursprünglichen Angebots oder ein komplett anderes Produkt oder Leistungspaket.

Wenn sich ein Angebot nicht verkauft, wandeln Sie es ab.

> **TIPP** **Legen Sie sich nicht von vornherein auf ein Angebot fest**
>
> Gehen Sie offen in jedes Verkaufsgespräch. Überlegen Sie sich vorher, welche verschiedenen Angebote Sie machen oder in welchen Punkten Sie das ursprüngliche Angebot verändern können:
>
> - im Preis?
> - im Leistungsumfang?
> - in Bezug auf die Laufzeit?
> - mit bestimmten Gratiszugaben oder Zusatzleistungen, die es eventuell attraktiver machen?

Falls Sie die Vertragsbedingungen nicht eigenständig ändern dürfen, klären Sie mit Ihrem Vorgesetzten oder den Auftraggebern, welche Abwandlungen in welchem Umfang möglich sind. Dann können Sie flexibler auf die Wünsche eines Interessenten oder einer Interessentin reagieren.

Auf diese Weise führen Sie letztlich eher einen Abschluss herbei, als wenn Sie starr bei den Vorgaben bleiben, obwohl Sie feststellen, dass Ihr Gesprächspartner oder Ihre Gesprächspartnerin das Angebot in dieser Form nicht akzeptiert.

Rechtliches: auf Widerrufsmöglichkeit und Konditionen hinweisen

Bei Verbrauchern auf das Widerrufsrecht hinweisen

Verbrauchern müssen Sie in Deutschland bei Fernabsatzverträgen – dazu zählen viele per Telefon abgeschlossenen Verträge über Warenlieferungen und Dienstleistungen (mit Ausnahmen für bestimmte Bereiche) – eine Widerrufsfrist von zwei Wochen einräumen. Das ergibt sich aus dem Fernabsatzgesetz. Betroffen sind die meisten Unternehmen, die regelmäßig Bestellungen über das Telefon abwickeln. Künftig soll laut Planungen der Bundesregierung sogar für nahezu alle per Telefon abgeschlossenen Verträge eine Widerrufsfrist von zwei bis vier Wochen gelten (Stand: 31. März 2008). Die Frist soll nicht beginnen, bevor der oder die Angerufene eine schriftliche Widerrufsbelehrung erhalten hat. Über ein solches Widerrufsrecht müssen Sie die Person am anderen Ende der Leitung bei der Telefonakquise stets informieren.

Vertragskonditionen und das Wichtigste aus dem Kleingedruckten

Auch die wichtigsten Eckpunkte des Vertrages sind zu nennen. Dazu gehören

- die Hauptbestandteile des Vertrags (Was bekommt der Kunde oder die Kundin? Was kostet es? Wie lange läuft der Vertrag?) und
- das Wesentliche aus dem Kleingedruckten – vor allem diejenigen Punkte, mit denen Ihr Gesprächspartner oder Ihre Gesprächspartnerin nicht unbedingt rechnen kann (beispielsweise die automatische Verlängerung des Vertrags, wenn eine bestimmte Kündigungsfrist nicht eingehalten wird).

Sie sollten sich dabei um positive Formulierungen bemühen wie etwa:

Hinweis auf Vertragsmodalitäten und Kleingedrucktes

»Die Beiträge werden jeweils zum 14. eines jeden Monats fällig. Wenn Sie uns eine Einzugsermächtigung erteilen, bekommen Sie einen Rabatt von 3 %.«

»Ihre Mitgliedschaft verlängert sich automatisch um ein Jahr, sofern Sie nicht bis spätestens 30. November schriftlich gekündigt haben. Dazu genügt eine kurze schriftliche Mitteilung an uns.«

Schriftliche Bestätigung: für beide Seiten empfehlenswert

In vielen Fällen empfiehlt sich eine schriftliche Bestätigung des Abschlusses, auch wenn ein per Telefon geschlossener Vertrag in den meisten Fällen rechtlich durchaus gültig ist. Ein schriftlicher Abschluss hat aber Vorteile:

- Sowohl Anbieter(in) als auch Kunde oder Kundin haben einen klaren Nachweis über den Vertragsinhalt und die gegenseitigen Ansprüche, die daraus hervorgehen.
- Ein schriftlicher Vertrag oder eine schriftliche Bestellung kann vor Gericht als Beweis verwendet werden. Die Wiedergabe einer mündlichen Vereinbarung dagegen ist ohne Zeugen meist nicht beweiskräftig.
- Zudem sind manche Verträge so kompliziert, dass sich nicht alles am Telefon besprechen lässt.

Zudem wird voraussichtlich im Laufe des Jahres 2009 eine schriftliche Widerrufsbelehrung Pflicht (Stand: 31. März 2008). Für einige Verträge ist die Schriftform ohnehin vorgeschrieben. Wenn Sie zum Abschluss eines Vertrags nach einem erfolgreichen Akquisegespräch eine schriftliche Bestätigung benötigen, sagen Sie der Person am anderen Ende der Leitung, welche Schritte dafür erforderlich sind. Beispiel:

Einzelheiten zum Vertragsabschluss

»Die Unterlagen werden heute noch an Sie verschickt. Sie brauchen nur das Formular auszufüllen und den Vertrag zu unterschreiben. Schicken Sie beides in dem Freiumschlag, der der Sendung beiliegt, so schnell wie möglich an uns zurück, dann schalten wir den Zugang sofort für Sie frei. Die Bestätigung bekommen Sie dann per E-Mail.«

Nennen Sie die erforderlichen Schritte.

Abschluss und Verabschiedung

Mit einem Lob, einem Dank oder mit persönlichen guten Wünschen führen Sie Ihr Akquisegespräch schließlich zu Ende. Ein Lob empfiehlt sich, um der Person am anderen Ende der Leitung noch einmal ein gutes Gefühl in Bezug auf den Abschluss zu geben. Allzu herablassend sollte es aber nicht klingen. Also nicht »Ich gratuliere Ihnen zu Ihrer Wahl«, sondern besser:

Abschluss mit Lob, Dank oder persönlichen guten Wünschen

Ein Lob zum Abschluss des Gesprächs

»Da können Sie sich freuen. Ich bin sicher, Sie werden das sonntägliche Lesevergnügen schon bald nicht mehr missen wollen.«
»Sie werden sehen: Diese Entscheidung hat sich spätestens nach einem Jahr für Sie ausgezahlt.«

Ein Dank sollte sich nicht etwa auf den Abschluss beziehen. Schließlich soll die Person am anderen Ende der Leitung nicht das Gefühl bekommen, mit dem Abschluss Ihnen etwas Gutes getan zu haben, sondern sich selbst. Bedanken Sie sich für die Zeit, die sich die betreffende Person für Sie genommen hat. Beispiel:

Dank zum Abschluss des Gesprächs

»Dann bedanke ich mich, dass Sie sich die Zeit genommen haben.«
»Vielen Dank für das Gespräch.«

Wenn die angerufene Person während des Gesprächs einen Hinweis auf persönliche Erlebnisse, Lebensumstände oder Vorhaben gegeben hat, dann wünschen Sie ihr alles Gute dafür, bevor Sie sich verabschieden. Beispiele:

Gute Wünsche zum Abschluss des Gesprächs

»Jetzt wünsche ich Ihnen einen wunderschönen Urlaub!«
»Dann wünsche ich Ihnen jetzt besonders viel Energie und den Mut, diese schwierige Aufgabe anzupacken!«
»Ich wünsche Ihnen jetzt schon viel Vergnügen bei der Geburtstagsfeier!«

Auch bei Nicht-Erfolgen höflich verabschieden

Danach folgt die Abschiedsformel (»Auf Wiederhören«, »Guten Tag« etc.). Übrigens sollten Sie auch dann nicht auf eine Verabschiedung verzichten, wenn Sie die Person am anderen Ende der Leitung nicht von Ihrem Angebot überzeugen konnten. Selbst wenn diese Sie recht kurz und unfreundlich abgefertigt hat – hier nicht einfach grußlos aufzulegen, gebietet die Höflichkeit.

Auf Werbeanrufe reagieren

Wenn Sie Werbeanrufe bekommen

Das Telefon ist in den letzten Jahren als Werbemedium immer wichtiger geworden. So werden vermutlich auch Sie in jüngerer Zeit immer häufiger mit Werbeanrufen konfrontiert – ob nun im privaten Bereich oder im geschäftlichen beziehungsweise dienstlichen Umfeld. Im Folgenden lesen Sie,
- wie Sie richtig reagieren, wenn Sie sich für ein telefonisches Angebot interessieren und

- wie Sie vorgehen, wenn Sie kein Interesse haben oder wenn Sie grundsätzlich keine Werbeanrufe wünschen.

Außerdem finden Sie Tipps, was Sie tun können, damit Sie gar nicht erst zum Ziel unerwünschter Telefonwerbung werden.

Wenn Sie sich für ein telefonisches Angebot interessieren

Ein telefonisches Angebot anzunehmen, ist bequem und einfach – das ist der Grund, warum viele Menschen sich darauf einlassen. Allerdings hat die Sache auch Nachteile:

Telefonische Abschlüsse sind nicht immer ratsam.

- Wer am Telefon schnell Ja sagt, hat keine Gelegenheit, sich Alternativangebote einzuholen oder herauszufinden, ob ein vergleichbares Angebot nicht woanders noch zu besseren Konditionen zu bekommen ist.
- Nicht selten schaffen es professionelle Telefonverkäufern oder -verkäuferinnen, die Person am anderen Ende der Leitung mit geschickten Appellen an ihr Bauchgefühl zu überreden. Es besteht die Gefahr einer übereilten oder irrationalen Entscheidung.
- Auch unseriöse Anbieter werben per Telefon. Es ist daher nie auszuschließen, dass ein per Telefon abgeschlossener Vertrag später zu bösen Überraschungen führt.

Rechtliche Lage: Sind per Telefon geschlossene Verträge gültig?

Ein Vertrag ist auch gültig, wenn er per Telefon geschlossen wird. Allerdings ist der Beweis dafür, was genau telefonisch vereinbart war, nicht so leicht zu erbringen. Rechtliche Auseinandersetzungen über den tatsächlichen Inhalt eines telefonisch geschlossenen Vertrags sind daher ausgesprochen häufig.

Telefonisch geschlossene Verträge sind meist gültig.

Deshalb sollten Sie bei telefonischen Abschlüssen grundsätzlich eine gewisse Vorsicht walten lassen. Bestehen Sie stets auf einer schriftlichen Bestätigung. Gleichen Sie die Unterlagen dann mit dem ab, was Ihnen mündlich zugesichert wurde.

Sollte der Vertrag oder die Bestätigung nicht mit dem telefonischen Angebot übereinstimmen, nutzen Sie die Widerrufsfrist, die Ihnen als Verbraucher oder Verbraucherin bei Fernabsatzverträgen – und voraussichtlich ab 2009 auch bei den meisten anderen Telefonverträgen – zusteht. Ihren Widerruf sollten Sie aus Beweisgründen schriftlich formulieren und möglichst per Einschreiben fristgerecht versenden.

Wenn Sie an einem Angebot Interesse haben, es aber in der bestehenden Form nicht akzeptabel finden, lohnt es sich durchaus, zu verhandeln. Durch gezieltes Nachhaken können Sie in vielen Fällen einen Preisnachlass, eine attraktive Zugabe oder einen kostenlosen Zusatzservice für sich erreichen.

In der Regel unseriös sind Anbieter, die Werbeanrufe per Sprachcomputer tätigen. Meist weckt die Botschaft »Für Sie wurde eine wichtige Nachricht hinterlegt« die Neugier der angerufenen Person. Dahinter stecken aber in manchen Fällen falsche Gewinnversprechen und unlautere Machenschaften mit dem Ziel, die angerufene Person zur Zahlung von Geld für eine Leistung zu bewegen, die dann gegebenenfalls nicht erbracht wird.

TIPP **Auf den Anruf eines Sprachcomputers nie reagieren**

Wenn ein Sprachcomputer Sie anruft, sollten Sie sofort wieder auflegen. Merken Sie sich: Wirklich wichtige Nachrichten werden nicht von einer Maschine überbracht, sondern schriftlich oder im direkten Gespräch.

Wenn Sie kein Interesse haben

Haben Sie kein Interesse an einem telefonisch unterbreiteten Angebot, sagen Sie das der Person am anderen Ende der Leitung am besten deutlich. Lassen Sie sich nicht auf ein Gespräch ein, sondern stellen Sie von vornherein klar, dass Sie kein Interesse haben.

Es ist ein Fehler, hier aus falsch verstandener Höflichkeit nach Vorwänden oder Ausflüchten zu suchen – jeder professionelle Telefonverkäufer und jede professionelle Telefonverkäuferin ist darauf vorbereitet, etwaige Bedenken aus dem Weg zu räumen. Je schneller Sie Klartext reden, desto besser. Auch auf Nachfragen – etwa nach einer Begründung für Ihr Desinteresse – sollten Sie sich nicht einlassen. Wiederholen Sie notfalls noch einmal klipp und klar, dass das Angebot Sie nicht interessiert.

Es besteht allerdings kein Grund, dabei einen unfreundlichen oder aggressiven Ton anzuschlagen. Schließlich sitzt am anderen Ende der Leitung ein Mensch, der wie jeder andere freundlich behandelt werden möchte. Formulieren Sie Ihre Absage entschieden, aber bleiben Sie höflich. Beispiele:

Sagen Sie deutlich, wenn Sie kein Interesse haben

»Daran habe ich kein Interesse, danke!« – »Woran liegt das, wenn ich fragen darf?« – »Dazu möchte ich mich nicht äußern. Ich habe aber wirklich kein Interesse an Ihrem Angebot.«

»Das möchte ich nicht, danke.« – »Weil Sie schon ein anderes Produkt nutzen, oder was ist der Hintergrund?« – »Nein, ich interessiere mich einfach nicht für Ihr Angebot. Auf Wiederhören!«

Viele Menschen tun sich schwer damit, Nein zu sagen. Um schnell wieder in Ruhe gelassen zu werden, sagen sie häufig: »Schicken Sie mir doch einfach mal Ihre Unterlagen zu.« Aber Vorsicht: Das ist nicht empfehlenswert. Ein unseriöser Anbieter wird dies womöglich schon als Abschluss eines Vertrages werten, den Sie dann womöglich mühsam widerrufen müssen, damit er nicht in Kraft tritt.

Fordern Sie keine Unterlagen an, wenn Sie kein Interesse haben.

Aber auch gegenüber seriösen Anbietern ist dieses Vorgehen nicht fair: Denn das Vorbereiten und Versenden von Unterlagen kostet viel Geld und Zeit – Kosten, die vermieden werden könnten, wenn die angerufene Person nur ehrlich genug wäre, sofort Nein zu sagen.

Wenn Sie überhaupt keine Telefonwerbung wünschen

Falls Sie kein Interesse an Telefonwerbung jeglicher Art haben, stellen Sie das ebenfalls gleich zu Beginn eines Anrufs klar. Gegen Ihren Willen darf Sie nämlich niemand zu Werbezwecken per Telefon kontaktieren.

Wie Sie Werbeanrufe im Vorfeld vermeiden

Vergewissern Sie sich zunächst mit einer kurzen Rückfrage, ob es sich wirklich um einen Werbeanruf handelt. Das wird Ihnen zwar meist nicht direkt bestätigt, aber zumindest ist in der Regel von »Vorschlag« oder »Angebot« die Rede. Manchmal wird ein Werbeanruf auch als Umfrage getarnt. Machen Sie dann aber deutlich, dass Sie weder zu Werbe- noch zu Marktforschungszwecken angerufen werden wollen. Beispiel:

Wie Sie klarstellen, dass Sie keine Werbeanrufe wünschen

»Ist das ein Werbeanruf?« – »Nicht direkt, wir haben ein spezielles Angebot für wirklich gute Geschäftskunden.« – »Ich möchte keine Angebote per Telefon bekommen – weder jetzt noch später. Bitte streichen Sie meine Nummer aus Ihrer Adressliste.«

»Wollen Sie mir etwas verkaufen?« – »Nein. Wir machen gerade eine aktuelle Umfrage.« – »Daran möchte ich nicht teilnehmen. Bitte sehen Sie davon ab, mich zu Werbe- oder Marktforschungszwecken anzurufen.«

Deutlich sagen, dass Sie keinerlei Werbeanrufe wünschen.

Darüber hinaus empfiehlt es sich, mit der eigenen Adresse und Telefonnummer nicht allzu sorglos umzugehen. Nicht bei jeder Anmeldung zu einem Testangebot oder Gewinnspiel sollten Sie gleich freiwillig Ihre Telefonnummer eintragen. Sollte diese Angabe verlangt werden, versehen Sie sie mit einem der folgenden Zusätze:

Zusätze, mit denen Sie Telefonwerbung untersagen

Zusätze, die die Telefonwerbung untersagen

»Bitte keine Anrufe für Werbe- und Marktforschungszwecke.«
»Ich möchte nicht, dass diese Telefonnummer zu Zwecken der Werbung oder Marktforschung genutzt oder an Dritte weitergegeben wird.«

Häufig holen sich die Anbieter vorher das Einverständnis der Teilnehmer ein, um rechtlich auf der sicheren Seite zu sein. Das geschieht meist mit einer Formulierung wie dieser:

»Ich bin damit einverstanden, künftig per Post, E-Mail oder Telefon über interessante Angebote unterrichtet zu werden.«

Werbeerlaubnis streichen

Wenn Sie keine Telefonwerbung wünschen, streichen Sie diesen Hinweis oder deaktivieren Sie im Internet das zugehörige Kästchen.

Setzen Sie Ihre Nummer auf die Robinsonliste

Sie können Ihre Telefon- und Mobilfunknummer auch generell für Werbeanrufe sperren lassen. Dafür genügt der Eintrag in der sogenannten Robinsonliste. Das funktioniert ähnlich wie bei schriftlicher Werbung: Diejenigen werbetreibenden Unternehmen, die an dieser Initiative teilnehmen, gleichen ihre Adress- beziehungsweise Telefonlisten mit der Robinsonliste ab. Haben Sie sich auf einer solchen Liste eingetragen, werden Sie von den betreffenden Unternehmen nicht zu Werbezwecken angerufen.

Allerdings beruht diese Zusage auf einer freiwilligen Selbstverpflichtung der teilnehmenden Unternehmen. Eine Garantie für das Ausbleiben jeglicher Telefonwerbung ist auch ein Eintrag in der Robinsonliste nicht, denn nicht alle, die per Telefon werben, unterwerfen sich diesen Regeln. Immerhin einen Teil der unerwünschten Telefonwerbung können Sie dadurch aber ausschalten.

Vermittlungsgespräch

Nicht immer sind inhaltliche Auseinandersetzungen Gegenstand eines Telefonats. Manchmal geht es auch nur darum, einen Anrufer oder eine Anruferin mit der richtigen Person zu verbinden oder – aus Sicht der anrufenden Person – sich so schnell wie möglich mit dem gewünschten Gesprächspartner oder der gewünschten Gesprächspartnerin verbinden zu lassen beziehungsweise die gewünschte Information zu erhalten.

Durchstellen und verbinden: typische Aufgaben der Telefonzentrale

Bestimmte Telefonaufgaben – wie etwa das Vermitteln und Weiterverbinden – fallen typischerweise in der Zentrale, im Vorzimmer oder im Sekretariat besonders häufig an. Sie sind aber auch dann zu erledigen, wenn jemand etwa den Telefondienst für eine abwesende Person übernimmt. In solchen Fällen sollten Sie wissen, worauf es ankommt. Die Empfehlungen in diesem Kapitel beschreiben das Wichtigste
- aus Sicht der vermittelnden Person und anschließend
- aus Sicht des Anrufers oder der Anruferin.

Ein Vermittlungsgespräch entgegennehmen

Niemand möchte seine Zeit mit dem Warten am Telefon verbringen. Ständig abgewiesen oder vertröstet zu werden oder nach mehrfachen Anrufen die gewünschte Person immer noch nicht zu sprechen oder die gewünschte Auskunft immer noch nicht zu bekommen, führt verständlicherweise zu Frust. Dieser Frust ist meist verbunden mit einem gewissen Unmut gegenüber der Firma, Behörde, Institution oder Organisation, die einem Anrufer oder einer Anruferin so etwas zumutet.

Gutes Benehmen am Telefon ist nicht allein durch Höflichkeit gewährleistet.

Gutes Benehmen am Telefon ist daher nicht nur eine Frage der Höflichkeit und Freundlichkeit, sondern geht weit darüber hinaus: Sie sollten tun, was Ihnen möglich ist, um der anrufenden Person wirklich weiterzuhelfen. Hierzu im Folgenden einige Tipps.

Wenn das Telefon klingelt, nehmen Sie rasch ab

Eine rasche Gesprächsannahme sollte überall selbstverständlich sein. Ein Telefon, das erst eine halbe Minute klingeln muss, bevor sich endlich jemand bequemt abzunehmen, ist für beide Seiten ein Ärgernis: für die Person, die anruft, aber auch für jene Menschen, die sich das Klingeln unnötig lange anhören müssen, weil sich die Person, die es offenbar betrifft, Zeit lässt.

Im geschäftlichen Bereich gilt: Wenn das Telefon klingelt, empfiehlt es sich, möglichst schnell abzuheben. Ist die zuständige Person nicht da, sollte ein Kollege oder eine Kollegin den Anruf an ihrer Stelle entgegennehmen. Zu der Frage, nach dem wievielten Klingeln man den Hörer spätestens abheben sollte, gibt es keine einheitlichen Standards. In manchen Firmen wird von den Mitarbeiterinnen und Mitarbeitern erwartet, ein Gespräch schon nach dem zweiten oder dritten Klingeln anzunehmen, in anderen Unternehmen, Behörden, Institutionen oder Organisationen gibt es dazu keine Vorgaben. Zweckmäßig erscheint aber folgende Empfehlung:

> **Faustregel: höchstens fünfmal klingeln lassen**
>
> Spätestens nach dem fünften Klingeln sollten Sie ein Gespräch entgegennehmen. Wer länger wartet, riskiert, dass ein Anrufer oder eine Anruferin auflegt, bevor er bzw. sie sich gemeldet hat.

Faustregel: spätestens nach dem fünften Klingeln abheben

Unerfreulich ist für Anrufer und Anruferinnen auch folgender Fall: Erst klingelt der Apparat sehr lange, und plötzlich ertönt das Besetztzeichen. Wer ein hereinkommendes Gespräch einfach »wegdrückt« oder die Telefonanlage so programmiert, dass nach einer gewissen Zeit automatisch das Besetztzeichen ertönt, braucht sich nicht zu wundern, wenn ein Anrufer oder eine Anruferin sich ärgert. Denn die unterschwellige Botschaft lautet: »Lassen Sie uns in Ruhe, wir möchten nicht mit Belanglosigkeiten behelligt werden.« Dadurch wird nicht gerade eine motivierte Haltung demonstriert.

Falls alle Leitungen belegt sind: automatische Begrüßung aktivieren

Bei vielen Firmen läuft automatisch eine Ansage auf Band, wenn alle Telefonleitungen der Zentrale belegt sind. Das ist auch sinnvoll. Denn dann hat die anrufende Person die Gelegenheit zu warten und fühlt sich nicht – wie bei einem ständigen Besetztzeichen – abgewiesen. Ist

Soll ein Anrufer kurz warten, empfiehlt sich eine Bandansage.

die Leitung üblicherweise schnell wieder frei und lohnt sich für den Anrufer oder die Anruferin das Warten, empfiehlt sich eine der folgenden
Ansagen:

Ansagen zur Überbrückung der Wartezeit

»Herzlich willkommen bei der Firma Mustermann und Söhne. Im Moment sind
alle Leitungen belegt. Bitte haben Sie einen Moment Geduld. Wir sind gleich für
Sie da.«

»Guten Tag. Hier ist die Lautenschläger GmbH. Im Augenblick sind alle
Mitarbeiter in der Zentrale im Gespräch. Bitte legen Sie nicht auf. Sie werden
sofort verbunden.«

Es kann aber auch vorkommen, dass der Ansturm gerade sehr groß ist
und ein Anrufer oder eine Anruferin noch recht lange warten müsste.
Dann sollten Sie niemanden im Glauben lassen, das Warten würde sich
lohnen. Hier ist folgende Ansage besser:

»Herzlich willkommen bei der Firma Mustermann und Söhne. Leider sind im
Moment alle Leitungen belegt. Wir bitten Sie, zu einem späteren Zeitpunkt
anzurufen.«

Ideal ist eine solche Ansage allerdings nicht – letztlich wirkt sie auf einen Anrufer oder eine Anruferin ähnlich wie ein Besetztzeichen. Bei
kurzfristigen Engpässen leistet diese Bandansage aber gute Dienste.

Meldeformel: Sprechen Sie besonders deutlich

Wer zigfach am Tag die gleiche Melde- und Begrüßungsformel aufsagen muss, wird sie fast zwangsläufig immer undeutlicher und verwaschener aussprechen. Es ist aber wichtig, dass jeder Anrufer Ihre Begrü
ßung gut versteht.

Achten Sie daher beim Dienst in der Telefonzentrale darauf, sich
stets besonders deutlich zu artikulieren. Der Name Ihrer Firma, Behörde, Institution oder Organisation sowie Ihr eigener Name sollte gut verständlich sein.

Auf die Nennung Ihres eigenen Namens sollten Sie übrigens auch in
der Zentrale nicht verzichten. Ein Anrufer oder eine Anruferin sollte
wissen, mit wem er zu tun hat, selbst wenn er oder sie eigentlich mit jemand anderem sprechen möchte.

Auch wer in der Telefonzentrale arbeitet, sollte den eigenen Namen nennen.

Durchstellen und weiterverbinden

Um zu vermeiden, dass eine anrufende Person Ihnen von Anfang an ihr Anliegen in aller Ausführlichkeit schildert, empfiehlt sich gleich nach Meldeformel und Begrüßung der Zusatz:

> »Mit wem darf ich Sie weiterverbinden?«

So machen Sie deutlich, dass Sie nur als Bindeglied fungieren. Meist nennt Ihnen die Person am anderen Ende der Leitung dann auch sofort den Namen der gewünschten Person (»Ich möchte gern mit Frau Habermann sprechen«). Die Standardantwort lautet dann:

> »Einen Moment, ich verbinde Sie gerne.«
> »Augenblick bitte, ich stelle Sie sofort durch.«

Stellen Sie die anrufende Person nicht wortlos durch   Einen Anrufer oder eine Anruferin ohne jeden Kommentar durchzustellen, wäre ein Fauxpas, geschieht aber gelegentlich. Gewöhnen Sie sich an, stets zu kommentieren, was Sie tun. Falls Sie erst nach der richtigen Nummer suchen oder die richtige Tastenkombination auf Ihrem Telefon herausfinden müssen, sagen Sie das kurz oder bitten Sie die anrufende Person um Geduld. Dann wundert sie sich nicht, wenn es mit der Durchstellung etwas länger dauert als erwartet oder wenn sie abwechselnd Piepstöne und Warteschleifenmusik hört.

Stellen Sie niemanden einfach wortlos durch.

> **TIPP** **Die Zentrale sollte über Zuständigkeiten gut Bescheid wissen**
>
> Wenn Sie in der Telefonzentrale arbeiten, machen Sie sich unbedingt mit den Zuständigkeiten innerhalb Ihres Hauses vertraut. Es kann nämlich sein, dass die Person am anderen Ende der Leitung nicht weiß, wer namentlich für ihr Anliegen zuständig ist. Es ist die Aufgabe der Telefonzentrale, dann zu entscheiden, mit wem diese Person sinnvollerweise verbunden werden sollte.
> Lange Suchaktionen oder mehrfaches Durchstellen zu einem jeweils falschen Ansprechpartner oder einer falschen Ansprechpartnerin wirft nicht gerade ein gutes Licht auf die Kompetenz der angerufenen Firma, Behörde, Institution oder Organisation.

Die Zentrale sollte bestens über Zuständigkeiten Bescheid wissen.

Wenn die gewünschte Person nicht erreichbar ist   Mit der Herstellung der technischen Verbindung ist Ihre Aufgabe aber oft noch nicht erledigt. Häufig wird es vorkommen, dass die gewünschte Person nicht erreichbar ist, was Sie spätestens dann bemerken, wenn in der Leitung ein Besetztzeichen ertönt, der Anrufbeantworter läuft oder trotz längeren Klingelns niemand abhebt.

Echte Servicebereitschaft zeigen Sie dadurch, dass Sie den Anruf in einem solchen Fall wieder zu sich zurückholen. Dann versuchen Sie idealerweise, der Person am anderen Ende der Leitung anderweitig weiterzuhelfen. Dazu fragen Sie am besten zunächst – direkt oder indirekt – nach ihrem Anliegen:

> »Herr Kunze ist gerade offenbar nicht am Platz. Darf ich fragen, worum es geht?«
> »Da nimmt offenbar niemand ab. Kann *ich* Ihnen vielleicht weiterhelfen?«

Je nachdem, was Ihnen die Person am anderen Ende der Leitung jetzt sagt, haben Sie sieben verschiedene Möglichkeiten:

1. Bieten Sie ihr an, das Anliegen zu notieren und dem gewünschten Gesprächspartner bzw. der gewünschten Gesprächspartnerin die Nachricht zu übermitteln. Beispiele:

> »Soll ich ihr etwas ausrichten?«
> »Herr Kunze ist heute den ganzen Tag unterwegs. Möchten Sie ihm eine Nachricht hinterlassen? Dann lege ich ihm eine Notiz auf den Schreibtisch.«

2. Bieten Sie einen Rückruf der gewünschten Person an. Beispiele:

> »Herr Silber ist gerade nicht da. Soll ich ihn bitten, Sie zurückzurufen, wenn er wieder in seinem Büro ist?«
> »Frau Schröter ist im Moment außer Haus. Wenn Sie mir Ihre Telefonnummer geben, wird sie Sie sicher gern zurückrufen.«

Allerdings sollten Sie einen Rückruf nur versprechen, wenn Sie davon ausgehen können, dass er dann auch durchgeführt wird. Idealerweise erfragen Sie zudem die beste Zeit für einen Rückruf. Dann hat die Person am anderen Ende der Leitung nicht das Gefühl, dauernd das Telefon hüten zu müssen, bis der gewünschte Rückruf erfolgt. Außerdem hilft es auch der Person weiter, die zurückrufen soll, wenn sie weiß, wann die andere Seite erreichbar ist.

3. Benennen Sie einen anderen Kontaktweg (Mobilfunknummer, E-Mail-Adresse, Faxnummer). Geben Sie solche Kontaktdaten aber nur preis, wenn Sie wissen, dass der gewünschte Gesprächspartner oder die gewünschte Gesprächspartnerin nichts dagegen einzuwenden hat. Denn nicht jede Person, die das behauptet, hat auch wirklich ein dringendes Anliegen. Beispiel:

Geben Sie E-Mail-Adresse, Fax- oder Handynummer durch.

> »Frau Steinle ist unterwegs, aber Sie können versuchen, sie über das Handy zu erreichen. Darf ich Ihnen ihre Mobilfunknummer durchgeben?«
>
> »Herrn Hartmanns Telefon ist heute offenbar dauernd belegt. Ich weiß nicht, wann Sie am besten anrufen, um bei ihm durchzukommen. Wollen Sie ihm stattdessen eine E-Mail schreiben? Dann gebe ich Ihnen gern seine Adresse.«

4. Vermitteln Sie einen geeigneten Stellvertreter. Sie sollten aber erst nachfragen, ob das dem Anrufer oder der Anruferin auch recht ist.

Vermitteln Sie einen geeigneten Stellvertreter.

> »Hallo? Herr von Weidenau ist nicht zu erreichen. Es geht um eine Reklamation, sagten Sie? Wenn Sie wollen, verbinde ich Sie mit Herrn Fuchs. Er arbeitet ebenfalls in der Reklamationsabteilung.«
>
> »Hilft es Ihnen weiter, wenn ich Sie mit jemand anderem aus der Buchhaltung verbinde?«

5. Hat die anrufende Person nur eine Frage, können Sie ihr anbieten, die gewünschte Information auch selbst zu beschaffen. Allerdings sollten Sie den Anrufer oder die Anruferin nicht allzu lange warten lassen. Dauern die Erkundigungen länger, dann versprechen Sie lieber einen Rückruf mit der gewünschten Antwort:

Klären Sie Fragen auf eigene Faust.

> »Wenn es Ihnen recht ist, kann ich Herrn Stern fragen, ob er das weiß. Er arbeitet ebenfalls in der Qualitätssicherung. Einen Moment, ich frage ihn gerade mal.«
>
> »Das kann Ihnen sicher auch Frau Pfeiffer beantworten. Moment, ich verbinde Sie schnell.« – »Danke!« – »Oh Moment, da ist besetzt, höre ich gerade. Soll ich Sie zurückrufen, sobald ich mit ihr gesprochen habe?«

6. Bieten Sie dem Anrufer oder der Anruferin an, auf den Anrufbeantworter der gewünschten Person zu sprechen. Das geht natürlich nur, wenn dieser eingeschaltet ist oder wenn Ihre Telefonanlage es erlaubt, ihn von der Zentrale aus einzuschalten.

> »Herr Dr. Lamprecht ist im Moment nicht erreichbar. Möchten Sie ihm auf Band sprechen?«
>
> »Frau Seligmann hat den Anrufbeantworter eingeschaltet. Möchten Sie ihr eine Nachricht hinterlassen?«

Bitten Sie die
anrufende Person
um einen erneu-
ten Anruf und
nennen Sie dafür
einen Termin.

7. Sie können den Anrufer oder die Anruferin auch bitten, es später noch einmal zu versuchen. Das allerdings ist nur dann eine gute Lösung, wenn Sie einen konkreten Termin nennen können, an dem die gewünschte Person auch erreichbar ist. Die Aussage »Am besten probieren Sie es später noch einmal« ist recht vage und unverbindlich und kommt letztlich einer unhöflichen Abfertigung gleich. Stattdessen formulieren Sie Ihre Bitte um einen erneuten Anruf lieber so:

> »Hallo? Herr Weber spricht gerade. Darf ich Ihnen die Durchwahl geben? Dann versuchen Sie es am besten in zehn Minuten noch einmal.«
>
> »Hören Sie? Frau Dr. Götz ist bis 15 Uhr in einer Sitzung. Wollen Sie anschließend noch einmal anrufen? Dann haben Sie wahrscheinlich mehr Glück.«
>
> »Herr Martin ist gerade in der Mittagspause. Ab 14 Uhr werden Sie ihn voraussichtlich wieder an seinem Platz erreichen. Wollen Sie es dann noch einmal versuchen oder soll ich ihm ausrichten, dass Sie zurückgerufen werden möchten?«

Wenn Sie mehrere Vermittlungsversuche starten, kündigen Sie das an   Wenn Sie nacheinander eine Durchstellung zu mehreren verschiedenen Personen vornehmen – etwa, weil die erste Person nicht erreichbar ist – lassen Sie den Anrufer oder die Anruferin das auch wissen. Denn das ständige Hin- und Herverbinden und Bedienen der Telefonknöpfe ist am anderen Ende der Leitung meist hörbar. Trotzdem kann sich die anrufende Person oft keinen rechten Reim darauf machen, warum die Durchstellung so lange dauert. Da macht es einen besseren Eindruck, wenn Sie kurz Bescheid sagen, bevor Sie den nächsten Durchstellversuch wagen. Beispiele:

> »Frau Leonard. Herr Kramer ist nicht am Platz. Ich versuche es jetzt mal mit seiner Stellvertreterin, Frau Janssen. Moment, bitte!«

> »Hören Sie? Da ist offenbar niemand da. Ich versuche es mal bei Herrn Leopold. Augenblick!« – »Herr Mertens? Da meldet sich auch niemand. Jetzt könnte ich es höchstens noch bei Frau Novitzky versuchen, seiner Assistentin. Moment!«

> »Hallo? Frau Thomas ist nicht am Platz. Wenn es Ihnen recht ist, stelle ich Sie zu ihrer Büronachbarin, Frau Reinhardt, durch. Augenblick, bitte!«

Die gewünschte Person will nicht gestört werden – was sagen Sie am Telefon? Angenommen, Sie werden gebeten, keine Anrufer und Anruferinnen durchzustellen. Was sagen Sie, wenn jemand die betreffende Person sprechen möchte? Die denkbar schlechteste Lösung wäre:

Dass jemand nicht gestört werden möchte, sagen Sie besser nicht.

So bitte nicht

> »Herr Krause möchte nicht gestört werden.«
> »Frau Dr. Wirth hat strikte Anweisung gegeben, niemanden durchzustellen.«
> »Herr Hoffmann ist sehr beschäftigt und hat im Moment leider keine Zeit für Sie.«

Lieber verwenden Sie eine allgemeine Beschreibung – auch wenn diese womöglich nicht ganz der Wahrheit entspricht. Beispiele:

Höfliche Umschreibungen für »… möchte nicht gestört werden«

> »Frau Dr. Wirth ist gerade nicht erreichbar.«
> »Herr Krause ist im Augenblick nicht da.«
> »Frau Ackermann ist nicht im Büro.«
> »Herr Hoffmann ist außer Haus.«

Bieten Sie dann an, der betreffenden Person eine Nachricht zu hinterlassen oder sie zu bitten, den Anrufer oder die Anruferin so bald wie möglich zurückzurufen.

Nicht alle Anrufe sind wichtig – so treffen Sie eine Auswahl

»Es ist wichtig.« – »Ich muss ganz dringend mit ihm sprechen!« – Wer im Sekretariat, im Vorzimmer oder in der Telefonzentrale sitzt, hört

Anrufe selektieren

diesen Satz oft mehrmals täglich. Was ja auch verständlich ist: Für die anrufende Person hat ihr Anliegen stets eine hohe Priorität.

Ob ein Anruf allerdings auch aus Sicht der Person wichtig ist, die der- oder diejenige zu sprechen wünscht, ist in vielen Fällen zweifelhaft. Gerade wenn Sie gebeten wurden, nur die wichtigen Anrufe durchzustellen, müssen Sie durch gezielte Fragen eine Auswahl treffen. Zunächst sollten Sie sich das Anliegen der anrufenden Person kurz schildern lassen. Fragen Sie beispielsweise so danach:

Zunächst herausfinden, ob ein Anruf wichtig ist

»Worum geht es denn, Frau Kleiber?«

»Darf ich fragen, in welcher Sache?«

»In welcher Angelegenheit möchten Sie Herrn Huber sprechen?«

»Es ist dringend, sagen Sie? Darf ich fragen, worum es geht?«

»Ist etwas passiert?«

»Ist etwas vorgefallen?«

Sie müssen aber damit rechnen, dass eine Person, die wild entschlossen ist, sich nicht abwimmeln zu lassen, Sie anflunkert oder mit vagen Andeutungen eine Beziehung zum gewünschten Gesprächspartner oder zur gewünschten Gesprächspartnerin vorgibt, die in Wirklichkeit gar nicht existiert. Beispiele:

Schenken Sie vagen Andeutungen kein Vertrauen.

Wie Anrufer(innen) ihr Anliegen wichtiger darstellen, als es ist

»Das würde ich lieber mit Ihrem Chef persönlich besprechen.«

»Es geht um unser letztes Telefonat.«

»Es ist persönlich.«

»Das ist geheim.«

»Ich kann nur soviel sagen: Es ist sehr dringend.«

»Es geht um das Angebot, das wir Herrn Lukas zugeschickt haben.«

(Das kann ein simpler Werbebrief gewesen sein.)

Mit einer solchen Aussage sollten Sie sich nicht zufrieden geben. Haken Sie nach, bis Sie genug wissen, um abschätzen zu können, ob eine Durchstellung angebracht ist:

Nachhaken, wenn die bisherige Auskunft zu vage war

»Bitte sagen Sie mir etwas genauer, worum es sich dreht.«

»Ich fürchte, Sie müssen schon ein wenig konkreter werden, sonst kann ich Ihnen nicht weiterhelfen.«

»Sagen Sie mir zumindest ein Stichwort, damit ich Ihnen weiterhelfen kann.«

»Wenn ich genau weiß, worum es sich handelt, verbinde ich Sie gerne.«

»Ich kann Sie leider nicht durchstellen, ohne zu wissen, worum es geht.«

Haken Sie nach, bis die anrufende Person Ihnen ihr Anliegen nennt.

Treffen Sie keine Entscheidung, bevor Sie nicht genau über das jeweilige Anliegen informiert sind. Kann ein Anrufer oder eine Anruferin Ihnen plausibel machen, wie dringend oder wichtig es ist, spricht nichts gegen eine Durchstellung. Falls Sie aber unsicher sind, sollten Sie die anrufende Person nicht sofort verbinden, sondern stattdessen bei dem gewünschten Gesprächspartner oder der gewünschten Gesprächspartnerin nachfragen. Dann kann diese Person selbst entscheiden, ob sie den Anruf entgegennehmen möchte.

Was tun, wenn die anrufende Person sich weigert, ihren Namen zu verraten? Auch das kommt hin und wieder vor: Eine anrufende Person gibt sich geheimnisvoll und weigert sich – oft in herablassendem Ton –, Ihnen ihren Namen zu nennen.

In solchen Fällen brauchen Sie sich nicht verpflichtet zu fühlen, den Anrufer oder die Anruferin durchzustellen. Aussagen wie: »Das tut nichts zur Sache, Herr Obermann erwartet meinen Anruf« oder »Das geht Sie nichts an; ich möchte mit dem Chef sprechen und nicht mit seiner Bürokraft« sind ausgesprochen unhöflich. Das brauchen Sie sich nicht bieten zu lassen – schließlich sind Sie im eigenen Hause mit der Aufgabe betraut worden, zu entscheiden, wer durchgestellt wird und wer nicht. Bleiben Sie höflich und geben Sie auf sachliche Weise Kontra. Zum Beispiel so:

Wer seinen Namen nicht preisgibt, darf nicht erwarten, verbunden zu werden.

Beharrlich nachfragen, wie die anrufende Person heißt

»So leid es mir tut. Ich darf nur Anrufer durchstellen, wenn sie mir ihren Namen verraten.«

»So sehr ich das bedaure: Ich kann Sie nur mit Frau Müller verbinden, wenn Sie mir sagen, wer Sie sind.«

Jetzt hat die Person am anderen Ende der Leitung die Wahl: Will sie anonym bleiben, wird sie nicht verbunden. Sagt sie ihren Namen, hat sie eine Chance, durchgestellt zu werden.

Warum die gewünschte Person nicht erreichbar ist, brauchen Sie nicht zu verraten   Zwar brauchen Sie kein großes Geheimnis daraus zu machen, warum die gewünschte Person nicht erreichbar ist. In der Regel empfiehlt sich aber doch eine gewisse Diskretion. Auf neugierige Nachfragen (»Wo ist er denn?«, »Warum ist sie denn nun schon wieder nicht ans Telefon zu kriegen?«) sollten Sie nur allgemeine Bemerkungen von sich geben, vor allem bei Personen, die kein berechtigtes Anliegen haben, mehr zu erfahren. Am besten legen Sie sich einige Standardantworten auf neugierige Nachfragen zurecht. Beispiele:

Allgemeine Standardantworten auf die Frage: »Wo ist er/sie denn?«

»Er/sie hat heute einen vollen Terminkalender und ist den ganzen Tag unterwegs.«

»Er/sie ist heute ganztags außer Haus.«

»Er/sie ist heute ausgesprochen schlecht erreichbar.«

»Er/sie hat einige dringende Termine.«

»Bei ihm/ihr folgt heute eine Besprechung auf die andere.«

Wenn die gewünschte Person den versprochenen Rückruf nicht tätigt   Ausgesprochen unangenehm ist bei Vermittlungsgesprächen folgende Situation: Sie haben einer anrufenden Person den Rückruf des gewünschten Gesprächspartners oder der gewünschten Gesprächspartnerin versprochen, aber dieser Rückruf ist nie erfolgt. Prompt meldet sich der oder die Betroffene wieder. Nicht selten wird er bzw. sie Sie unter Druck setzen – ob nun gewollt oder nicht. Wie reagieren Sie? Wenig ratsam sind folgende Reaktionen:

Viele Menschen fangen in dieser Situation an, sich zu verteidigen oder die Schuld auf sich zu nehmen. Tatsache ist aber: Wenn Sie die Bitte um Rückruf und die Nachricht, dass es dringend ist, überbracht haben, haben Sie Ihren Part ordnungsgemäß erledigt. Dass dieser Rückruf nicht erfolgt ist, liegt dann nicht mehr in Ihrem Verantwortungsbereich.

Für den Anrufer oder die Anruferin frustrierend wäre die Auskunft: »Dann kann ich leider auch nichts mehr für Sie tun.« Am besten helfen Sie der anrufenden Person weiter, indem Sie

- dem Anrufer oder der Anruferin zunächst deutlich machen, dass Sie die gewünschte Nachricht auch wirklich übermittelt haben, und
- ihm oder ihr anbieten, der gewünschten Person noch einmal auszurichten, wie dringend der Anrufer oder die Anruferin Sie sprechen möchte. Falls das noch nicht geschehen ist, bitten Sie um inhaltliche Details, die die Dringlichkeit untermauern.

Widerstehen Sie aber der Versuchung, Entschuldigungen für die betreffende Person zu finden. Warum sie nicht zurückgerufen hat, brauchen Sie nicht zu rechtfertigen. Beispiel:

So reagieren Sie, wenn die gewünschte Person nicht zurückgerufen hat

»Herr Moser hat immer noch nicht zurückgerufen? Das tut mir leid. Ich hatte ihm mitgeteilt, dass Sie ihn dringend sprechen wollten. Soll ich ihn noch einmal daran erinnern?« – »Ja, bitte! Sagen Sie ihm, dass es wirklich dringend ist.« – »Am besten erklären Sie mir, warum die Sache eilt, dann werde ich ihn noch einmal mit Nachdruck darum bitten, sich schnellstmöglich bei Ihnen zu melden.«

Die Nutzung der Warteschleife

Moderne Telefontechnik macht vieles möglich, und ganz besonders praktisch ist die Warteschleife, die es Ihnen ermöglicht, einen Anrufer oder eine Anruferin zu »parken«, ohne dass er oder sie mithören kann, während Sie

- einen Durchstellversuch unternehmen,
- eine Rückfrage starten,
- einen anderen Anruf entgegennehmen oder
- die zuständige Person, die richtige Durchwahl oder die gewünschte Information heraussuchen.

Allerdings ist das Vorhandensein einer Warteschleife kein Freibrief dafür, die Person am anderen Ende der Leitung beliebig lange warten zu lassen. Vertretbar ist eine Wartezeit von einer halben Minute bis maximal einer Minute. Darüber hinaus wird sich kein Anrufer und keine Anruferin gerne gedulden.

Die Warteschleife ist kein Freibrief, Anrufer(innen) lange warten zu lassen.

Wie lange jemand bereitwillig wartet, ist auch eine Frage dessen, womit er oder sie in der Wartezeit berieselt wird. Allzu temperamentvolle Gute-Laune-Klänge heben die Laune nicht, wenn jemand ein dringendes Anliegen hat, und die zehnte Ansage »Bitte warten Sie – Please hold the line« ist auch nicht gerade geeignet, die Stimmung zu verbessern.

Nicht immer können Sie beeinflussen, was in der Warteschleife läuft, aber Sie sollten sich zumindest informieren, was die anrufende Person hört, während sie warten muss.

Falls Sie die Warteschleifenmusik selbst auswählen, gehen Sie nach Geschmack vor. Die Musik sollte aber zum Image Ihres Unternehmens, Ihrer Institution oder Behörde passen. So ist für ein konservatives Unternehmen eher klassische Musik oder sanfte Klänge zu empfehlen, eine junge, moderne Firma kann dagegen auch Popmusik wählen. Allzu provokante, schräge oder hämmernde Töne sollten Sie allerdings vermeiden. Gefragt sind eher Klänge, die einem Mehrheitsgeschmack entsprechen.

Falls Sie statt Musik die Ansage eines Textes bevorzugen, gibt es zahlreiche Alternativen zu »Bitte warten Sie!« Einige Beispiele:

Alternativen zu »Bitte warten Sie!«

Ansagen für die Warteschleife

»Bitte haben Sie einen Moment Geduld.«

»Bitte gedulden Sie sich einen Moment. Wir sind gleich wieder für Sie da.«

»Firma Kellermann und Blank. Wir bitten Sie um etwas Geduld.«

»Bitte legen Sie nicht auf. Sie werden gleich bedient.«

»Ihr gewünschter Gesprächspartner ist gleich für Sie da.«

»Bitte haben Sie ein wenig Geduld. Wir kümmern uns gleich um Ihr Anliegen.«

»Bitte warten Sie. Ihr gewünschter Gesprächspartner hat gleich Zeit für Sie.«

Es gibt zahlreiche spezialisierte Anbieter, bei denen Sie
- Tonträger mit Standardansagen kaufen können oder
- eine individuell auf ihre Bedürfnisse zugeschnittene Ansage produzieren lassen können, die von professionellen Sprecherinnen oder Sprechern vorgetragen wird.

Holen Sie einen Anruf aus der Warteschleife zurück, sollten Sie sich kurz fürs Warten bedanken. Das formulieren Sie beispielsweise so:

Bedanken Sie sich fürs Warten.

So bedanken Sie sich fürs Warten

»Vielen Dank, dass Sie gewartet haben!«

»Vielen Dank für Ihre Geduld!«

»Danke fürs Warten!«

Gleichzeitig mehrere Telefonate bewältigen

Für Menschen, die nicht jahrelang Erfahrungen in einem Sekretariat, Vorzimmer oder einer Telefonzentrale gesammelt haben, bedeutet es meist Stress, wenn mehrere Telefonate gleichzeitig eingehen oder wenn es auf der einen Leitung klingelt, während sie noch auf einer anderen telefonieren. Am besten bewältigen Sie diesen Stress, wenn Sie sich hier an einen strikten Ablauf gewöhnen:
- Bitten Sie zunächst die Person, mit der Sie momentan telefonieren, sich einen Moment zu gedulden. Wenn möglich, stellen Sie dieses Gespräch dann in die Warteschleife.

Mehrere Telefonate bewältigen

- Dann nehmen Sie das hereinkommende Gespräch an. Allerdings sollten Sie dem Anrufer oder der Anruferin recht schnell klarmachen, dass Sie noch ein anderes Gespräch auf einer anderen Leitung haben. Kümmern Sie sich um sein bzw. ihr Anliegen. Sollte es komplizierter sein und länger dauern, notieren Sie sich die Nummer und versprechen Sie einen Rückruf in wenigen Minuten.
- Holen Sie dann das erste Gespräch wieder zu sich zurück, bedanken Sie sich für das Warten und kümmern Sie sich um das Anliegen des betreffenden Gesprächspartners oder der betreffenden Gesprächspartnerin.
- Erst wenn das erledigt ist, sorgen Sie dafür, dass auch der zweite Anrufer beziehungsweise die zweite Anruferin den versprochenen Rückruf bekommt.

Folgende Formulierungen helfen Ihnen dabei:

Zu Anrufer(in) Nr. 1: Bitte, sich kurz zu gedulden
- »Herr Solenbach, könnten Sie einen Moment warten? Da klingelt es gerade auf der anderen Leitung, und ich muss das Gespräch annehmen, weil die Kollegin nicht da ist. Augenblick!«
- »Moment, Frau Wehrle, ich höre gerade, auf der anderen Leitung kommt ein Gespräch herein. Würden Sie sich einen Moment gedulden? Danke!«

Zu Anrufer(in) Nr. 2: Hinweis auf das andere Gespräch
»Hallo, Herr Wehrle, ich helfe Ihnen gerne weiter. Allerdings habe ich gerade noch ein Gespräch in der anderen Leitung. Kann ich Sie gleich zurückrufen? Das dauert höchstens zehn Minuten – länger nicht.«

Zu Anrufer(in) Nr. 1: Dank fürs Warten und Rückkehr zum Gesprächsthema
- »Vielen Dank, dass Sie gewartet haben! Wo waren wir? Genau! Ich wollte Ihnen den zuständigen Ansprechpartner und seine Kontaktdaten nennen.«
- »So, jetzt bin ich wieder bei Ihnen, danke für Ihre Geduld. Sie wollten Informationen zu …«

Stellen Sie inaktive Mithörer in die Warteschleife. Wenn es die Telefonanlage in Ihrem Haus ermöglicht, sollten Sie den Anruf, den Sie gerade nicht bedienen, immer inaktiv schalten beziehungsweise in die Warteschleife stellen, um unfreiwilliges Mithören zu vermeiden. Selbst wenn es nicht bei jedem Gespräch unbedingt um eine geheime Angelegenheit geht, offenbaren doch zufällig eintreffende Anrufe oftmals Dinge, die ein Anrufer oder eine Anruferin nicht unbedingt zu erfahren braucht, beispielsweise,

- mit wem Ihre Firma noch in Verhandlungen steht oder
- dass ein Kunde gerade offenbar höchst unzufrieden ist.

Deshalb ist eine gewisse Vertraulichkeit angebracht, damit sich Informationen, die ein Anrufer oder eine Anruferin zufällig erhält, nicht zum Nachteil Ihrer Firma, Behörde, Institution oder Organisation auswirken.

So fertigen Sie eine Gesprächsnotiz an

Wer eine Nachricht entgegennimmt und der anrufenden Person verspricht, sie der gewünschten Zielperson auszurichten, sollte stets auch dafür sorgen, dass diese Botschaft korrekt, vollständig und mit allen nötigen Zusatzinformationen (z. B. Rückrufnummer) bei der betreffenden Person ankommt.

Wem nützt schon die Auskunft eines zerstreuten Kollegen oder einer zerstreuten Kollegin: »Da hat jemand für dich angerufen, März, oder Mertens oder so ähnlich war sein Name – ich hab's nicht richtig verstanden und weiß auch nicht genau, worum es ging.«

Idealerweise fertigen Sie eine Gesprächsnotiz an, am besten legen Sie sich dafür vorgefertigte Zettel bereit. Folgende Informationen sollten Sie erfragen:

- Name des Anrufers oder der Anruferin. Falls Sie ihn nicht verstehen, lassen Sie ihn sich buchstabieren. Fragen Sie außerdem auch nach dem Namen der zugehörigen Firma, Institution, Behörde etc. *Was auf eine Gesprächsnotiz gehört*
- Datum und Uhrzeit des Anrufs
- Anliegen in Stichworten (z. B. »Braucht den versprochenen Kostenvoranschlag«)
- Dringlichkeit (»Spätestens morgen früh«)
- Wie sind Sie verblieben? Was haben Sie vereinbart? Welche Lösung haben Sie angeboten? (»Habe ihm deinen Rückruf versprochen«, »Meldet sich gegen 15:00 Uhr noch mal«)

Beispiel für eine Gesprächsnotiz

Name:	Irina Meyer, Gehrke GmbH
Datum/Uhrzeit:	Mittwoch, 15.10.2008, 14:35 Uhr
Anliegen:	Will wissen, ob wir noch ein Angebot einreichen.
Antwort bis:	Spätestens morgen, 12:00 Uhr
Vereinbarung:	Bittet schnellstmöglich um Rückruf.
	Ist heute bis 16:30 Uhr erreichbar, morgen früh ab 8:30 Uhr.

Wenn Sie gerade mitschreiben, sollten Sie das der Person am anderen
Ende der Leitung auch mitteilen. Dann muss sich diese nicht wundern,
wenn Sie plötzlich kaum mehr etwas sagen. Beispiel:

Wie Sie sagen, dass Sie mitschreiben

»Augenblick, ich schreibe gerade mit, deshalb bin ich im Moment etwas
wortkarg.«
»Wundern Sie sich bitte nicht. Ich notiere mir gerade, was Sie sagen.
Deshalb hören Sie so wenig von mir.«

Um sicherzustellen, dass die Person am anderen Ende der Leitung nicht
zu schnell redet, wenn Sie mitschreiben, sollten Sie halblaut wiederholen, was Sie aufschreiben – und zwar in der Geschwindigkeit, in der Sie
es notieren. Dann kann sich der oder die »Diktierende« Ihrer Geschwindigkeit anpassen und Sie stellen sicher, dass wichtige Details nicht vergessen werden.

Wenn die anrufende Person lange redet und nicht zum Punkt kommt

In der Zentrale, im Vorzimmer oder Sekretariat ist es wichtig, die Leitung schnell wieder für andere Anrufer und Anruferinnen frei zu machen. Das Gleiche gilt für Servicehotlines. Deshalb sollten Sie eine Person unterbrechen, die einen allzu langen Monolog hält, ohne zum Punkt
zu kommen. Hier hilft nur eines: gezielte Rückfragen. Beispiele:

Ein Vermittlungsgespräch aus Sicht der anrufenden Person: Die Kunst, sich nicht abwimmeln zu lassen

Nicht jede Person ist jederzeit erreichbar. Gerade viel beschäftigte Menschen gehen oft nicht selbst ans Telefon. So landen Sie als Anruferin oder Anrufer häufig in der Zentrale, im Vorzimmer, im Sekretariat oder bei einem Kollegen oder einer Kollegin des Menschen, den Sie sprechen wollen. Die Person, die Ihren Anruf zunächst entgegennimmt, hat aber nicht selten die klare Anweisung, nur wichtige Anrufe durchzustellen und die unwichtigen abzuweisen beziehungsweise einen Anrufer oder eine Anruferin auf später zu vertrösten. Auf folgende Rückfragen sollten Sie daher stets gefasst sein:

Lassen Sie sich nicht abwimmeln.

Rückfragen, auf die Sie vorbereitet sein sollten

»Worum geht es, wenn ich fragen darf?«
»In welcher Angelegenheit bitte?«
»Können Sie mir sagen, in welcher Sache?«

Nicht immer wird es ganz einfach sein, die Person am Telefon zu überzeugen, dass Ihr Anliegen wichtig genug ist, um eine Durchstellung zum gewünschten Gesprächspartner oder der gewünschten Gesprächspartnerin zu rechtfertigen. Hierzu im Folgenden einige Tipps.

Ihr wichtigstes Argument:
Die gewünschte Person hat selbst um einen Anruf gebeten

Die Aussage: »Ich wurde um einen Anruf gebeten«, bringt Sie am schnellsten ans Ziel.

Am einfachsten kommen Sie zum Ziel, wenn der gewünschte Gesprächspartner oder die gewünschte Gesprächspartnerin selbst bereits versucht hat, mit Ihnen in Verbindung zu treten. Sparen Sie sich dann jede weitere inhaltliche Erklärung, sondern beschränken Sie sich allein auf diese Tatsache. Sie sollten diese Aussage allerdings nur dann anführen, wenn sie auch wirklich stimmt. Beispiele:

Wurden Sie um einen Anruf gebeten, nutzen Sie das als Argument

»Herr Schröter hat mich vor einigen Tagen um Rückruf gebeten. Erst heute komme ich dazu.«

»Frau Dr. Goldberger hat mir eine E-Mail gesendet mit der Bitte, mich bei ihr zu melden.«

»Ich hatte Herrn Berger versprochen, ihm bis heute eine Rückmeldung zu seinem Angebot zu geben.«

Ebenfalls hilfreich: der Bezug auf eine Referenzperson

Nennen Sie eine Referenzperson.

Eine große Hilfe bei der Bitte, mit dem gewünschten Gesprächspartner oder der gewünschten Gesprächspartnerin verbunden zu werden, ist auch der Bezug auf eine Referenzperson. Der Verweis auf einen gemeinsamen Bekannten oder auf eine gemeinsame Geschäftspartnerin kann Wunder bewirken. Einige Beispiele:

Wie Sie eine Referenzperson anführen

»Ich rufe auf Empfehlung von Frau Klein an. Frau Klein ist eine Mandantin von Herrn Rufus. Sie meinte, ich solle mich einmal direkt mit Herrn Rufus in Verbindung setzen. Können Sie ihn fragen, ob er einen Moment für mich Zeit hat?«

»Ich habe eine schwierige fachliche Frage, und Herr Gschwendner, ein gemeinsamer Geschäftspartner von mir und Herrn Albers, hat mir empfohlen, sie direkt mit ihm zu klären.«

»Frau Luchs riet mir, eine strittige Angelegenheit direkt mit Herrn Hoffmann zu klären. Frau Luchs ist die Werbepartnerin unserer Firma und hat Ihre Firma mit der Programmierung unserer Website beauftragt.«

»Frau Maienfeld von der XYZ-Bank meinte, ich solle Kontakt mit Frau Dr. Mayer aufnehmen. Sie war der Überzeugung, mein Angebot könnte sie interessieren.«

Keine Schwindeleien und keine Geheimniskrämerei

Schwindeln oder gar lügen sollten Sie grundsätzlich nicht. Wenn Sie nicht um einen Rückruf gebeten worden sind oder niemanden als Referenzperson nennen können, hilft es nicht, so zu tun, als ob. Selbst wenn Sie damit zur gewünschten Person durchkommen, wird sich diese nur ärgern, wenn sie angeschwindelt wurde. Das ist keine gute Gesprächsbasis: Sie wird dann wenig Lust haben, sich mit Ihrem Anliegen zu befassen.

Schwindeleien und Geheimniskrämerei bringen Sie nicht ans Ziel.

Auch mit Geheimniskrämerei kommen Sie in der Regel nicht weiter. Weit verbreitet, aber meist wirkungslos sind Andeutungen wie diese:

> **So nicht! Wirkungslose Antworten auf die Frage »Worum geht es?«**
>
> »Es geht um eine vertrauliche, dringende Angelegenheit. Mehr kann ich Ihnen leider nicht sagen.«
>
> »Es ist privat.«
>
> »Das ist allein eine Sache zwischen mir und Herrn Hoppenstedt.«
>
> »Das geht Sie nichts an. Es ist aber wichtig.«

Wer etwas Übung im Abwimmeln unerwünschter Anrufe hat, wird bei einer solchen Antwort garantiert nach einem Stichwort fragen, mit dem er bei der gewünschten Person nachfragen kann, ob das Anliegen tatsächlich so vertraulich und bedeutsam ist, wie der Anrufer oder die Anruferin behauptet. Ist dies nicht der Fall, wird der Anruf abgewiesen.

Mit Ehrlichkeit kommen Sie am weitesten

Ist es Ihnen wichtig, durchgestellt zu werden, hilft nur eines: Ehrlichkeit. Sagen Sie geradeheraus, worum es Ihnen geht. Handelt es sich aus Ihrer Sicht um eine dringende Angelegenheit, erwähnen Sie ruhig auch diese Tatsache.

Bleiben Sie bei der Wahrheit.

Zwar liegt die Entscheidung weiterhin bei der Person, die das Gespräch entgegennimmt. Sie muss die Interessen des gewünschten Gesprächspartners oder der gewünschten Gesprächspartnerin wahren (»Ich will möglichst nicht gestört werden!«). Aber zumindest kennt sie dann auch Ihre Interessen und kann abwägen, ob die Angelegenheit wichtig genug ist, um eine Störung zu legitimieren. Beispiele:

Mit Ehrlichkeit kommen Sie weiter als mit Geheimniskrämerei

»Mein Name ist Rainer Koch. Kann ich mit Frau Dr. Weber sprechen?« – »Frau Dr. Weber ist heute den ganzen Tag sehr beschäftigt. Worum geht es denn?« – »Um eine für mich sehr dringende Angelegenheit: Ich hatte mich bei Ihrer Firma beworben und wurde zum Vorstellungsgespräch eingeladen. Es lief aus meiner Sicht gut, aber ich kann natürlich nicht beurteilen, ob ich tatsächlich in die engere Wahl gezogen wurde. Inzwischen habe ich allerdings das Angebot, bei einer anderen Firma anzufangen. Ihrer Firma würde ich den Vorzug geben, müsste dazu aber wissen, ob ich überhaupt Chancen habe.« – »Ich will einmal nachhorchen, was ich für Sie tun kann. Bleiben Sie bitte kurz in der Leitung?«

»Fanny Pfeiffer vom Autohaus Rohrbach & Schneider in Hausen. Ich möchte gern Herrn Claaßen sprechen.« – »In welcher Angelegenheit, bitte?« – »Herr Claaßen hat sich mit seiner Frau am Sonntag nach einem Wagen bei uns umgesehen. Ich wollte ihm nur mitteilen: Jetzt haben wir möglicherweise die passende Limousine für ihn.«

Wenn alles nichts hilft: Umgehen Sie das Vorzimmer

Sie haben ein wirklich dringendes Anliegen, aber die Person im Sekretariat oder Vorzimmer lässt sich leider nicht davon überzeugen? Im Notfall können Sie es auch mit diesem Trick probieren:

Wählen Sie einfach eine andere Durchwahl der Zielfirma. Oft gelangen Sie dann zu einem Mitarbeiter oder einer Mitarbeiterin, der oder die Sie ebenfalls durchstellen kann. Da diese Person meist nicht die strikte Anweisung hat, unerwünschte Anrufer abzuwimmeln, wird sie Sie womöglich bereitwillig zu Ihrem gewünschten Gesprächspartner beziehungsweise zu der gewünschten Gesprächspartnerin durchstellen. Aber Vorsicht: Bei hochstehenden Personen müssen Sie allerdings damit rechnen, abermals im Vorzimmer zu landen. Aber einen Versuch ist dieses Vorgehen wert, wenn Sie sich nicht länger abweisen lassen wollen.

Der richtige Umgang
mit Anrufbeantworter und Voicemail

Kein Zweifel: Anrufbeantworter beziehungsweise Voicemailsysteme sind ausgesprochen praktisch. In der Verwendung unterscheiden sie sich kaum:

- Anrufbeantworter sind als Baustein in vielen Telefonapparaten enthalten, es gibt sie auch als Zusatzgeräte, die per Steckverbindung an die Telefonbuchse angeschlossen werden.
- Bei einer Voicemail (wörtlich: »Stimmbrief[kasten]«) handelt es sich um ein vergleichbares elektronisches System, das ebenfalls mündliche Nachrichten speichern und wiedergeben kann. Voicemails sind meist in die Telefonanlage integriert oder werden vom Anbieter eines Anschlusses extern bereitgestellt.

Anrufbeantworter und Voicemail ermöglichen es Ihnen, in Ihrer Abwesenheit Sprachnachrichten entgegenzunehmen und später abzuhören. Allerdings gehen nicht alle Telefonierenden unbefangen damit um. So kostet es manche Menschen eine gewisse Überwindung, eine Nachricht aufzusprechen: Wer auf das Band des eigenen Anrufbeantworters spricht, empfindet den Klang der eigenen Stimme oft als ungewohnt und fremd. Menschen, die eine Nachricht auf Band hinterlassen, stört nicht selten der Gedanke, dass jedes Räuspern, jedes Stocken und jeder Versprecher aufgezeichnet und wiedergegeben wird, ohne dass nachträgliche Korrekturen der Aufnahme möglich wären.

Machen Sie sich solche Hemmungen und Unsicherheiten bewusst, denn auch darum geht es bei der Frage, wie man zweckmäßigerweise mit Anrufbeantworter und Voicemail umgeht und was man beim Einsatz solcher Systeme beachten sollte. In diesem Kapitel finden Sie die wichtigsten Empfehlungen dazu.

Nicht jeder spricht gern auf den Anrufbeantworter.

Anrufbeantworter oder Voicemail: ein Muss?

Wohl jeder Besitzer und jede Besitzerin eines Telefonanschlusses hat sich schon überlegt, ob ein Anrufbeantworter oder ein Voicemailsystem unbedingt erforderlich ist. Beantworten lässt sich dies nicht pauschal. Vorrangig sollte die Überlegung sein, wie gut die betreffende Person per Telefon erreichbar sein muss und ob es nötig ist, Vorsorge zu treffen, falls sie einen Anruf wegen Abwesenheit einmal nicht persönlich entgegennehmen kann.

Im privaten Umfeld ist ein Anrufbeantworter keine Pflicht

Privat ist ein Anrufbeantworter kein Muss.

Anrufbeantworter oder nicht? Im privaten Bereich liegt die Entscheidung ganz allein in Ihrem eigenen Ermessen. Wollen Sie sichergehen, keinen Anruf zu verpassen, empfiehlt sich die Anschaffung eines Anrufbeantworters beziehungsweise die Einrichtung einer Voicemail. Legen Sie dagegen keinen großen Wert auf permanente Erreichbarkeit, spricht nichts dagegen, auf ein solches Gerät zu verzichten oder es zumindest nicht immer einzuschalten, wenn Sie einmal nicht zu Hause sind.

Lassen Sie sich durch Ermahnungen aus Ihrem Bekanntenkreis nicht verunsichern (»Legt euch doch endlich mal einen Anrufbeantworter zu, bei euch geht ja nie jemand ans Telefon!«). Ob Sie einen Anrufbeantworter brauchen oder nicht, können nur Sie selbst beurteilen. Oft ist der Druck von Freunden und Bekannten aber sehr groß. Es gibt durchaus Menschen, die sogar so weit gehen, anderen einen Anrufbeantworter zu schenken, obwohl die Betreffenden selbst der Meinung sind, sie kämen ganz gut ohne dieses Gerät zurecht. Ein solches Geschenk wird häufig nicht als Hilfe, sondern als Bevormundung empfunden.

Andere nicht zum Kauf drängen

Drängen Sie niemanden zur Anschaffung eines Anrufbeantworters

Eine Person zur Anschaffung eines Anrufbeantworters zu drängen, wäre ein Fauxpas. Es sollte jedem einzelnen Menschen persönlich überlassen bleiben, ob er eine solche Einrichtung möchte oder nicht. Viele Menschen offenbaren nicht gern, wann sie zu Hause sind und wann nicht. Außerdem empfinden manche die Verpflichtung zurückzurufen als Last. Selbst wenn jemand telefonisch vergleichsweise schlecht erreichbar ist, ist ein Anrufbeantworter im privaten Bereich kein Muss.

Im geschäftlichen Umfeld ist ein Anrufbeantworter meist notwendig

Anders sieht es im geschäftlichen Umfeld aus. Hier ist Ihre Erreichbarkeit meist unerlässlich. Sie wird erwartet oder sogar vorausgesetzt, denn ohne Telefon ist ein reibungsloser Geschäftsablauf kaum denkbar. Wer Sie nicht erreichen kann, sollte wenigstens die Gelegenheit haben, Ihnen eine Nachricht auf Band zu hinterlassen.

Anrufbeantworter sind im Beruf meist notwendig.

In aller Regel werden Sie daher im Berufsleben auf einen Anrufbeantworter oder ein Voicemailsystem nicht verzichten können. Selbst wenn Sie auf anderen Kommunikationswegen, etwa per Fax, Mobilfunk oder E-Mail, gut erreichbar sind, ist es doch sinnvoll, einen Anrufbeantworter oder ein Voicemailsystem einzusetzen. Das gilt vor allem, wenn

- in Ihrer Abwesenheit keine andere Person vertretungsweise Ihre Anrufe entgegennehmen kann oder
- Sie keine Möglichkeit haben, Anrufe während Ihrer Abwesenheit auf Ihr Handy umzuleiten.

Per Anrufbeantworter oder Voicemail können Sie Anrufern mitteilen, wann Sie voraussichtlich zurück sein werden oder unter welcher Nummer Sie in der Zeit Ihrer Abwesenheit mobil zu erreichen sind.

Wann sollte der Anrufbeantworter eingeschaltet werden?

Die Antwort »Immer, wenn Sie nicht da sind« würde bei dieser Frage zu kurz greifen. Die meisten Menschen kommunizieren nämlich lieber mit einer Person, als eine Nachricht auf Band zu sprechen.

Wann immer Sie die Möglichkeit haben, sich am Telefon von einer anderen Person, etwa einer Kollegin oder einem Mitarbeiter, vertreten zu lassen, sollten Sie diese Lösung bevorzugen. Das hat auch für Sie Vorteile, denn auf diese Weise können vielfach

Persönliche Vertretung: meist besser als ein Anrufbeantworter

- dringende Anliegen sofort geklärt,
- einfache Auskünfte sofort erteilt und
- unwichtige Angelegenheiten ohne großes Aufheben auf später vertagt werden.

Im Unterschied zu Anrufbeantworter oder Voicemail kann ein Mensch beurteilen, ob ein Anruf wichtig beziehungsweise dringend ist oder ob ein Anliegen noch warten kann, bis Sie wieder zurück sind und genügend Zeit für einen Rückruf haben.

Findet sich keine Person, die in Ihrer Abwesenheit die Vertretung übernimmt oder auf deren Apparat Sie Ihr Telefon umstellen können, sollten Sie bei Abwesenheit tatsächlich den Anrufbeantworter oder die Voicemail einschalten. Schon wenn Sie 15 Minuten nicht am Platz sind, ist dies empfehlenswert. Eine Alternative wäre die Weiterleitung aller Anrufe auf Ihr Handy oder die Verwendung der Rufnummernanzeige, mit denen Sie die meisten Anrufer im Nachhinein identifizieren können.

Anrufbeantworter nicht einschalten, um Anrufe zu selektieren

Bei Anwesenheit sollten Sie den Anrufbeantworter ausschalten.

Manche Menschen benutzen den Anrufbeantworter, um eingehende Anrufe vorab zu selektieren. Sie lassen ihn auch bei Anwesenheit eingeschaltet und geben damit vor, nicht erreichbar zu sein. Erscheint ihnen der Anruf nicht als wichtig oder ist ihnen die anrufende Person nicht genehm, gehen sie nicht ans Telefon, sondern lassen das Band laufen. Wollen sie dagegen mit dem Anrufer oder der Anruferin sprechen, unterbrechen sie die laufende Aufzeichnung und heben dann doch ab.

Das ist aber nicht allzu fair: Auch jemand, mit dem die betreffende Person gerade nicht sprechen möchte, kann ein dringendes und berechtigtes Anliegen haben. Außerdem findet schon durch das Einschalten des Anrufbeantworters selbst eine gewisse Selektion statt: Wer sich scheut, eine Nachricht auf Band zu sprechen, legt von sich aus wieder auf. Als Besitzer oder Besitzerin des Anrufbeantworters haben Sie aber keinen Einfluss darauf, wer auflegt und wem es nichts ausmacht, Ihnen eine Nachricht auf dem Anrufbeantworter zu hinterlassen. Folglich werden Ihnen möglicherweise auch erwünschte Anrufe entgehen.

Außerhalb der Bürozeiten

Wie Sie außerhalb der Bürozeiten verfahren, ist Ihre Entscheidung. Bei vielen Firmen, Kanzleien, Büros, Praxen, Behörden, Institutionen oder Organisationen läuft eine Bandansage mit den Bürozeiten. Ein Anrufer oder eine Anruferin erfährt so, wann er oder sie wieder anrufen kann, um unter dieser Nummer die gewünschte Person zu erreichen.

Allerdings müssen Sie außerhalb der Bürozeiten keinen Anrufbe- Außerhalb der Bürozeiten
antworter einschalten – zumindest dann nicht, wenn diese Zeiten sich
nicht wesentlich von dem unterscheiden, was in Ihrer Branche oder in
Ihrem Bereich üblich ist. Die Arbeitszeiten liegen häufig

- zwischen 9 und 17 Uhr (Industrie, Dienstleistungsgewerbe, Praxen, Kanzleien etc.),
- bei Behörden oft etwas früher, etwa zwischen 8 und 16 Uhr.

Nicht sehr zuvorkommend: »Sie rufen außerhalb der Sprechzeiten an« Bei einigen Firmen, Praxen, Kanzleien, Behörden oder Organisationen hat es sich eingebürgert, nur zu speziellen Sprechzeiten ans Telefon zu gehen und ansonsten den Anrufbeantworter einzuschalten. Außerhalb dieser Sprechzeiten läuft ein Band, das dann beispielsweise folgende Ansage abspielt:

Wer nur auf die Sprechzeiten verweist, wirkt nicht allzu zuvorkommend.

> »Guten Tag. Sie rufen außerhalb der Sprechzeiten an. Sie erreichen uns montags und dienstags von 9 bis 12 Uhr. Auf Wiederhören!«

Das mag praktisch sein, hat aber Nachteile, wenn die Sprechzeiten allzu eng begrenzt sind, etwa nur auf zwei Vormittage in der Woche. Sicherlich: Wer sich ständig um ein klingelndes Telefon kümmern muss, kann seine Arbeit nicht konzentriert erledigen. Trotzdem ist eine solch strikte Beschränkung der Sprechzeiten nicht empfehlenswert. Versetzen Sie sich einmal in die Lage eines Anrufers: Würden Sie es gutheißen, von einer solchen automatischen Ansage abgefertigt zu werden? Wohl kaum.

Ein Spruch wie der oben zitierte wirkt unfreundlich, ja sogar abweisend. Als anrufende Person fühlt man sich unwillkommen. Fast drängt sich der Eindruck auf, die Mitarbeiter und Mitarbeiterinnen der betreffenden Firma, Behörde, Kanzlei, Praxis, Institution oder Organisation hätten keine Lust, sich während ihrer Arbeitszeiten mit »lästigen« Anrufen herumzuschlagen.

Eine normale Standardansage auf Band wäre noch vertretbar. Bei der oben zitierten kommt aber noch ein weiterer Aspekt hinzu: Die anrufende Person hat keine Möglichkeit, eine Nachricht auf Band zu hinterlassen und um Rückruf zu bitten. Sie kann aber auch nicht frei entscheiden, wann sie einen erneuten Versuch unternimmt, die gewünschte Person zu erreichen. Denn sie ist ja an die vorgegebenen Sprechzeiten gebunden. Ihr bleibt also nur ein erneuter Anruf in der genannten

Wichtig: die Möglichkeit, eine Nachricht zu hinterlassen

Zeitspanne. Schafft sie das aus terminlichen Gründen nicht oder – und auch das kommt überraschend häufig vor – weil die Leitung während dieser Zeiten blockiert ist, bleibt ihr Anliegen unerledigt.

Sprechzeiten nicht allzu eng begrenzen

Fazit: Sprechzeiten nicht allzu eng begrenzen

Eine über Gebühr einschränkende Regelung muss jeden Anrufer vor den Kopf stoßen. Fast überall nehmen die Mitarbeiter ganz selbstverständlich neben ihrer normalen Arbeit auch eingehende Anrufe entgegen. Wer dies nicht für nötig hält, präsentiert sich nach außen schon vor einer persönlichen Kontaktaufnahme als unfreundlich, schwerfällig und unmotiviert.

Zeitliche Engpässe mit dem Anrufbeantworter überbrücken

Zeitliche Engpässe können Sie übergangsweise überbrücken, indem Sie per Anrufbeantworter oder Voicemail auf bestimmte Anrufzeiten verweisen. Zur Standardlösung sollte das aber nicht werden. Achten Sie außerdem darauf, Ihre Erreichbarkeit nicht allzu stark einzuschränken und Ihre Sprechzeiten auf verschiedene Wochentage zu verteilen. Auch der Verweis auf eine alternative Kontaktmöglichkeit kann in solchen Fällen sinnvoll sein. Ein Beispiel für eine solche Bandansage:

Mit dem Anrufbeantworter auf Sprechzeiten verweisen

»Guten Tag. Sie sprechen mit dem Bürgermeisteramt der Stadt Hernishofen. Nachmittags ist unser Bürgertelefon derzeit nicht besetzt. Sie können uns aber nach dem Signalton eine Nachricht auf Band sprechen oder eine E-Mail an info@hernishofen.de schicken. Alternativ erreichen Sie uns montags bis freitags von 8 bis 12 Uhr. Danke und auf Wiederhören!«

Zeitliche Begrenzung von Servicehotlines

Wann eine enge Begrenzung der Sprechzeiten angebracht ist Eine enge Begrenzung der Sprechzeiten ist durchaus gerechtfertigt, wenn Sie Ihren Kunden und Kundinnen einen speziellen Telefonservice anbieten, der normalerweise kostenpflichtig wäre oder der nicht selbstverständlich ist, etwa weil er über den üblichen Umfang Ihrer Arbeitsaufgaben oder vertraglichen Leistungen hinausreicht. In diese Kategorie fallen beispielsweise

- eine medizinische Beratung durch Ärzte oder Ärztinnen, die eine Krankenversicherung für ihre Versicherten anbietet,
- eine wöchentliche Redaktionssprechstunde für die Leser und Leserinnen einer Zeitung oder Zeitschrift,

- eine telefonische Finanzberatung durch Fachleute, die eine Verbraucherschutzorganisation für die interessierte Öffentlichkeit anbietet.

Da niemand einen solchen Service dauerhaft erwarten kann und solche speziellen Sprechstunden üblicherweise viel Geld kosten bzw. Personal binden, versteht es sich fast von selbst, warum Sie in solchen Fällen die Sprechzeiten bewusst einschränken.

Geeignete Sprüche für Anrufbeantworter und Voicemail

Auf der Bandansage von Anrufbeantworter oder Voicemail sollten Sie zumindest Ihren eigenen Namen und ggf. den Ihrer Firma, Behörde, Institution oder Organisation nennen. Dann folgt die Bitte um eine Nachricht. Sie können die anrufende Person auch – etwas konkreter – darum bitten, ihren Namen und ihre Rufnummer für einen Rückruf zu hinterlassen.

Wie genau Sie die Bandansage für Ihren Anrufbeantworter oder Ihre Voicemail formulieren, hängt von zwei Faktoren ab:

Verwenden Sie nicht immer denselben Spruch.

- von der Situation, in der Sie Anrufbeantworter oder Voicemail einschalten. So verwenden Sie bei längeren Abwesenheiten besser einen anderen Spruch, als wenn Sie Ihr Büro oder Haus nur für kurze Zeit verlassen;
- von dem Eindruck, den Sie hinterlassen möchten. Manche Menschen verwenden sachliche, geschäftsmäßige Anrufbeantwortersprüche, andere dagegen bevorzugen humorvolle Bandansagen.

Der Anrufbeantwortterspruch: Entscheiden Sie nicht allein nach Ihrem eigenen Geschmack

Was für Sie das Richtige ist, sollten Sie aber nicht allein von Ihren eigenen Vorstellungen abhängig machen. Gerade im beruflichen Bereich agieren Sie auch stets als Vertreter oder Vertreterin Ihrer Firma, Behörde, Kanzlei, Praxis etc. beziehungsweise als Repräsentant oder Repräsentantin einer bestimmten Berufsgruppe oder Branche. Der Spruch auf Ihrem Anrufbeantworter sollte auch dazu passen.

Standardansagen für den Alltag

Im Alltag brauchen Sie Ihren Anrufbeantworterspruch nicht ständig zu verändern. Ein Standardspruch deckt die meisten Gelegenheiten ab. In der Regel geben Sie der anrufenden Person die Möglichkeit, eine Nachricht zu hinterlassen. Sie können auch zusätzlich auf Ihre Mobilfunknummer verweisen oder einen anderen Kontaktweg benennen, auf dem die anrufende Person Sie erreichen kann.

> **TIPP** **Verweisen Sie ausdrücklich auf den Signalton**
>
> Nach Möglichkeit sollten Sie eine eventuell anrufende Person darauf aufmerksam machen, dass sie erst den Signalton abwarten muss, bevor sie lossprechen sollte. Das sorgt erfahrungsgemäß immer wieder für Verwirrung, und nicht wenige Menschen beginnen schon zu reden, bevor die Aufzeichnung beginnt.

Ein Standardspruch für den Alltag

Klassische Ansagen Sie brauchen sich nicht unbedingt um Originalität und Einzigartigkeit zu bemühen. Gerade im geschäftlichen Bereich genügt ein Standardspruch, und auch im privaten Umfeld sind Sie damit in der Regel gut bedient. Beispiele:

> **Klassische Standardansagen für Anrufbeantworter und Voicemail**
>
> - »Guten Tag! Hier ist der Anrufbeantworter von Max Beier. Leider bin ich momentan nicht im Büro. Wenn Sie nach dem Signalton aber Ihren Namen und Ihre Rufnummer nennen, rufe ich Sie gern zurück. Danke und auf Wiederhören!« (geschäftlich)
> - »Gruß Gott. Dies ist die Voicemail von Anita Hofer. Derzeit bin ich nicht an meinem Platz. Bei dringenden Angelegenheiten erreichen Sie mich mobil unter der Nummer 0176 12233344. Ansonsten können mir gern nach dem Signalton eine Nachricht auf Band sprechen, und ich melde mich schnellstmöglich bei Ihnen. Vielen Dank!«
> - »Hallo. Dies ist der Anschluss von Familie Thienert. Im Moment ist niemand zu Hause. Wenn Sie uns eine Nachricht hinterlassen, rufen wir gern zurück.«

Humor ist erlaubt.

Humorvolle Sprüche für Anrufbeantworter oder Voicemail Manche Menschen bevorzugen witzige, humorvolle Sprüche. Vor allem im privaten Bereich ist dies beliebt. Im geschäftlichen Umfeld sind witzige Bandansagen dagegen eher die Ausnahme, doch ist auch hier nichts dagegen einzuwenden, vorausgesetzt, eine solche Ansage auf Band passt zum Image Ihrer Firma, Behörde, Institution oder Organisation und steht auch nicht im Widerspruch zur Branche oder zu der Berufsgruppe, die Sie repräsentieren. Einige Beispiele für humorvolle Anrufbeantwortersprüche:

Humorvolle Ansagen für Anrufbeantworter und Voicemail

- »Dies ist die elektronische Sekretärin von Elisabeth Manz. Meine Chefin ist momentan außer Haus, aber wenn sie mit mir vorlieb nehmen, überbringe ich gern Ihre Botschaft, sobald sie wieder zurück ist. Vielen Dank!«
- »Hallo, hier ist der Anschluss von Carl Schwarz. Die Chance Ihres Lebens ist gekommen. Nach dem Piepston können Sie mir sagen, was Sie wollen, und ich werde nicht widersprechen!«
- »Irina Braun. Die Nummer, die Sie gewählt haben, ist korrekt. Der Zeitpunkt allerdings nicht. Geben Sie mir eine Chance, Ihnen zu beweisen, wie man es besser macht, und sprechen Sie nach dem Signal Ihren Namen und Ihre Rufnummer auf Band. Besten Dank!«
- »Hier ist der Anrufbeantworter von Rainer Großmeister. Sie haben Glück: Das Band ist noch nicht zu Ende. Das heißt, Sie können mir jetzt eine Nachricht hinterlassen.«

Wenig originell ist dagegen ein Anrufbeantworterspruch, der der anrufenden Person zunächst vorspiegelt, der Inhaber oder die Inhaberin des Anschlusses wäre selbst am Apparat.

Nicht so tun, als wäre man selbst am Telefon

Ein Scherz, der vielen auf die Nerven geht

»Ignaz Raubein – (lange Pause) – Nein, Sie sprechen nicht mit mir persönlich, sondern mit meinem Anrufbeantworter.«

Wer auf Band zunächst seinen Namen sagt und dann eine Pause macht, erzielt zwar die gewünschte Wirkung: Die anrufende Person wird in aller Regel losreden, als hätte sie den gewünschten Gesprächspartner oder die gewünschte Gesprächspartnerin am Apparat. Ob sie das allerdings so witzig findet, wie es gemeint ist, darf bezweifelt werden.

Unkonventionell oder unverschämt? – Provokante Sprüche besser vermeiden Der Versuch, Anrufer und Anruferinnen mit einem flotten Spruch auf Band zu beeindrucken, treibt allerdings bisweilen absonderliche Blüten. Statt flott, witzig oder frech zu sein, ist das Ergebnis solcher Bemühungen oft schlicht unverschämt. Hier ein besonders

Nicht angebracht: provokante, verletzende Sprüche

drastisches – nicht frei erfundenes! – Beispiel, das verdeutlicht, was gemeint ist:

Ein allzu provokanter Spruch

»Wenn ich jetzt nicht drangehe, dann hat das gute Gründe. Entweder ich bin aufm Klo oder auf Achse. Sag einfach, wer du bist und was du willst. Wenns mir wichtig ist, ruf ich auch zurück.«

Es wird wohl wenige Menschen geben, auf die der oben zitierte Anrufbeantworterspruch nicht anstößig und zugleich verletzend wirken würde. Wer sich eine solche Ansage anhören muss, bekommt sofort das Gefühl, sein Anruf sei höchst unerwünscht. Der letzte Satz legt sogar den Schluss nahe: »Wenn die gewünschte Person mich nicht zurückruft, heißt das, ich bin ihr nicht wichtig.« Wer möchte sich diesem Test schon gerne aussetzen?

Zugegeben: Diese Ansage stammt vom Anrufbeantworter einer Privatperson. Hin und wieder hört man aber auch im geschäftlichen Bereich Sprüche, die bewusst provokant formuliert sind – und dabei häufig über das Ziel hinausschießen. Diese Gefahr ist vor allem bei jungen Firmen gegeben, die sich einen flotten, unkonventionellen Anstrich geben wollen. Beispiele:

Unverschämte Sprüche mag sich niemand anhören.

Nicht jugendlich und »trendy«, sondern schlicht geschmacklos

- »Wir lassen uns doch nicht vorschreiben, mit wem wir telefonieren sollen! Nennen Sie uns Ihren Namen und Ihre Nummer. Wenn es uns passt, rufen wir Sie zurück.«
- »Sports & Trends, Mareike Lannefeld. Ich hab zu tun und bin nicht da. Falls Sie was zu sagen haben, dann tun Sie's halt, wenns unbedingt sein muss.«

Was schon im privaten Bereich von schlechtem Geschmack zeugt, taugt auch im beruflichen Umfeld nicht. Gewiss: Ein Spruch auf dem Anrufbeantworter darf witzig, flott oder sogar ein bisschen frech sein.

Wo aber die Grenzen des guten Geschmacks und eines respektvollen Umgangs miteinander verletzt werden, ist Schluss. Mit anderen Worten: Anstößig, provokant, verletzend oder unverschämt darf eine Ansage auf Anrufbeantworter oder Voicemail nicht sein.

Ansagen für Urlaub, Dienstreisen, längere Zeiten der Abwesenheit

Wer eine Nachricht auf Band hinterlässt, rechnet damit, dass der Inhaber oder die Inhaberin des Anschlusses das Band spätestens am nächsten (Werk-)Tag abhört und auch innerhalb der nächsten (Arbeits-)Tage zurückruft. Das gilt zumindest für dienstliche bzw. geschäftliche Telefonanschlüsse.

Sprüche für längere Abwesenheit

Falls Sie das nicht schaffen, etwa weil Sie für längere Zeit im Urlaub oder auf Dienstreise sind, dann sollten Sie während Ihrer Abwesenheit nicht den Standardspruch auf Ihrem Anrufbeantworter oder Ihrer Voicemail belassen, sondern eine andere Ansage verwenden. Daraus sollte hervorgehen,

- wann Sie voraussichtlich zurück sein werden und
- was ein Anrufer oder eine Anruferin in dringenden Fällen tun kann, zum Beispiel Sie auf dem Mobiltelefon anrufen, sich an einen Stellvertreter oder eine Stellvertreterin wenden, Ihnen eine E-Mail schicken etc.

Den Grund für Ihre Abwesenheit brauchen Sie nicht unbedingt anzugeben, wenn Sie dies nicht wollen. Das geht die anrufende Person nicht unbedingt etwas an. Im Allgemeinen genügt die Aussage, dass Sie nicht erreichbar, außer Haus oder auf Reisen sind. Beispiele:

Anrufbeantwortersprüche für Zeiten längerer Abwesenheit

- »Guten Tag. Firma Soltec Biotherm. Dies ist der Anschluss von Martina Schmidt. Ich bin bis einschließlich 4. Juli 2008 nicht erreichbar. In dringenden Fällen bitte ich Sie um einen Anruf auf meinem Mobiltelefon unter 0171 11223344.«
- »Hallo. Dies ist die Voicemail von Lukas Schwab, Kanzlei Schwab und Mertens. Ich bin bis einschließlich 29. August 2008 auf Reisen. Bitte wenden Sie sich in dieser Zeit an meine Stellvertreterin Stefanie Mertens. Sie hat die Telefonnummer 0511 66654321. Besten Dank und auf Wiederhören.«
- »Guten Tag. Hier ist der Anrufbeantworter von Claudia Immenstein. Leider haben Sie Pech, denn ich bin für einige Tage außer Haus und kehre voraussichtlich erst am 24. September 2008 zurück. Sie können mir aber gern eine E-Mail schicken an c.immenstein@beispielserver.com. Ich melde mich dann schnellstmöglich bei Ihnen.«

Bei privaten Anschlüssen vermeiden allerdings viele Menschen den Hinweis auf einen Urlaub oder eine längere Reise. Das ist auch gerechtfertigt, denn mögliche Einbrecher sollen nicht darauf aufmerksam werden, dass ihr Haus oder ihre Wohnung während dieser Zeit unbewohnt ist. In solchen Fällen können Sie einfach den Anrufbeantworterspruch beibehalten, den Sie im Alltag verwenden. Vergessen Sie aber nicht, Ihre engsten Freunde und Verwandten vor der Abreise auf Ihre bevorstehende Abwesenheit hinzuweisen und sie zu informieren, wann Sie voraussichtlich zurückkehren werden.

Ansagen für den Fall, dass die Leitung belegt ist

Wenn die Leitung belegt ist

Bestimmte Rufnummern sind nur zeitweise geschaltet. Das betrifft vor allem Service- und Kundenhotlines (z. B. eine Verbraucherberatung oder die Medizinhotline einer Krankenversicherung). Bieten Sie als Service für Ihre Kunden oder für Interessenten eine solche spezielle Telefonsprechstunde an, dann prüfen Sie nach, was passiert, wenn Ihre Leitung gerade besetzt ist und wenn weitere Personen versuchen, Sie unter dieser Nummer zu erreichen.

Nicht immer wird ein Anrufer oder eine Anruferin dann nämlich das Besetztzeichen hören. Manchmal sorgen die Anschlussart oder die Einstellungen in der Telefonanlage dafür, dass stattdessen der Anrufbeantworter anspringt. Das kann für die anrufenden Personen ziemlich irritierend sein, vor allem, wenn dann nur die Standardansage erklingt (»Guten Tag. Dies ist der Anschluss von Ralf Winter. Ich bin im Moment nicht erreichbar ...«).

Ungewollt entsteht auf diese Weise ein falscher Eindruck, nämlich dass sich der Inhaber oder die Inhaberin des Anschlusses um die Pflicht drücken wollte, während der Beratungszeit auch tatsächlich für die telefonische Kontaktaufnahme zur Verfügung zu stehen. Wenn Sie bereits eine andere Person in der Leitung haben, gibt es daher nur zwei Lösungen:

- Entweder stellen Sie die Telefonanlage so ein, dass weitere Anrufer und Anruferinnen tatsächlich das Besetztzeichen hören, wenn die Leitung belegt ist, oder
- Sie sprechen eine spezielle Ansage auf das Band Ihres Anrufbeantworters, aus der hervorgeht, dass die Leitung (nur) im Moment blockiert ist. Diese Ansage sollten Sie dann immer während dieser speziellen Beratungs- und Sprechzeiten einschalten.

Eine solche Ansage können Sie beispielsweise so formulieren:

Bandansagen, aus denen hervorgeht, dass Ihr Anschluss gerade besetzt ist

- »Herzlich willkommen bei der medizinischen Beratungshotline Dr. Berger. Zurzeit bin ich leider im Gespräch. Bitte versuchen Sie es in einigen Minuten einfach noch einmal.«
- »Guten Tag und vielen Dank für Ihren Anruf bei unserer Verbraucherberatung. Momentan sind alle Leitungen belegt. Bitte rufen Sie später noch einmal an. Wir sind montags und donnerstags von 16 bis 18 Uhr für Sie da.«

»Ihr Anruf ist uns wichtig« wird oft als unaufrichtig empfunden

Aus dem angelsächsischen Sprachraum kommt die Empfehlung, die Ansage auf Band einzuleiten mit den Worten:

»Ihr Anruf ist uns wichtig. Bitte legen Sie nicht auf.«

Viele Menschen empfinden eine solche Aussage aber als unaufrichtig. Sie stellen sich zu Recht die Frage: »Wenn mein Anruf angeblich so wichtig ist, warum geht dann niemand persönlich ans Telefon?« Ähnlich skeptisch wird ein allzu einschmeichelndes »Schön, dass Sie anrufen!« aufgenommen. Denn die Person, die auf Band spricht, kann gar nicht wissen, ob der Anrufer so Schönes im Sinn hat. Solche übertriebenen Schmeicheleien sollten Sie besser nicht verwenden.

Wirkt oft unaufrichtig: »Ihr Anruf ist uns wichtig.«

Möglichst keine voreingestellten Ansagen verwenden

Bei den meisten Anrufbeantwortern und Voicemailsystemen gibt es eine voreingestellte Bandansage. Das ist oft eine Computerstimme, manchmal kommt aber auch die Stimme eines professionellen Sprechers oder einer professionellen Sprecherin zum Einsatz. Dadurch wirken solche Ansagen aber meist sehr unpersönlich, ja geradezu steril. Das ist beispielsweise hier der Fall:

»Der Teilnehmer ist vorübergehend nicht erreichbar.
Bitte hinterlassen Sie eine Nachricht.«

Bei Voicemailsystemen haben Sie meist die Möglichkeit, zumindest Ihren eigenen Namen in die vorgefertigte Ansage einzufügen. Das sollten Sie auch nutzen. Noch besser ist es allerdings, Sie sprechen – sofern Ihr

Wenn möglich, sprechen Sie selbst auf Band.

Anrufbeantworter oder Ihr Voicemailsystem dies zulässt – die gesamte Ansage selbst auf Band. Dadurch fällt es einem Anrufer leichter, Sie als Inhaber des Anschlusses zu identifizieren. Eine anrufende Person wird Ihnen wesentlich lieber eine Nachricht hinterlassen, wenn Ihre Ansage nicht nur durch die Nennung Ihres Namens, sondern auch durch den Klang Ihrer eigenen Stimme eine persönliche Note bekommt.

Nicht einfach alle Anrufer duzen

Anrufer(innen) duzen oder siezen?

Gerade die Inhaber und Inhaberinnen von Privatanschlüssen sprechen gerne Ansagen auf Band, bei der die anrufende Person einfach geduzt wird. Das sollten Sie aber vermeiden. Denn hin und wieder wird doch eine Person anrufen, die nicht zu Ihrem Freundes- oder engeren Bekanntenkreis gehört und mit der Sie eigentlich per Sie sind.

Zwar wird jedem Anrufer und jeder Anruferin klar sein, dass die Du-Anrede nicht auf sie persönlich gemünzt ist. Doch werden Sie Fremden am ehesten gerecht, indem Sie Ihren Spruch auf dem Anrufbeantworter neutral formulieren und die Höflichkeitsanrede »Sie« verwenden.

Lassen Sie einer anrufenden Person genug Zeit für ihre Sprachnachricht

Die Aufnahmekapazität ist bei vielen Anrufbeantwortern begrenzt. Da mag es praktisch erscheinen, die Aufzeichnungszeit für jeden einzelnen Anruf einzuschränken. Das führt aber oft zu Mehrfachanrufen und spart damit insgesamt keinen Speicherplatz für weitere Nachrichten anderer Anrufer und Anruferinnen. Ein Beispiel:

Wie sich zu kurze Aufzeichnungszeiten auswirken

»Hallo, Frau Steffens. Hier spricht Martin Beiler von der Firma Bürobedarf Benderskirchen GmbH. Ich wollte Ihnen nur mitteilen, dass das bestellte Kopiergerät in der gewünschten Form nicht …« – (Piep)
»Ja, hier noch mal Martin Beiler. Da war ich offenbar eben zu langsam. Was ich sagen wollte: Der gewünschte Kopierer ist nicht lieferbar. Es gibt ein Nachfolgemodell, das zusätzlich eine Fax- und Druckerfunktion beinhaltet. Allerdings kostet …« – (Piep)
»Hallo, Frau Steffens. Bevor Ihr Anrufbeantworter mich erneut unterbricht, rufen Sie mich doch am besten einfach zurück. Sie erreichen mich unter der Nummer 089 9988776655. Danke!«

---

152 Anrufbeantworter und Voicemail

Als Inhaber eines Anrufbeantworters sollten Sie die Aufzeichnungszeit nicht allzu eng begrenzen. Mindestens eine bis anderthalb Minuten pro Anruf sollten es sein, denn nicht jeder anrufenden Person ist es gegeben, sich kurz zu fassen. Außerdem kann eine Nachricht auch aus mehreren Botschaften bestehen. Dann wird sie zwangsläufig etwas mehr Zeit brauchen.

Aufzeichnungszeit pro Anruf: mindestens eine Minute

Bei manchen Anrufbeantwortern ist die Aufzeichnungszeit frei einstellbar, bei anderen dagegen ist sie eine fest vorgegebene Größe. Achten Sie beim Kauf eines solchen Geräts darauf, dass Anrufenden ausreichend Zeit zum Durchgeben der Nachricht zur Verfügung steht.

Als Anrufer oder Anruferin eine Nachricht auf Band hinterlassen

Wer die gewünschte Person nicht erreicht, sich aber scheut, eine Nachricht auf ihrem Anrufbeantworter oder ihrer Voicemail zu hinterlassen, sollte sich klarmachen: Hier ist keine Perfektion gefragt. Ob Sie stammeln, zögern, stottern oder womöglich nur bruchstückhafte Sätze formulieren – all das ist verzeihlich. Die Person, die Ihren Anruf entgegennimmt, weiß ja, dass Sie nicht unbedingt damit rechnen konnten, auf Band sprechen zu müssen.

Wer auf Band spricht, muss dies nicht perfekt tun.

Wenn Sie sich nicht zutrauen, auf Anhieb eine Nachricht zu formulieren, spricht aber nichts dagegen, zunächst den Hörer noch einmal aufzuhängen und sich zu notieren, was Sie sagen möchten. Dafür genügen Stichworte – und schon fällt es Ihnen leichter, bei einem erneuten Anruf doch noch auf Band zu sprechen. Im Folgenden finden Sie einige Empfehlungen dazu, was Sie als Anrufer oder Anruferin beachten sollten.

Verlassen Sie sich nie darauf, dass die Zielperson Sie an der Stimme erkennt

Die Nachricht »Hallo, ich bin's« auf einem Anrufbeantworter führt beim Inhaber oder der Inhaberin eines Anschlusses nicht selten zu einem Rätselraten, wer mit »ich« wohl gemeint sein könnte. Bedenken Sie: Manche Menschen haben mitunter eine recht ähnliche Stimme – vor allem unter nahen Verwandten kommt es häufig zu Verwechslungen. Außerdem zeichnet sich nicht jeder Anrufbeantworter oder jedes Voicemailsystem durch eine hohe Wiedergabetreue aus. Nicht selten wird der Klang einer Stimme stark verfälscht, was ein Wiedererkennen

Stets den eigenen Namen nennen

der Stimme ausgesprochen schwierig macht. Daher sollten Sie auf dem Anrufbeantworter stets Ihren Namen hinterlassen.

Fassen Sie sich kurz und gehen Sie nicht ins Detail

Keine Einzelheiten Die Aufnahmezeiten sind in aller Regel begrenzt. Wie viele Sekunden oder Minuten Sie als anrufende Person für Ihre Nachricht zur Verfügung haben, ist von Anrufbeantworter zu Anrufbeantworter verschieden. Es gibt aber durchaus Modelle, die pro Anruf nur eine halbe Minute gewähren. Das heißt: Beschränken Sie sich auf das Nötigste. Nennen Sie vor allem

- Ihren Namen und gegebenenfalls Ihre Firma, Behörde etc.,
- das Wichtigste zu Ihrem Anliegen,
- eventuell zusätzlich Ihre Telefonnummer mit der Bitte um Rückruf
- oder – falls gewünscht – eine andere Form der Kontaktaufnahme.

Einige Beispiele:

Wie Sie eine Nachricht hinterlassen

- »Hallo Petra, hier spricht Sabine. Es gibt interessante Neuigkeiten. Wenn du Zeit hast, ruf mich einfach an. Ich freue mich!« (privater Anruf)
- »Guten Tag, Herr Hohenfels, hier spricht Anna Sonnfeld von der Firma Grupp & Herschle IT Solutions. Ich möchte mich gern mit Ihnen über Ihr Angebot unterhalten. Rufen Sie mich zurück, wenn Sie Zeit haben. Meine Rufnummer lautet: 0711 3456789.«
- »Grüß Gott, Frau Peters, hier ist Annemarie Meyer. Ich wollte Ihnen nur sagen, dass Ihre Unterlagen angekommen sind. Wir prüfen sie und melden uns, sobald wir zu einem Ergebnis gekommen sind.«
- »Servus, Frau Vogler, hier ist Johann Aichinger von der Kanzlei Bernsdorff & Aichinger. Ich wollte wissen, ob es bei unserer Verabredung morgen früh bleibt. Falls nicht, bitte ich Sie um eine kurze Nachricht per E-Mail an j.aichinger@beispielserver.com.«

Was nicht für fremde Ohren bestimmt ist, gehört nicht auf den Anrufbeantworter

Sprechen Sie nichts Vertrauliches auf Band. Sie können nie im Voraus wissen, wer den Anrufbeantworter abhört. Das muss nicht zwangsläufig diejenige Person sein, die Sie zu erreichen versuchen – und selbst wenn sie es ist, ist nicht gesagt, dass sie allein ist, während sie das Band abspielt.

Daher gilt: Sprechen Sie nichts auf Band, was nicht für fremde Ohren bestimmt ist. Persönliche Dinge und Angelegenheiten, die vertraulich bleiben müssen, sollten Sie niemals auf Band ausführlich schildern. Sagen Sie stattdessen allgemein, worum es geht, nennen Sie ein Stichwort oder einen Oberbegriff. Das ist auf jeden Fall unverfänglicher. Einige Beispiele:

> **Wie Sie Vertrauliches ansprechen, ohne allzu viel zu verraten**
>
> - »Guten Tag, Herr Seifried. Hier spricht Marina Volkmer. Ich habe einige Detailfragen zu unserer neuen Winterkollektion und wäre Ihnen dankbar, wenn Sie mich zurückrufen könnten. Sie erreichen mich unter der Durchwahl -119.«
> - »Hallo, Frau Kranz, ich bin's, Eugen Leopold. Es geht um die Akte Ramsmayer. Können Sie mich schnellstmöglich kontaktieren? Besten Dank und auf Wiederhören!«
> - »Hallo, Sebastian, hier ist Andreas. Du wirst nicht glauben, wer sich bei uns beworben hat! Es geht um die freie Stelle als Assistent. Melde dich, wenn du zurück bist. Bis später!«

Das Gespräch während der Aufzeichnung doch noch annehmen

Angenommen, Sie kommen gerade zurück, während Ihnen jemand auf den Anrufbeantworter spricht. Selbstverständlich ist es in einem solchen Fall erlaubt, den Anruf noch entgegenzunehmen.

Allerdings sollten Sie dann eine kurze Erklärung abgeben, warum Sie den Hörer nicht gleich abgehoben haben. Sonst wirkt dies, als hätten Sie zunächst sichergehen wollen, dass keine unerwünschte Person anruft. Es reicht, wenn Sie sich kurz fassen, beispielsweise so:

Wenn Sie während der Aufzeichnung abnehmen

> **Erläutern Sie kurz, warum Sie nicht auf Anhieb abnehmen konnten**
>
> - »Hallo, Margarethe, entschuldige – ich war kurz in der Teeküche und konnte deshalb nicht gleich drangehen.«
> - »Guten Tag, Herr Gruber. Jetzt habe ich ja Glück, Sie noch zu erwischen. Ich war unterwegs und komme just in diesem Moment ins Büro.«

Telefonkonferenzen: ergebnisorientiert und effizient kommunizieren

T elefonkonferenzen sparen Zeit und Geld, und so ist es kein Wunder, dass sie sich wachsender Beliebtheit erfreuen. Wann immer Menschen eine Absprache treffen oder Erfahrungen austauschen wollen, müssen sie sich heutzutage nicht mehr zwangsläufig an einem Ort zusammenfinden. In einigen Fällen stellt die Konferenzschaltung per Telefon eine sinnvolle, kostensparende Alternative dar. Gerade Firmen, deren Mitarbeiter und Mitarbeiterinnen in verschiedenen Niederlassungen tätig sind, machen von dieser Möglichkeit gerne Gebrauch.

Eine Telefonkonferenz erfordert allerdings sehr viel Disziplin – sowohl aufseiten der einzelnen Teilnehmer und Teilnehmerinnen als auch aufseiten der Person, die eine solche Konferenz moderiert. Denn in einem Punkt ist eine Telefonkonferenz durchaus mit einer normalen Sitzung vergleichbar: Je professioneller und zielorientierter sie durchgeführt wird, desto eher bringt sie tatsächlich das gewünschte Ergebnis. In diesem Kapitel lesen Sie,

- was Sie bei der Durchführung einer Telefonkonferenz beachten sollten,
- durch welches Verhalten Sie als Teilnehmer oder Teilnehmerin am besten zum Gelingen beitragen und
- wie Sie als Moderator oder Moderatorin am Telefon für eine zielorientierte Kommunikation sorgen.

Telefonkonferenzen sind anstrengend – daher sollten Sie die Dauer begrenzen

Telefon-konferenzen sind anstrengend.

Wer häufiger an Telefonkonferenzen teilnimmt, stellt schnell fest: Diese Art der Besprechung ist viel anstrengender als eine normale Sitzung, bei der sich alle teilnehmenden Personen in einem Raum treffen. Das kommt nicht von ungefähr: Denn am Telefon lassen sich längst nicht alle Informationen durch gutes Zuhören allein so leicht und vollständig erfassen wie bei einem persönlichen Treffen.

Die Informationen sind hörbar, aber nicht sichtbar

Die einzelnen Teilnehmer und Teilnehmerinnen haben keinen Sichtkontakt, und damit fehlt auch jede visuelle Hilfe, das Besprochene zu erfassen. Schon das erfordert – wie jedes normale Telefonat auch – eine erhöhte Konzentration. Einige Besonderheiten machen aber eine Telefonkonferenz noch anstrengender als ein normales Telefonat.

Die Redebeiträge müssen den einzelnen Personen zugeordnet werden An einer Telefonkonferenz nehmen nicht nur zwei Personen teil, sondern häufig fünf, ja manchmal sogar zehn bis zwölf Menschen. Zur Schwierigkeit, das Gehörte inhaltlich zu erfassen, kommt also noch die Aufgabe, jeden Redebeitrag der jeweils richtigen Person zuzuordnen.

Schwierig: die Zuordnung einzelner Redebeiträge

Da hilft – anders als bei einer Sitzung – kein Richtungshören und auch kein Blick in die Runde, um zu sehen, wer gerade den Mund öffnet. Selbst wenn jede Person ihren Namen nennt, bevor sie etwas sagt, bleibt die Zuordnung allein aufgrund der Stimme schwierig.

Es fehlt Ihnen ein Bild vor Augen, mit dem Sie eine Person mühelos identifizieren können. Bei einer Telefonkonferenz müssen Sie sich bei jedem Redebeitrag in Erinnerung rufen,

- wer die sprechende Person ist,
- welchen Hintergrund sie hat und
- welche Firma, Abteilung oder Niederlassung sie gegebenenfalls repräsentiert.

Bei Sitzungen mit Sichtkontakt fällt Ihnen diese Einordnung meist wesentlich leichter.

Es gibt keine Folienpräsentation Es gibt noch ein Problem, das nur bei Telefonkonferenzen auftritt, nicht aber bei normalen Sitzungen: Als Teilnehmer oder Teilnehmerin haben Sie kaum eine Möglichkeit, das Gesagte etwa anhand einer Folienpräsentation nachzuvollziehen.

Orientierung ohne Präsentation fällt schwer.

Zwar mag Ihnen durchaus die passende Dokumentation zum jeweiligen Tagesordnungspunkt in Papierform oder als Computerdatei vorliegen. Doch müssen Sie die Stelle jeweils selbst finden, auf die sich das eben Gesagte bezieht. Niemand kann Ihnen durch einen kurzen Fingerzeig, den Einsatz eines Zeigestocks oder Laserpointers schnell und ohne große Worte helfen, sich zu orientieren. Auch das erfordert mehr Konzentration – schon wenn die Gedanken nur kurz abschweifen, verlieren Sie womöglich den Anschluss.

Setzen Sie eine zeitliche Obergrenze

Selbstverständlich bestimmen zunächst die Anzahl der abzuhandelnden Besprechungspunkte und das Pensum pro TOP über die Dauer einer Telefonkonferenz. Das allein sollte aber nicht der Maßstab für die angemessene Länge sein. Weil solche Konferenzen für alle Beteiligten ausgesprochen anstrengend sind, sollten Sie als Veranstalter oder Veranstalterin noch mehr als bei einer normalen Sitzung auf eine strikte zeitliche Begrenzung achten. Eine gängige Empfehlung lautet:

Maximale Dauer
einer Telefon-
konferenz

Richtwerte für die Dauer einer Telefonkonferenz

Maximal 30 bis 40 Minuten darf eine Telefonkonferenz dauern, wenn sich die Teilnehmer und Teilnehmerinnen untereinander nicht kennen. Bei etwa 45 bis 60 Minuten liegt die zeitliche Obergrenze, wenn die Teilnehmer und Teilnehmerinnen miteinander vertraut sind oder schon häufiger telefonisch miteinander konferiert haben.
Dauert eine Telefonkonferenz länger, sollten Sie zumindest eine fünfminütige Pause einlegen. Allerdings empfiehlt es sich nicht, hierfür die technische Verbindung zu unterbrechen, denn das erneute Einwählen kostet in der Regel zu viel Zeit.

Der übliche Ablauf einer Telefonkonferenz

Ablauf einer
Telefonkonferenz

Üblicherweise besteht eine Telefonkonferenz aus folgenden Phasen:

- Einwahlphase
- ggf. Small Talk
- Vorstellung der einzelnen Teilnehmer und Teilnehmerinnen
- Besprechungsphase (TOP für TOP)
- Abschluss und Abschied

Hierzu das Wichtigste in Kürze:

Einwahlphase

In eine Telefonkonferenz wählen Sie sich entweder selbst ein, oft übernimmt die Einwahl aber auch der Veranstalter oder die Veranstalterin. Pünktlichkeit ist ein Muss – Sie sollten sich einige Minuten vor dem vereinbarten Beginn an Ihr Telefon begeben und sich spätestens dann einwählen, wenn der Zeitpunkt gekommen ist. Werden Sie vom Veranstalter angerufen, heben Sie rasch ab, sobald das Telefon klingelt.

Einwahl durch Veranstalter(in) oder Teilnehmer(in)

Zunächst wird sich ein kurzes Gespräch mit der vermittelnden Person ergeben. Dies ist nötig, um zu klären, ob sich auf beiden Seiten auch wirklich der gewünschte Gesprächspartner oder die gewünschte Gesprächspartnerin meldet. Ein Beispiel:

> **Einleitendes Gespräch bei der Einwahl**
>
> »Guten Tag, Frau Schönfeld, hier ist die Firma Lang & Kuhnert. Sie waren für unsere Telefonkonferenz angemeldet, richtig?« – »Ja genau!« – »Dann stelle ich Sie gleich zu den anderen Teilnehmern und Teilnehmerinnen durch.« – »Vielen Dank!«

Mit einem Knopfdruck landen Sie dann recht schnell in einem virtuellen Forum, in dem sich wahrscheinlich schon andere Personen unterhalten. Nach und nach werden alle Teilnehmer und Teilnehmerinnen der Konferenz auf diese Weise dazugeschaltet. In der Regel kündigt ein kurzer Signalton oder eine kurze Melodie jede neue Person an.

Wenn Sie neu hinzukommen, nennen Sie Ihren Namen und begrüßen Sie die anderen Personen. In der Regel geht es dann mit einem Small Talk weiter. Die offizielle Vorstellungsrunde beginnt meist erst, wenn der Kreis der Teilnehmer und Teilnehmerinnen vollständig ist.

Small Talk

Ein Small Talk bietet sich vor allem während der Einwahlphase an. Allerdings findet er unter erschwerten Bedingungen statt, denn ständig kommen neue Personen hinzu, die mit einbezogen werden sollten, damit sie sich nicht isoliert fühlen.

Small Talk, bis die Runde vollständig ist

Am leichtesten gelingt das, wenn eine Person – idealerweise diejenige, die ohnehin die Moderation übernimmt – jeden »Neuankömmling« kurz begrüßt und ihm mitteilt, worüber gerade geplaudert wird. Oft ist dies das Wetter, denn meist ergibt sich aus dem Vergleich, ob in Hamburg, München, Stuttgart, Zürich oder Düsseldorf jeweils die Sonne lacht, ob es neblig ist oder Bindfäden regnet, genug Gesprächsstoff für die ersten Minuten.

Vorstellungsrunde

Vorstellungsrunde unerlässlich

Sobald sich alle teilnehmenden Personen im virtuellen Konferenzraum eingefunden haben, beginnt die Vorstellungsrunde. Darauf sollten Sie nie verzichten. Eine solche Runde ist auch dann sinnvoll, wenn sich die Teilnehmer und Teilnehmerinnen untereinander schon kennen. Denn auf diese Weise erfahren alle, mit wem sie verbunden sind und wer von der ursprünglich geplanten Teilnehmerliste womöglich fehlt.

Dem Moderator oder der Moderatorin kommt dabei die Aufgabe zu, eine Reihenfolge festzulegen. Es sollte aber stets den einzelnen Teilnehmern und Teilnehmerinnen selbst überlassen bleiben, sich vorzustellen. Nur so gelingt es den anderen, jeden Namen auch mit dem Klang der Stimme eines jeden Teilnehmers oder einer jeden Teilnehmerin in Verbindung zu bringen.

Kennen sich einige der teilnehmenden Personen untereinander nicht, sollten Sie zusätzlich zum eigenen Namen auch noch Ihre Funktion und Firma beziehungsweise Niederlassung oder Abteilung nennen. Sie können allerdings nicht erwarten, dass sich jeder das alles sofort merken kann.

Teilnehmerliste erleichtert die Orientierung

> **TIPP** **Als Veranstalter vorher eine Teilnehmerliste herumschicken**
>
> Es ist hilfreich, vorher eine Teilnehmerliste an alle teilnehmenden Personen zu schicken. Darin sollten alle Namen mitsamt Funktion und Firma, Abteilung oder Niederlassung aufgeführt sein.

Besprechungsphase

Wie bei einer Sitzung gibt es bei Telefonkonferenzen in der Regel eine Agenda, die aus einzelnen Tagesordnungspunkten (TOP) besteht.

Agenda und TOP: wie bei Sitzungen

> **Begriffsklärung: »Agenda« und »TOP«**
>
> Das Wort »Agenda« (zu: agere = agieren) kommt aus dem Lateinischen und wird mit »was zu tun ist« übersetzt. Speziell im Zusammenhang mit Sitzungen und Konferenzen bezeichnet dieses Wort eine Liste von Gesprächs- und Verhandlungspunkten, die die Tagesordnung bilden. Diese Punkte werden oft auch als Tagesordnungspunkte, abgekürzt TOP, bezeichnet.

TOP für TOP wird nacheinander abgehandelt, darin unterscheidet sich eine Telefonkonferenz nicht von einer normalen Besprechung. Die Koordination übernimmt der Moderator oder die Moderatorin. Alle teilnehmenden Personen – und ganz besonders die Person, die die Konferenz moderiert – sollten gut vorbereitet sein. Die einzelnen Tagesordnungspunkte können von ganz unterschiedlichen Themen handeln. So geht es häufig beispielsweise um

- die Verteilung von Aufgaben,
- die Abstimmung zwischen einzelnen Kompetenzbereichen,
- die Klärung offener Fragen,
- die gemeinsame Suche nach Lösungen für ein Problem,
- das Festlegen einer einheitlichen Vorgehensweise,
- das Sammeln von Ideen,
- die Meinungsbildung oder
- den Erfahrungsaustausch.

Empfehlenswert ist stets ein grober Zeitplan, in dem festgelegt wird, wie lange über einen einzelnen TOP höchstens verhandelt werden sollte. Auch hier liegt die Aufgabe beim Moderator oder der Moderatorin, dafür zu sorgen, dass kein Thema zuviel Zeit in Anspruch nimmt. Keiner der Tagesordnungspunkte auf der Agenda soll schließlich zu kurz kommen. $\quad$ *Zeitplan für jeden TOP einhalten*

Am besten arbeiten Sie jeden Tagesordnungspunkt in drei Schritten ab. Mehr dazu lesen Sie im Abschnitt: »Typische Aufgaben des Moderators oder der Moderatorin«.

Abschluss und Verabschiedung

Ist auch der letzte Tagesordnungspunkt erledigt, bedankt sich der Moderator oder die Moderatorin und entlässt alle Teilnehmer mit ein paar abschließenden Worten. Beispiel: $\quad$ *Den Abschluss einleiten*

Worte zum Abschluss und Abschied

»Damit sind wir am Ende unserer Agenda angekommen. Ich bedanke mich bei Ihnen für die rege Diskussion und für Ihre konstruktiven Beiträge. Selbstverständlich erhalten Sie in den nächsten Tagen noch ein Protokoll, in dem Sie das heute Besprochene noch einmal nachlesen können. Jetzt wünsche ich Ihnen allen noch einen angenehmen Abend!«

Für die Teilnehmer und Teilnehmerinnen besteht dann noch kurz die Möglichkeit, untereinander Absprachen zu treffen – etwa über Termine oder über das weitere Vorgehen. Das darf sich allerdings nicht allzu lange hinziehen, sondern sollte sehr rasch geschehen. Beispiele:

Terminabsprachen am Schluss

Kurze Terminabsprachen der Teilnehmer untereinander

»Frau Diestelkamp, lassen Sie uns morgen telefonieren. Dann können wir beide schon einmal die nötigen Schritte vorbereiten.«

»Herr Marz, ich schicke Ihnen die Unterlagen gleich noch per E-Mail. Sie melden sich dann einfach bei mir.«

Wenn Sie dies nicht betrifft, können Sie sich einfach verabschieden und auflegen.

Was Sie als Teilnehmer oder Teilnehmerin beachten sollten

Es hängt in hohem Maße von jedem einzelnen Teilnehmer und jeder einzelnen Teilnehmerin ab, ob eine Telefonkonferenz gelingt oder nicht. Auf einige Dinge sollten Sie daher besonders achten:

Hintergrundgeräusche vermeiden

Hintergrundgeräusche

Hintergrundgeräusche stören bei einer Telefonkonferenz mehr als bei einem normalen Telefonat. Denn sie summieren sich: Je mehr Teilnehmer oder Teilnehmerinnen mit ihrem Apparat bestimmte Störgeräusche einbringen, desto lauter wird der Pegel im Forum.

Besonders nachteilig wirkt es sich aus, wenn jemand während der Telefonkonferenz in einer lauten Umgebung telefoniert oder gar mit dem Mobilfunkgerät unterwegs ist und nicht verhindern kann, dass beispielsweise Verkehrs- oder Flughafenlärm durch das Mikrofon an alle Teilnehmenden übermittelt wird. Das macht den anderen das Leben unnötig schwer. Daher gelten folgende Empfehlungen:

Tipps, um Hintergrundgeräusche zu vermeiden

- Wenn möglich, nehmen Sie von einem Festnetzanschluss aus an einer Telefonkonferenz teil und nicht mit dem Handy.
- Suchen Sie sich stets ein Telefon in einem geschlossenen Raum ohne Hintergrundgeräusche.
- Benutzen Sie für eine Telefonkonferenz nie die eingeschaltete Lautsprecherfunktion, beim Handy keine Freisprecheinrichtung.

- Schalten Sie die Anklopffunktion Ihres Telefons aus. Denn sonst ertönt ein – für alle hörbares – leises Tuten in der Leitung, wenn während der Konferenz jemand versucht, Sie anzurufen.
- Falls Sie von einem Festnetzapparat aus teilnehmen, achten Sie darauf, dass Ihr Handy ausgeschaltet ist. Denn das Handy fragt regelmäßig den nächsten Sendemast nach neuen Nachrichten ab, und dabei kommt es bisweilen zu unliebsamen Interaktionen mit dem Lautsprecher Ihres Telefons (was sich oft als rhythmisch knatternde Tonfolge in der Leitung bemerkbar macht).

TIPP **Notfalls Stummtaste drücken**

Falls Sie Hintergrundgeräusche während der Telefonkonferenz nicht vermeiden können, leistet die Stummtaste Ihres Telefons gute Dienste. Halten Sie sie gedrückt, solange Sie nicht selbst reden. Dann hören Sie zwar die Redebeiträge der andern, aber das Mikrofon Ihres eigenen Telefons ist in dieser Zeit ausgeschaltet, sodass akustische Störungen aus Ihrer Umgebung nicht übertragen werden. Wenn Sie selbst allerdings zu Wort kommen möchten, müssen Sie die Stummtaste wieder loslassen beziehungsweise die Stummfunktion wieder ausschalten.

Tipps für Ihre Redebeiträge

Im Unterschied zu normalen Telefonaten müssen Sie als Teilnehmer oder Teilnehmerin einer Telefonkonferenz dafür sorgen, zu Wort zu kommen und auch verstanden zu werden. Darauf sollten Sie achten:

Nennen Sie vor jedem Redebeitrag stets Ihren Namen Wenn Sie selbst im Begriff sind, einen Redebeitrag zu formulieren, nennen Sie vorher stets Ihren Namen. Sie können sich nicht darauf verlassen, dass jeder Teilnehmer und jede Teilnehmerin den Klang Ihrer Stimme automatisch mit dem richtigen Namen in Verbindung bringt. Denn selbst wenn Sie sich untereinander kennen: Die Technik verfälscht die Wiedergabe der einzelnen Stimmen bisweilen stärker, als uns bewusst ist. Es sollte aber jeder Teilnehmer und jede Teilnehmerin wissen, von welcher Person der aktuelle Redebeitrag stammt. Notfalls sollte der Moderator oder die Moderatorin diese Information ergänzen.

Vor jedem Redebeitrag den eigenen Namen nennen

Wenn eine andere teilnehmende Person vergisst, ihren Namen zu nennen, und auch die moderierende Person nichts dazu sagt, spricht nichts gegen eine Nachfrage. Beispiel:

Wie Sie zu Wort kommen

Kündigen Sie notfalls an, wenn Sie sprechen wollen In einer Sitzung ist es leichter, zu Wort zu kommen. Dort können Sie dem Sitzungsleiter Ihren Wunsch notfalls mit einem Handzeichen signalisieren. Bei einer Telefonkonferenz geht das nicht. Sie müssen sich hörbar artikulieren, was vor allem dann schwierig ist, wenn einer der Teilnehmer sich gerade ausführlich zu einem Thema äußert oder zwei Teilnehmer miteinander ein erhitztes Wortgefecht führen, ohne die anderen zu Wort kommen zu lassen.

Es ist die Aufgabe des Moderators oder der Moderatorin, die Redezeiten zu verteilen und dafür zu sorgen, dass dabei niemand zu kurz kommt. Sie machen es allen leichter, wenn Sie verbal ankündigen, dass Sie auch noch etwas zum aktuellen Thema sagen wollen. Dazu sollten Sie der momentan sprechenden Person nicht unbedingt ins Wort fallen, um dann sofort mit einem längeren eigenen Redebeitrag zu beginnen. Aber eine kurze verbale Unterbrechung – um diese Person anschließend ausreden zu lassen – ist hier erlaubt. Dann wird der Moderator oder die Moderatorin Sie bei der nächsten Gelegenheit auffordern, sich ebenfalls zu äußern. Beispiele:

Eigenen Redebeitrag ankündigen

- »Entschuldigen Sie, ich will nur kurz anmerken: Dazu habe ich, Walter Emmerich, gleich auch noch etwas zu sagen.«
- »Ich – Anne Schröter – will Sie gar nicht lange unterbrechen, möchte aber nach Ihrem Beitrag auch noch dazu Stellung nehmen. Aber reden Sie erst einmal aus.«

Der ideale Redebeitrag: kurz und prägnant

Fassen Sie sich kurz Es ist sicherlich schön, zu Wort zu kommen. Dennoch sollte keiner der Teilnehmer oder Teilnehmerinnen die eigene Redezeit unangemessen überziehen. Daher gilt für jeden Gesprächsbeitrag:

- Fassen Sie sich kurz.
- Reden Sie nicht lange um den heißen Brei herum.

- Kommen Sie schnell zum Punkt.
- Lassen Sie dann andere wieder zu Wort kommen.

Vermeiden sollten Sie vor allem dauernde Wiederholungen und weitschweifige Zusammenfassungen dessen, was Sie bereits gesagt haben. Sie können sicher sein: Ein kurzer, prägnanter Redebeitrag erzielt eine nachhaltigere Wirkung als ein längerer Monolog, bei dem das Zuhören schwerfällt und der rote Faden allzu leicht verloren geht.

Konzentriert zuhören

Auch aufs Zuhören müssen Sie sich stärker konzentrieren als gewöhnlich. Achten Sie besonders auf den Tonfall und Unterton jedes Redebeitrags und fragen Sie sofort nach, wenn Sie etwas nicht verstehen – sei es rein akustisch, sei es in Bezug auf den Sinn. Beispiel:

Tipps fürs Zuhören

Nachfragen, wenn Sie unsicher sind

- »Ich bin jetzt etwas unsicher: Haben Sie das eben ernst gemeint oder sagen Sie das mit einem Augenzwinkern?«
- »Verstehe ich Ihren Unterton richtig: Sie ärgern sich über dieses Vorgehen?«
- »Aus Ihrem skeptischen Tonfall schließe ich, Sie räumen diesem Vorschlag keine großen Chancen ein, oder verstehe ich Sie da falsch?«

Während des Zuhörens können Sie sich Notizen machen. Sie erleichtern die Aufnahme des Gesagten. Zudem sind einzelne Stichworte hilfreich, wenn ein Teilnehmer oder eine Teilnehmerin gerade etwas sagt, wozu Sie später selbst noch einige Anmerkungen machen möchten.

Typische Aufgaben des Moderators oder der Moderatorin

Ohne Moderator oder Moderatorin ist es nahezu unmöglich, eine Telefonkonferenz abzuhalten. Denn diese Person sorgt – wie der Leiter oder die Leiterin einer Sitzung – idealerweise dafür,

Ohne Moderator oder Moderatorin geht es nicht.

- dass alle Teilnehmenden zu Wort kommen,
- dass jeweils nur eine Person spricht und die anderen währenddessen zuhören,
- dass die Redezeiten gerecht verteilt sind,
- dass für jeden ersichtlich ist, welcher Redebeitrag von welcher Person stammt,

- dass niemand vom Thema abschweift und
- dass die Kommunikation zu jedem Tagesordnungspunkt zu einem Ziel beziehungsweise Ergebnis führt und nicht etwa ins Leere läuft.

Zeitbudget pro TOP Je »schwammiger« ein Thema, desto größer ist die Gefahr, dass es zu viel Zeit in Anspruch nimmt. Auch beliebte Themen werden häufig länger ausgedehnt, als streng genommen nötig wäre. Umso wichtiger ist eine zeitliche Begrenzung für jeden einzelnen Tagesordnungspunkt. Geht es beispielsweise um eine Ideensammlung oder um den Meinungs- und Erfahrungsaustausch, sollten Sie als moderierende Person auf das Zeitbudget achten und einen Schnitt machen, bevor es überschritten wird.

Zielorientierung: drei Schritte pro TOP

Für die Zielorientierung können Sie selbst sorgen, indem Sie als Moderator oder Moderatorin recht straff vorgeben, was Sie sich vorstellen. Jeden einzelnen Tagesordnungspunkt sollten Sie in drei Schritten abarbeiten.

Erst das Ziel formulieren **Schritt 1: Formulieren Sie zunächst ein Gesprächsziel** Bei jedem Tagesordnungspunkt sollte klar sein, worauf Sie hinauswollen. Was soll am Ende herauskommen? Was ist das Ziel? Welches Ergebnis wollen Sie haben? Das sollten Sie als klare Vorgabe in die Telefonkonferenz einbringen. Beispiele:

Wie Sie das Ziel formulieren

- (Meinungsbildung:) »Aus dem Vertrieb kam folgender Vorschlag für ein neues Produkt: ... Ich möchte wissen, was Sie davon halten.«
- (Ideensammlung:) »Wir haben die Aufgabe, wieder eine originelle Imagebroschüre für die Firma XYZ zu erstellen. Die wichtigsten Informationen haben Sie vorab erhalten. Jetzt möchte ich Sie alle um Ideen für die Broschüre bitten.«
- (Aufgabenverteilung, Regelung der Kompetenzen:) »Bei der Reklamationsbearbeitung kommt es oft zu unnötigen Verzögerungen und Widersprüchen, weil manche Akten offenbar parallel von zwei oder drei verschiedenen Stellen abgearbeitet werden. Hier möchte ich mich gemeinsam mit Ihnen auf ein künftig einheitliches, möglichst effizientes Vorgehen einigen.«

Schritt 2: Stellen Sie die richtigen Fragen Es ist nicht die Aufgabe des Moderators oder der Moderatorin, selbst möglichst viel zu reden, es sei denn, klare Vorgaben sind erforderlich. Normalerweise verhält es sich aber anders: Die moderierende Person sollte versuchen, die Teilnehmer und Teilnehmerinnen zu ermuntern, möglichst konstruktive Anmerkungen, Vorschläge und Ideen zum besprochenen Tagesordnungspunkt beizusteuern. Am besten erreichen Sie dies durch geschicktes Fragen. Beispiele: Die richtigen Fragen stellen

---

Wie Sie die Teilnehmenden durch geschicktes Fragen zu konstruktiven Redebeiträgen ermuntern

- (Meinungsbildung:) »Frau Dr. Schmied, beginnen wir mit Ihnen. Was halten Sie von diesem Vorschlag? Was spricht dafür, was spricht dagegen?«
- (Ideensammlung:) »Das Unternehmensleitbild kennen Sie alle. Wer möchte beginnen? Hat jemand von Ihnen schon eine Idee, wie man dies in der Broschüre umsetzen könnte?«
- (Aufgabenverteilung:) »Zunächst will ich von Ihnen wissen: Wie ist das normale Vorgehen, wenn eine Reklamation per E-Mail eintrifft? Wer kümmert sich darum? Was wird als erster Schritt unternommen? Herr Hartwig?«

Schritt 3: Bewerten Sie die einzelnen Redebeiträge und ziehen Sie ein Fazit Achten Sie als Moderator oder Moderatorin stets darauf, den roten Faden nicht zu verlieren. Das heißt: Ziehen Sie aus jedem Redebeitrag die Kernaussage heraus und bewerten Sie sie im Hinblick auf das gewünschte Ziel. Lediglich bei einer Ideensammlung (»Brainstorming«) sollten Sie sich mit einer (negativen) Bewertung der einzelnen Ideen zunächst zurückhalten, denn dies könnte eine Selbstzensur der einzelnen Teilnehmer und Teilnehmerinnen bewirken. Je unbefangener alle zunächst ihre Einfälle äußern können, desto mehr Vorschläge kommen zusammen. Die Tauglichkeit, Machbarkeit oder Umsetzung sollten Sie erst später zur Diskussion stellen. Beispiele: Fazit ziehen

---

Die einzelnen Redebeiträge bewerten

- (Meinungsbildung:) »Sie halten die Idee also für gut, fürchten aber, das neue Produkt könnte sehr aufwendig werden und ohne zusätzliches Personal nicht zu bewältigen sein, richtig? Ich teile Ihre Einschätzung, muss aber

> noch klären, ob das Personalbudget die Schaffung zusätzlicher Stellen erlauben würde.«
>
> - (Ideensammlung:) »Schöne Idee!«, »Klingt interessant«, »Guter Vorschlag«
> - (Aufgabenverteilung:) »Nach dem, was Sie mir berichten, ist es also keine gute Idee, allen Sachbearbeitern aus der Reklamationsabteilung den freien Zugriff auf eingehende E-Mails zu ermöglichen, weil sich Einzelne dann herauspicken, was sie am liebsten bearbeiten möchten, und einen Fall wieder zurückstellen, wenn er sich als komplizierter erweist als erwartet. Ist das der springende Punkt? Dann sollten wir da auch ansetzen.«

Am Schluss eines jeden TOP steht dann eine Zusammenfassung dessen, was alle Redebeiträge in ihrer Summe ergeben haben. Zugleich kann ein Ausblick auf das weitere Vorgehen sinnvoll sein. Beispiele:

> **So ziehen Sie ein Fazit und geben Sie einen Ausblick**
>
> - (Meinungsbildung:) »Ich fasse zusammen: Die Mehrheit zeigt sich dem neuen Projekt gegenüber aufgeschlossen, vorausgesetzt, wir bekommen zusätzliches Personal dafür und zudem die alleinige Entscheidungsbefugnis, welche externen Dienstleister wir heranziehen wollen. Das wird der Führung zwar nicht einfach zu vermitteln sein, aber ich werde es versuchen.«
> - (Ideensammlung:) »Vielen Dank, Sie sprudeln ja nur so vor guten Einfällen. Im nächsten Schritt geht es um die Bewertung der einzelnen Ideen. Das würde ich gern nächste Woche in Angriff nehmen.«
> - (Aufgabenverteilung:) »Gut – dann wissen wir jetzt, warum es zu Verzögerungen und Mehrfacharbeit kommt. Wir müssen die eingehenden Reklamationen gerecht auf alle Sachbearbeiter verteilen. Herr Maier, wollen Sie sich bis nächste Woche überlegen, wie man das am besten regeln könnte?«

Mit schwierigen Situationen richtig umgehen

Mit Problemsituationen umgehen

Eine Telefonkonferenz zu moderieren, erfordert Führungsstärke und psychologisches Geschick. Denn so unterschiedlich die einzelnen Teilnehmer und Teilnehmerinnen sind, so unterschiedlich werden sie auch auf einzelne Themen und Redebeiträge reagieren. Es kann durchaus vorkommen, dass einige Personen dominieren, andere verstummen, alle durcheinander reden oder das Gespräch abschweift und das gewünschte Ergebnis in weite Ferne rückt.

Das sollten Sie als Moderator oder Moderatorin nicht zulassen, sondern sich den auftretenden Problemen entschieden stellen. Die »Klassiker« aller schwierigen Situationen bei einer Telefonkonferenz sollen im Folgenden kurz vorgestellt werden – mit Tipps, wie Sie als Moderator oder Moderatorin am besten damit umgehen.

Eine Person nimmt sich zu viel Redezeit heraus   Hält ein Teilnehmer oder eine Teilnehmerin einen Monolog, hilft nur eines: Unterbrechen Sie die betreffende Person, indem Sie sie zunächst beim Namen nennen, notfalls auch mehrfach, bis sie Ihnen zuhört. Hat sie bisher nur um den heißen Brei herumgeredet, fragen Sie gezielt nach der Kernaussage. Hat sie schon alles gesagt und wiederholt sie sich nur noch, machen Sie deutlich, dass dies nicht nötig ist. Am besten erteilen Sie dann sofort einer anderen Person das Wort. Beispiele:

Monologe
unterbrechen

> **Wie Sie lange Monologe unterbrechen**
>
> - »Herr Bayer? – Herr Bayer? Ich muss Ihre Rede hier abkürzen. Wir wissen zwar jetzt, dass Sie gegen diesen Vorschlag sind und warum. Aber Alternativen haben Sie uns noch keine genannt. Wie lautet Ihr Vorschlag?«
> - »Frau Valentin? Ich denke, es ist deutlich geworden, was Sie sagen wollten. Jetzt sollen die anderen auch wieder zu Wort kommen. Herr Markert, deckt sich diese Einschätzung mit Ihren Erfahrungen?«

Einzelne Personen verstummen   Schüchterne Personen tun sich oft schwer damit, sich in einem Forum zu äußern. Manche verstummen auch aus Angst, ihre Meinungsäußerung könnte auf heftigen Widerspruch oder scharfe Kritik stoßen. Machen Sie als Moderator deutlich, dass Sie Wert darauf legen, dass jede teilnehmende Person ihre Meinung frei und unbefangen äußert, und schützen Sie einen Teilnehmer oder eine Teilnehmerin notfalls vor den verbalen Attacken der anderen. Beispiel:

Einzelne
Teilnehmer(innen)
zum Reden
bringen

> **Wie Sie schüchterne Personen zum Reden bringen**
>
> - »Frau Lehnert, Sie sagen seit geraumer Zeit gar nichts mehr, aber wir sind auch an Ihrer Meinung interessiert.«
> - »Herr Wenzel hat noch nichts zu diesem Punkt gesagt. Bitte, Herr Wenzel, was schlagen Sie vor?«

Wie Sie andere dazu bringen, sich mit scharfer Kritik zurückzuhalten

- »Bitte, meine Herrschaften. Wir sollten uns erst anhören, was Frau Lehnert zu sagen hat. Anschließend diskutieren wir sachlich über ihre – und auch alle anderen – Einwände. Die Kritik sollten wir auf später verschieben! Frau Lehnert, bitte, jetzt sind Sie dran …«
- *(Ein Teilnehmer hat den Vorschlag eines anderen mit einem pauschalen »Das ist doch Quatsch!« abgetan)* »Herr Oberer – bitte lassen Sie Herrn Wenzel ausreden und hören Sie sich seinen Vorschlag an. Eine Bewertung nehmen wir nachher gemeinsam vor, wie bei allen bisherigen Vorschlägen auch.«

Wenn alle durcheinander reden

Erhitzte Debatten entstehen, alle reden durcheinander Es kann vorkommen, dass Sie einzelne Personen oder alle Teilnehmer und Teilnehmerinnen zur Ordnung rufen müssen. Hier kommen Sie nicht umhin, die Stimme zu erheben, bis alle Ihnen wieder zuhören. Anschließend erteilen Sie am besten sofort einem Teilnehmer oder einer Teilnehmerin das Wort:

Laut unterbrechen, wenn alle durcheinander reden

- »Der Reihe nach, meine Damen und Herren. Wenn alle durcheinanderreden, versteht niemand mehr etwas. Herr Haller, Sie waren noch nicht fertig mit Ihren Ausführungen.«
- »Stopp! Stopp, meine Damen und Herren. Sonst breche ich die Diskussion an dieser Stelle sofort ab. Lassen Sie uns wieder vernünftig miteinander reden. Frau Marsch, Sie wollten etwas sagen?«

Abschweifen sollten Sie nicht dulden.

Die Gespräche drohen vom Thema abzuschweifen Die Devise lautet hier: »Wehret den Anfängen!« Sobald Sie merken, dass ein Redebeitrag abschweift oder in ein Thema mündet, das nichts mit dem gewünschten Ziel oder Ergebnis zu tun hat, unterbrechen Sie die sprechende Person rigoros. Machen Sie dann entweder erneut das Ziel klar, das Sie für den entsprechenden Tagesordnungspunkt vorgegeben haben, oder stellen Sie gleich eine Frage, die in die richtige Richtung weist. Beispiele:

Fazit: Zielorientierung ist durch das Medium eher gewährleistet

Wie erfolgreich eine Besprechung werden kann, die per Telefon abgehalten wird, hängt in hohem Maßen von den Fähigkeiten des Moderators oder der Moderatorin ab. Aber auch die Teilnehmenden können einen Beitrag dazu leisten, indem sie sich bewusst zurückhalten, nur themenrelevante Äußerungen beisteuern und die vorgegebene Zielorientierung einhalten.

Immerhin diesen Vorteil hat die Telefonkonferenz gegenüber normalen Sitzungen und Besprechungen: Da man sich in der Regel nicht bei einer Tasse Kaffee und etwas Gebäck gegenübersitzt und da die Teilnahme für alle Beteiligten recht anstrengend sein kann, ist die Verlockung weniger groß, es bei einer gemütlichen Plauderei zu belassen oder die Agenda übermäßig lange auszudehnen. Meist sind die Teilnehmer und Teilnehmerinnen selbst daran interessiert, beim Thema zu bleiben und jeden einzelnen Tagesordnungspunkt erfolgreich abzuschließen.

Ohne Kaffee und Gebäck kommt man schneller zum Ziel.

Sonderfall: Telefonkonferenzen zur Ergebnispräsentation

Ein Sonderfall der Telefonkonferenz kommt zum Einsatz, wenn es nicht um eine Besprechung, sondern um eine Präsentation geht. Beispielsweise nutzen börsennotierte Unternehmen diese Form, um interessierten Aktionären außerhalb von Hauptversammlung und Presseberichterstattung die Möglichkeit zu geben, die wichtigsten Zahlen und Ergebnisse aus erster Hand, also z. B. direkt vom Vorstand zu erfahren, der sie am Telefon persönlich präsentiert. Wann eine solche Konferenz stattfindet und wie Sie sich dazu einwählen, erfahren Sie meist auf den Internetseiten des betreffenden Unternehmens, zuweilen auch in der Presseberichterstattung.

Telefonkonferenzen zur Ergebnispräsentation

Bei dieser Form der Telefonkonferenz kommt es zu keiner Diskussion: Die Teilnehmer wählen sich ein, haben aber keine Möglichkeit, eigene Redebeiträge beizusteuern – ihr Anschluss ist stumm geschaltet, ihre Funktion beschränkt sich aufs Zuhören.

Sie haben als Zuhörer oder Zuhörerin alle Freiheiten

Dies bedeutet aber auch: Sie können sich später einwählen oder früher wieder auflegen und somit die Zeit Ihrer Teilnahme beliebig auf einen Ausschnitt beschränken, in dem gerade das präsentiert wird, was Sie persönlich interessiert.

Kleiner Handy-Leitfaden

Ein Handy zu besitzen, wird in den entwickelten Industriestaaten von den meisten Menschen als normal betrachtet. Handys kommen nicht nur privat in vielerlei Situationen zum Einsatz, sondern sind auch aus dem Berufsleben kaum mehr wegzudenken, denn sie haben sich als ausgesprochen praktisch erwiesen. Mobiltelefone ermöglichen es, wie der Name schon sagt, innerhalb von Mobilfunknetzen an allen erdenklichen Orten und in allen erdenklichen Situationen zu telefonieren oder auch eine Sprachnachricht (SMS) zu versenden beziehungsweise zu empfangen.

Da Handys gewissermaßen allgegenwärtig sind, ist es umso wichtiger, diese Technik so einzusetzen, dass sie den größtmöglichen Nutzen bringt und dabei möglichst wenige Menschen stört. Hierzu in diesem Kapitel einige Tipps.

Viel diskutiert: Muss man per Handy erreichbar sein?

Je alltäglicher das Mobiltelefon im Gebrauch geworden ist, desto mehr Menschen gehen davon aus, dass ein Handybesitzer auch selbstverständlich ständig erreichbar ist. Allerdings ist diese Annahme oft ein Trugschluss. Längst nicht jede Person, die ein Handy besitzt, nutzt es konsequent und permanent. Dies sollte auch niemand als Selbstverständlichkeit voraussetzen oder gar zur Forderung erheben. Letztlich bleibt es jeder Person selbst überlassen, ob sie ihr Mobiltelefon in ständiger Empfangsbereitschaft halten will oder nicht.

Privat entscheidet jede Person nach eigenem Ermessen Der Gebrauch eines Handys im privaten Bereich liegt allein im Ermessen des jeweiligen Besitzers oder der jeweiligen Besitzerin: Wer für Freunde, Bekannte, Verwandte möglichst gut erreichbar sein will, legt sich ein Handy zu und führt es – eingeschaltet – mit sich, wenn er unterwegs ist. Wem es dagegen genügt, per Festnetz, Spontanbesuch, E-Mail oder auf anderem Wege kontaktiert zu werden, wird in der Regel auch ohne Handy auskommen.

Erreichbarkeit per Handy: im Privatbereich kein Muss

Beruflich beziehungsweise geschäftlich ist ein Handy oft praktisch, aber nicht unbedingt ein Muss Im beruflichen Umfeld stehen bei der Frage, ob man ein Handy braucht oder nicht, rein praktische Erwägungen im Vordergrund. Oft ist es eine schlichte Notwendigkeit, auch mobil erreichbar zu sein. Dennoch gibt es viele Menschen, die ihre Mobilfunknummer nicht freiwillig möglichen Interessenten preisgeben oder deren Handy nicht ständig auf Empfangsbereitschaft steht. Wenn jemand auf andere Weise gut erreichbar ist, ist auch im Geschäftsleben ein Mobiltelefon entbehrlich. Allerdings:

Im beruflichen Umfeld sind Handys meist praktisch.

> **Wenn Sie angekündigt haben, per Handy erreichbar zu sein, sollte dies auch zutreffen**
>
> Ein Muss ist die Erreichbarkeit per Handy allerdings, wenn Sie Ihre Mobilfunknummer – etwa per Anrufbeantworter oder als Abwesenheitsnotiz per E-Mail – als möglichen Kontaktweg benannt haben oder wenn Sie Ihr Festnetztelefon auf Ihr Handy umgestellt haben.

Auch eine mittelbare Erreichbarkeit ist erlaubt, falls Sie Ihr Handy zwischendurch ausschalten müssen, etwa weil Sie an einer Besprechung teilnehmen. Idealerweise geben Sie dann der anrufenden Person die Gelegenheit, Ihnen eine Nachricht auf der Voicemail zu hinterlassen, und rufen sie bei der nächstmöglichen Gelegenheit zurück.

Rückruf bei Rufnummernanzeige

Die automatische Rufnummernübermittlung leistet hier gute Dienste: Bei vielen Anrufen wird die Rufnummer der anrufenden Person auf dem Handydisplay angezeigt. Kann der Handybesitzer oder die Handybesitzerin einen Anruf momentan nicht entgegennehmen, so erfährt er bzw. sie auf diese Weise zumindest im Nachhinein, wer versucht hat, durchzukommen. Ein Rückruf ist dann immer noch möglich.

Wo das Handy besser ausgeschaltet bleiben sollte

Nicht überall wird ein eingeschaltetes Mobiltelefon akzeptiert. Denn es wird in der Umgebung oft als störend empfunden – gleichgültig, ob es klingelt, vibriert, ob Sie damit telefonieren oder ob Sie wählen oder eine SMS schreiben und dabei die Tastaturtöne eingeschaltet sind. Inakzeptabel ist ein eingeschaltetes Handy

Wann das Handy ausgeschaltet bleiben sollte

- im Theater, in der Oper, im Kabarett oder sonstigen Kulturveranstaltungen,
- bei Vorträgen, Sitzungen, Besprechungen, Fortbildungsveranstaltungen oder Vorlesungen,

- in Kirchen, Kapellen, Moscheen, Synagogen, auf dem Friedhof, bei Gottesdiensten, Gebetszeiten und Beerdigungen,
- in Arztpraxen und Krankenhäusern, weil der Mobilfunk unter Umständen empfindliche medizinische Geräte beeinträchtigen könnte,
- im Flugzeug, sofern die Fluggesellschaft nicht ausdrücklich eine Ausnahme zulässt, denn der Mobilfunk kann Störungen bei Navigationsgeräten hervorrufen,
- in allen Zonen, in denen ein ausdrückliches Handyverbot herrscht.

Bei persönlichen Treffen und Gesprächen Bei persönlichen Treffen sollte das Handy ebenfalls in der Regel ausgeschaltet sein. Niemand sollte während eines Gesprächs das empfangsbereite Mobiltelefon vor sich auf die Tischplatte legen. Ob gewollt oder ungewollt – das erweckt zwangsläufig den Eindruck, ein Anruf oder eine hereinkommende SMS-Nachricht wäre dem Handbesitzer oder der Handybesitzerin wichtiger als das Gespräch, das er bzw. sie gerade führt.

Bei persönlichen Treffen

Abgesehen davon kann auch ein unwichtiger Anruf oder eine Werbe-SMS eine unliebsame Unterbrechung bedeuten – was nicht gerade eine positive, vertrauensvolle Gesprächsbasis herstellt.

> **Handy ausschalten, wenn Sie im persönlichen, direkten Gespräch sind**
>
> Lassen Sie das Handy eingepackt und ausgeschaltet, während Sie sich mit jemandem persönlich unterhalten. Widmen Sie der Person, mit der Sie sich gerade unterhalten, die ganze Aufmerksamkeit und lassen Sie sich nicht durch Ihr Mobiltelefon ablenken.

Als Ausnahme gilt nur, wenn Sie einen Anruf oder eine dringende SMS-Nachricht erwarten. Dann sollten Sie das aber von vornherein ankündigen. In manchen Situationen hat zudem ein Anruf ganz selbstverständlich Vorrang vor einem persönlichen Austausch. Das ist beispielsweise der Fall, wenn zwei Kollegen oder Kolleginnen zusammen eine Kaffeepause machen. Hier hat die berufliche Anforderung, im Interesse des Arbeitgebers erreichbar zu sein, Vorrang vor dem privaten Austausch der Betroffenen. Auch im unverbindlichen Small Talk mit einem oder einer Fremden dürfen Sie ans Mobiltelefon gehen, wenn es klingelt. Hier versteht es sich von selbst, dass ein Anruf Priorität hat.

Im Restaurant Es kommt auf die Art des gastronomischen Betriebes an, ob Handys dort geduldet sind und allgemein akzeptiert werden oder nicht. In einem Café auf dem Bahnhofsgelände wird ein klingelndes Handy oder eine Person, die damit mobil telefoniert, vermutlich niemanden stören. Denn an solchen Treffpunkten verabreden sich häufig Menschen, um aufeinander zu warten. Ein Anruf auf dem Mobiltelefon dient beispielsweise dazu, eine Verspätung anzukündigen, und niemand wird sich wundern, wenn sich eine wartende Person die Zeit mit dem Schreiben einer SMS-Nachricht vertreibt.

Anders sieht es dagegen im Gourmetrestaurant aus. Dort genießt man das Essen und die nette Gesellschaft. Ein klingelndes Handy oder eine Person, die lauthals telefoniert, würde stören – und die anderen Gäste beeinträchtigen. Am besten richten Sie sich also bei der Frage, ob ein Handygespräch in einem Gastronomiebetrieb erlaubt ist oder nicht, nach der Umgebung:

> **TIPP Wenn Sie mobil telefonieren, dann möglichst so, dass Sie niemanden stören**
>
> Idealerweise schalten Sie die Klingeltöne im Restaurant aus und verwenden stattdessen den Vibrationsalarm. Wenn Sie dann einen Anruf bekommen, sollten Sie leise sprechen oder – noch besser – den Gastraum verlassen, um an einem Ort zu telefonieren, an dem andere nicht ungewollt mithören müssen.

In Bussen, Bahnen und anderen öffentlichen Verkehrsmitteln In öffentlichen Verkehrsmitteln empfinden die Mitreisenden ein Telefonat mit dem Mobiltelefon meist als störend, eine Tatsache, die derjenigen Person, die selbst telefoniert, oft gar nicht bewusst ist. Denn viele bemerken während des Telefonierens nicht, wenn sie unangemessen laut sprechen oder gar Dinge preisgeben, die nicht unbedingt für fremde Ohren bestimmt sind.

Daher sollten Sie in Bussen, Bahnen, Straßenbahnen oder Sammeltaxis das Telefonieren auf ein Mindestmaß beschränken – etwa auf die Durchgabe der Ankunftszeit. Das gilt zumindest, sofern Sie nicht allein in einem Abteil sind oder Ihren Sitzplatz in einiger Entfernung von anderen Menschen haben.

Hüten Sie sich besonders vor diesem Fauxpas: Es gibt Menschen, die sich mit dem Handy am Ohr und ganz ins Gespräch vertieft ausgesprochen ungezwungen verhalten – und dabei völlig vergessen, Rücksicht auf andere zu nehmen. Häufig lässt sich eine telefonierende Person einfach auf einem unbesetzten Platz nieder, ohne den Sitznachbarn oder die Sitznachbarin zu fragen, ob der betreffende Platz auch wirklich frei ist. Wenn der eigentliche Inhaber oder die eigentliche Inhaberin des Sitzplatzes aber nur rasch einen Kaffee holt oder eine Fahrkarte löst? Oder wenn der Sitznachbar oder die Sitznachbarin lieber ihre Ruhe haben möchte? Wer es nicht schafft, dies der telefonierenden Person rechtzeitig durch Zeichensprache zu signalisieren, hat Pech. Das aber führt oft zu Unstimmigkeiten.

> **TIPP** **Auch während des Telefonierens auf die Umgebung achten**
>
> Ein Handybesitzer oder eine Handybesitzerin sollte auch während des Telefonierens auf die Umgebung achten. Handlungen, die das Einverständnis anderer Menschen voraussetzen, sollte niemand vornehmen, ohne vorher um Erlaubnis zu fragen. Notfalls unterbrechen Sie Ihr Handygespräch dafür kurz.

Wenn Sie während eines Vortrags unbedingt erreichbar sein müssen Es kann vorkommen, dass Sie dringend darauf angewiesen sind, während einer Sitzung, Fortbildung oder eines Vortrags per Handy erreichbar zu sein. Dann sollten Sie es aber auf stumm schalten und vor sich auf den Tisch legen. In kleinerer Runde empfiehlt es sich außerdem, die vortragende Person kurz vorab zu informieren. Kommt der erwartete Anruf dann tatsächlich, sollten Sie zunächst den Raum verlassen und das Gespräch erst draußen entgegennehmen.

Während eines Vortrags

Klingeltöne: möglichst dezent

Eine schier unerschöpfliche Anzahl an Klingeltönen steht jedem Handynutzer und jeder Handynutzerin zur Auswahl. Wem die Töne nicht reichen, die bereits beim Kauf auf dem eigenen Mobiltelefon gespeichert sind, kann sich weitere Klingeltöne – zum Teil kostenfrei, zum Teil kostenpflichtig – aus dem Internet herunterladen oder direkt aufs Handy übermitteln lassen. Die Auswahl des passenden Klingeltons betrachten daher viele Menschen – und nicht nur Jugendliche – als Ausdruck ihrer Individualität.

Klingeltöne

Allerdings spricht vieles dafür, bei der Auswahl nicht nur auf den eigenen Geschmack zu setzen, sondern auch auf die Umgebung Rücksicht zu nehmen. Denn Sie können nie wissen, wann und wo Ihr Handy gerade klingelt, und folglich können Sie auch nicht beeinflussen, wer mithört. Im privaten sowie beruflichen Bereich sollten Sie eher auf dezente Klingeltöne setzen als auf auffällige.

Wählen Sie einen dezenten Klingelton und stellen Sie das Klingeln leise

Vermeiden Sie allzu laute, plärrende, provokante oder quietschende Klingeltöne. Auch bei der Lautstärke sollten Sie Zurückhaltung üben. Da zwangsläufig auch dezente Klingeltöne auffallend genug sein müssen, um die Aufmerksamkeit des Handybesitzers oder der Handybesitzerin zu erregen, wird fast jeder Klingelton von Menschen, die das Telefonat nicht betrifft, als unangenehm und störend empfunden.

Empfehlenswert ist zudem, einen Klingelton zu wählen, der nicht nur zu Ihrer eigenen Person passt, sondern auch zu dem Unternehmen, dem Verband, der Institution, Organisation, Berufsgruppe oder Branche, die Sie repräsentieren. Beispiel:

Klingelton und Berufsbild sollten zueinander passen

Ein Steuerberater hat für sich eine klassische Melodie als Klingelton eingestellt, die Mitarbeiterin eines Freizeitparks ein Mickey-Mouse-Quaken und der junge, flippige Werbeprofi setzt auf einen Hip-Hop.
Sicherlich: Absichtliche Abweichungen von der »Norm« sind möglich. Wer aber aus dem Rahmen fallen möchte, sollte auch wissen, welche Assoziationen er damit weckt. Die provokanten Töne eines Rappers beispielsweise würden dem Bild eines gediegenen Rechtsanwalts widersprechen.

Klingeltöne nur auswählen, wo es niemanden stört.

Sie haben auch bei vielen Handys die Möglichkeit, einzelnen Anrufern einen bestimmten Klingelton zuzuordnen. Beachten sollten Sie aber stets: Einen neuen Klingelton stellen Sie am besten nur dann ein, wenn Sie allein sind und niemanden stören. Denn die meisten Handys spielen im Klingeltonmenü den jeweiligen Klingelton vor, den Sie gerade auswählen. Es kann für andere Menschen, zum Beispiel für Mitreisende in öffentlichen Bahnen oder Bussen, eine unerträgliche Belästigung sein, wenn sie sich minutenlang jedes Quäken, jede elektronische Tonfolge und jedes Sirenengeheul anhören müssen, bevor sich der Besitzer oder die Besitzerin des Mobiltelefons endlich für einen Klingelton entschieden hat.

Was Sie beim Telefonieren mit dem Handy beachten sollten

Bestimmte Dinge sind beim mobilen Telefonieren anders als bei einem Telefonat von einem Festnetzanschluss aus. Besonders Folgendes sollten Sie beachten:

Tastaturtöne ausschalten, wenn Sie nicht allein sind

Beim Wählen oder beim Schreiben einer SMS sind Tastaturtöne mitunter praktisch. Denn sie zeigen Ihnen an, ob Ihr Mobiltelefon jeden einzelnen Tastendruck auch registriert hat. In der Öffentlichkeit aber können solche Tastaturtöne leicht zum Ärgernis werden, etwa wenn Sie eine längere SMS schreiben. Denn das Gepiepse ist nur für Sie selbst eine Orientierung, für andere Menschen in Ihrer Umgebung dagegen handelt es sich um unnötige und zudem entnervende Störgeräusche. Daher sollten Sie die Tastaturtöne ausschalten, wenn Sie nicht allein sind und Ihr Mobiltelefon trotzdem – vor allem zum Simsen – benutzen wollen oder müssen.

Tastaturtöne ausschalten

Lautstärke beim Sprechen

Fast immer, wenn Sie unterwegs telefonieren, wird der Geräuschpegel höher sein als im eigenen Büro. Verkehrsgeräusche, Stimmen in der Umgebung, Lautsprecheransagen in Bahnhöfen und auf Flughäfen – all das führt dazu, dass Menschen beim Telefonieren mit dem Handy oft deutlich lauter sprechen als bei einem Telefonat über das Festnetz. Für die Person am anderen Ende der Leitung wird das Gesagte dadurch nicht unbedingt verständlicher – im Gegenteil: Eine zu hohe Sprechlautstärke beeinträchtigt sogar die Verständlichkeit. Daher ist es empfehlenswert,

Die meisten Menschen sprechen am Handy zu laut.

- auch beim Telefonieren mit dem Handy stets einen ruhigen Platz aufzusuchen und
- sich bewusst darauf zu konzentrieren, leise zu sprechen, auch wenn Sie selbst gewisse Schwierigkeiten haben, Ihren Gesprächspartner oder Ihre Gesprächspartnerin zu verstehen.

Bei schlechtem Empfang

Ein Handygespräch ist schwierig, wenn der Mobilfunkempfang Probleme bereitet. Schlechter Empfang macht sich oft mit einem Rauschen bemerkbar, manchmal kommt es auch zu Lücken mitten in der Übertragung oder zu größeren Aussetzern, die zunächst die zuhörende Per-

Was tun bei schlechtem Empfang?

son mitbekommt, nicht aber unbedingt die Person, die gerade spricht. Teilen Sie es daher Ihrem Gesprächspartner oder Ihrer Gesprächspartnerin sofort mit, wenn Sie ihn oder sie nicht mehr gut verstehen. Dann können Sie sich auf das weitere Vorgehen verständigen, bevor die Verbindung ganz abreißt. Beispiele:

Wenn Sie nicht alles verstehen, machen Sie sich bemerkbar

»Herr Hagenfels? Tut mir leid – ich verstehe Sie nur noch bruchstückhaft. Können Sie irgendwo hingehen, wo der Empfang besser ist?«
»Frau Ollenhauer? Ich verstehe Sie kaum noch. Offenbar ist der Empfang gestört. Wahrscheinlich liegt das an mir, ich stehe gerade ungünstig. Ich rufe Sie in einer Minute noch einmal an.«

Sie können versuchen, den Empfang zu verbessern, indem Sie selbst den Standort wechseln. Viele Handys zeigen im Display, ob eine gute Verbindung zum nächsten Sendemast besteht oder nicht.

Häufig kommt es auch vor, dass die Verbindung gänzlich abreißt, bevor Sie sich mit Ihrem Gesprächspartner oder Ihrer Gesprächspartnerin auf das weitere Vorgehen geeinigt haben. Hier stellt sich die Frage: Wer ruft dann wen wieder an? Hier gilt üblicherweise:

Wenn die Verbindung abreißt

Die anrufende Person sollte das Wählen erneut übernehmen

In der Regel ist es Aufgabe derjenigen Person, die den ersten Anruf getätigt hat, bei einem Abbruch der Verbindung den Kontakt erneut herzustellen. Diese Regel hat auch ihren Sinn: Wenn beide gleichzeitig wählen, sind beide Leitungen belegt, und niemand kommt durch. Als angerufene Person sollten Sie Ihre Leitung freihalten und warten, bis Ihr Gesprächspartner oder Ihre Gesprächspartnerin sich erneut bei Ihnen meldet.

Im Auto nur mit Freisprechanlage

Mobil telefonieren im Auto

Im Auto sollten Sie nur mit Freisprechanlage telefonieren. Das schreibt die Straßenverkehrsordnung in Deutschland vor: Solange der Motor läuft, ist ein Telefonieren mit dem Handy ohne Freisprecheinrichtung nicht erlaubt. Die Unfallgefahr ist einfach zu groß, zum einen, weil Sie beim Wählen nicht auf den Verkehr achten können, zum anderen, weil Sie in der Regel eine Hand brauchen, um sich Ihr Mobiltelefon ans Ohr zu halten.

Aber auch wenn eine Freisprechanlage vorhanden ist, sollten Sie das Telefonieren im Auto auf ein Mindestmaß begrenzen. Denn es ist kaum möglich, sich zugleich auf den Verkehr und ein inhaltlich anspruchsvolles Gespräch zu konzentrieren. Wenn Sie eine wichtige Angelegenheit besprechen möchten, fahren Sie besser an den Straßenrand oder suchen sich einen geeigneten Park- oder Rastplatz.

> **TIPP** **Auch als Anrufer oder Anruferin sollten Sie Flexibilität zeigen**
>
> Umgekehrt sollten sich Sie als Anrufer oder Anruferin flexibel zeigen, sobald Sie bemerken, dass die angerufene Person im Auto sitzt: Bieten Sie von sich aus an, später noch einmal anzurufen oder sich zurückrufen zu lassen, wenn es dem gewünschten Gesprächspartner oder der gewünschten Gesprächspartnerin besser passt.

SMS versenden: reine Privatsache?

Wachsender Beliebtheit erfreuen sich SMS-Nachrichten. Die Abkürzung SMS steht für »Short Message Service« – übersetzt: Kurznachrichtendienst. Das davon abgeleitete Verb ist zwischenzeitlich im Deutschen ebenfalls recht gebräuchlich und lautet »simsen«. Die Möglichkeit, mit dem Handy eine SMS zu versenden, nutzen viele Menschen.

SMS: beliebt und praktisch

Die typische Sprache von SMS-Nachrichten   SMS-Nachrichten orientieren sich – obwohl sie getippt werden – eher am gesprochenen Wort als an der Schriftsprache. Viele sprachliche Besonderheiten lassen sich mit der gebotenen Kürze begründen, zuweilen auch damit, dass zwei Personen, die auf diesem Wege kommunizieren, sich mit der Antwort möglichst beeilen wollen. Daher sind folgende Sprachmittel häufig zu beobachten:

> **Was macht die typische SMS-Sprache aus?**
>
> **1. Abkürzungen und Kürzel**
> Beispiel: »kp« für »kein Problem«, »mE« statt »meines Erachtens«
>
> **2. Anglizismen, häufig auch abgekürzt**
> Beispiel: »imho« für »in my humble opinion«, übersetzt: »meiner bescheidenen Meinung nach«

Besonderheiten der SMS-Sprache

3. Phonetische Schreibung

Beispiel: »sonn Quatsch« statt »so ein Quatsch«, »4u« statt »for you« (»für dich«)

4. Getippte Dialektwörter und regionale Begriffe

Beispiel: »zrugg« statt »zurück«, »Gedöns« statt »Umstände«, »Drumherum«

5. Inflektive, also ungebeugte Verbstämme

Beispiel: »staun« statt »ich staune«, »grins« statt »ich grinse«

6. Tippfehler und sprachlichen Nachlässigkeiten

Beispiel: »haste« statt »hast du«, »nich« statt »nicht«, »nix« statt »nichts«

7. Fehlende Satzzeichen, vor allem fehlende Kommas

Beispiel: »Hab ihm gesagt er soll kommen« statt »Ich habe ihm gesagt, er solle kommen«

8. Durchgängige Kleinschreibung, außer am Satzanfang

Beispiel: »Bringe klara und leonie mit. Ist das in ordnung?«

9. Unvollendete Halbsätze im Telegrammstil

Beispiel: »Komme Mittwoch 18 Uhr Hbf Köln« statt »Ich komme am Mittwoch um 18 Uhr am Hauptbahnhof in Köln an«

Auch im Berufsleben kommen SMS-Botschaften bisweilen zum Einsatz, allerdings nicht so häufig wie im Privatleben. Hier sollten Sie – trotz Kürze – mehr Wert auf eine korrekte Sprache legen. Halbsätze und durchgängige Kleinschreibung stören unter Umständen nur wenige Empfänger, aber eine SMS-Nachricht, die vor Tippfehlern nur so strotzt, kann einen schlechten Eindruck hinterlassen.

Besser nicht per SMS gratulieren oder kondolieren.

Welche Botschaften sich nicht für eine SMS eignen   Für Gratulationen oder Beileidsworte ist die SMS in aller Regel nicht das geeignete Mittel. Denn diese eher informelle Art der Kontaktaufnahme wird dem Anlass meist nicht gerecht, und die Kürze einer solchen Botschaft verhindert, dass Sie als Absender oder Absenderin Ihre Glückwünsche oder Ihr Beileid angemessen zum Ausdruck bringen können.

TIPP Lieber schriftlich gratulieren oder kondolieren – wahlweise Glückwünsche telefonisch übermitteln

Ein direkter Anruf, ein Brief oder eine Karte ist hier gegenüber einer knappen SMS der bessere und persönlichere Weg.

Auch wenn Sie eine schlechte Nachricht zu überbringen haben, sollten Sie dies nicht per SMS tun. Angenommen, Sie müssen einem Internetprogrammierer eine Absage erteilen, der in der engeren Auswahl für die Neugestaltung Ihrer Firmenwebsite war und sich schon Hoffnungen auf diesen Großauftrag gemacht hat. Hier ist es besser, Sie formulieren eine schriftliche Absage oder sprechen persönlich mit der betreffenden Person. Auf diese Weise würdigen Sie zumindest die Mühe, die sich der Programmierer mit dem Angebot gegeben hat. Eine SMS würde bei solchen Botschaften dagegen kurz angebunden wirken und obendrein den Eindruck erzeugen, der Absender oder die Absenderin wolle sich vor einer Begründung und Diskussion drücken.

Für schlechte Nachrichten sind SMS ungeeignet.

Dringende Nachrichten besser nicht per SMS versenden Beachten Sie außerdem: Auch dringende Nachrichten sollten Sie nicht per SMS versenden. Denn eine SMS erreicht den Empfänger oder die Empfängerin immer nur, wenn diese Person ihr Handy auch eingeschaltet hat. Ist es dagegen gerade nicht in Betrieb, weil es beispielsweise zum Aufladen an der Steckdose hängt, kommt die Botschaft womöglich auch nicht rechtzeitig an. Bei Terminabsprachen oder wichtigen Nachrichten ist daher ein Anruf besser.

Dringende Nachrichten nicht per SMS schicken.

> **TIPP** **Um sofort zu antworten, kann eine SMS geschickt werden**
>
> Eine direkte Antwort auf eine soeben erhaltene SMS ist aber selbstverständlich möglich. Denn hier können Sie davon ausgehen, dass der Absender oder die Absenderin das eigene Mobiltelefon noch angeschaltet hat und sogar eine Antwort auf dem gleichen Wege erwartet.

Kontaktdaten speichern

Sie haben die Möglichkeit, auf Ihrem Mobiltelefon wichtige Kontaktdaten zu speichern, zumindest den Namen und die zugehörige Telefonnummer. Die Daten stehen Ihnen dann im »Telefonbuch« zur Verfügung. Das Abspeichern wichtiger Namen und Telefonnummern empfiehlt sich durchaus, denn

Tipps zur Speicherung von Kontaktdaten

- auf diese Weise haben Sie sie stets parat, auch dann, wenn Sie unterwegs sind und keinen Zugriff auf Ihr reguläres Adressbuch haben;
- das Handy zeigt bei jedem eingehenden Anruf, der von einer Person im Telefonbuch stammt, sofort den Namen statt die Nummer an.

Bestimmte Handys können auch mit den auf dem Computer gespeicherten Adressdateien »gefüttert« werden, was besonders praktisch ist.

> **TIPP** **Speichern Sie die Daten so, dass sie im Notfall für andere brauchbar sind**
>
> Mehr und mehr Notfallhelfer empfehlen, die Daten so abzuspeichern, dass auch ein Fremder – beispielsweise nach einem Unfall des Handybesitzers oder der Handybesitzerin – damit zurechtkommt. Steht dort der vollständige Name und nicht nur der Vorname und enthält dieser beispielsweise den Zusatz »Ehemann« oder »Sohn«, dann kann ein Helfer im Notfall gleich die richtige Person informieren, und das, ohne selbst lange recherchieren zu müssen.

Speichern Sie keine Spitz- und Kosenamen ab.

Beim Abspeichern Kose- und Spitznamen vermeiden Es kann durchaus von Belang sein, unter welchem Namen Sie eine Telefonnummer abspeichern. Vermeiden Sie besser Spitznamen oder Kosenamen (»Bärchen«, »Mausi«, »Döskopp«), denn Sie wissen nie, wer Ihr Handy womöglich – und sei es leihweise – in die Hand bekommt. Auch wer seine Kontaktdaten bisweilen per »V-Card« weiterversendet, also als elektronische Visitenkarte, die per SMS auf ein anderes Mobiltelefon übermittelt wird, erlebt im Nachhinein oft unliebsame Überraschungen, wenn ihm bewusst wird, mit welchen Namen die einzelnen Telefonnummern womöglich verknüpft sind. Gerade bei der Weitergabe mehrerer Nummern ist diese Gefahr gegeben.

Daten sind nicht nur auf der Handykarte gespeichert.

Achtung: Kontakte werden nicht nur auf der Handykarte abgespeichert Der Speicherort für die Kontaktdaten im elektronischen Telefonbuch ist nicht immer nur die Mobilfunkkarte. Manche Kontaktdaten werden auch direkt auf dem Speicherchip des Handys abgelegt. Das hat Konsequenzen: Sie bleiben im Mobiltelefon erhalten, auch wenn die Handykarte ausgetauscht wird. Das sollten Sie sich klarmachen, denn Ihre Kontaktdaten könnten etwa bei einer Weitergabe des Handys ungewollt anderen zugänglich gemacht werden.

> **TIPP** **Daten löschen, bevor Sie ein ausgedientes Handy weitergeben**
>
> Die Kontaktdaten im Telefonbuch sollten Sie stets vollständig löschen, bevor Sie Ihr altes ausgedientes Handy an jemanden weiterverschenken oder -verkaufen. Nur so verhindern Sie, dass eine unbefugte Person Einblick in Ihre gespeicherten Adressen und Telefonnummern bekommt.

Verständigungsschwierigkeiten am Telefon

Es gibt Menschen, denen das Telefonieren schwerer fällt als anderen oder aber mit denen man sich am Telefon zuweilen nur unter Schwierigkeiten verständigen kann. Dazu gehören vor allem

Personen, (mit) denen das Telefonieren schwerfällt

- Stotternde,
- Schwerhörige,
- Schnellsprecher und Schnellsprecherinnen sowie
- Dialektsprecher und Dialektsprecherinnen.

Die Tipps im Folgenden sollen das Telefonieren erleichtern.

Stottern

Stottern ist eine Störung des Redeflusses. Laut der Bundesvereinigung Stotterer-Selbsthilfe e. V. sind allein in Deutschland rund 800 000 Menschen – und damit etwa ein Prozent der Bevölkerung – davon betroffen. Stottern zeigt sich vor allem in Form von:

Stottern ist eine Störung des Redeflusses.

- Blockaden (»Ich komme aus ------ Bonn«),
- Wiederholungen einzelner Buchstaben oder Wortteile (Beispiel: »La-La-Lassen Sie mich das k-k-kurz erklären«) oder
- Dehnungen (»Mmmmmoment«).

Stottern ist weder ein Ausdruck mangelnder Intelligenz noch ein Hinweis auf etwaige psychische Probleme. Es ist auch unabhängig von der sozialen Schicht, in der die stotternde Person aufwächst. Stattdessen haben Wissenschaftler inzwischen klare Hinweise dafür gefunden, dass die Veranlagung zum Stottern zum Teil auch erblich bedingt sein kann.

Das Sprechen ist für stotternde Menschen oft mit großen Anstrengungen verbunden. Stotternde haben nicht etwa Wortfindungsstörungen – im Gegenteil: Sie wissen genau, was sie sagen wollen. Aber sie bekommen das betreffende Wort einfach nicht über die Lippen, ohne ins Stocken zu geraten. Zuweilen verlieren sie bei dem Versuch, ein Wort herauszubringen, die Kontrolle über den gesamten Sprechapparat. Dabei kommt es – sekundär – oft zu Verkrampfungen ganzer Körperpartien oder zu bestimmten Körperhaltungen und Bewegungen, die einer stotternden Person als Hilfsmittel dienen, um den gewünschten Ausdruck endlich aussprechen zu können.

Wie wirkt sich Stottern am Telefon aus?

Viele Stotternde haben Angst vor dem Telefonieren. Das Telefonieren ist für viele Stotternde mit großer Angst verbunden. Sie fürchten sich vor einem vermehrten Auftreten von Blockaden, Dehnungen und Stockungen. Dazu kommt: Das Symptom des Stotterns verstärkt sich noch durch kommunikativen Druck. Spüren Stotternde die Erwartungshaltung der Person am anderen Ende der Leitung, verschlimmert sich das Stottern unter Umständen noch zusätzlich.

Dagegen spielt die Sekundärsymptomatik beim Telefonieren keine Rolle – denn der Gesprächspartner sieht ja nicht, wenn sich die stotternde Person verkrampft oder ungewohnte Bewegungsabläufe zeigt.

Aber auch für die Person, die mit einem stotternden Menschen spricht, ist die Situation nicht ganz einfach. Häufig spielen Verlegenheit, Unsicherheit, der Wunsch, helfen zu wollen, aber auch eine gewisse Ungeduld eine Rolle.

Tipps für Stotternde

Viele Stotternde haben sich eine flüssigere Redeweise antrainiert oder haben gelernt, unbefangen und selbstverständlich mit der Unterbrechung des Redeflusses umzugehen. Unbefangenheit ist auch das Stichwort, um am Telefon besser damit klarzukommen. Hilfreich sind für Stotternde vor allem folgende Verhaltensweisen:

Das Stottern offen ansprechen **Das eigene Stottern offen ansprechen** Sie können sich die schwierige Situation des Telefonierens enorm erleichtern, indem Sie Ihr eigenes Stottern offen ansprechen. Dafür genügt ein kurzer Hinweis, dass Sie stottern, und die Bitte, dafür Verständnis und Geduld aufzubringen. Beispiele:

Hinweis auf das eigene Stottern

- »Sie haben es sicher schon bemerkt: Ich bin ein Stotterer. Ich bitte Sie daher einfach um Verständnis, wenn ein Wort einmal nicht sofort über meine Lippen kommt.«
- »Ich muss Sie allerdings auf eines aufmerksam machen. Ich stottere – zuweilen sogar sehr stark. Bitte haben Sie daher Geduld, wenn ich Schwierigkeiten habe, etwas auszusprechen.«

Kein Gesprächspartner und keine Gesprächspartnerin wird sich dieser Bitte entziehen. Auch für Sie selbst kann ein solchermaßen offener Umgang mit dem Stottern eine Entlastung sein. Sie können unter Umständen entspannter mit einem Stotter-Ereignis umgehen, wenn Sie wissen, dass die Person am anderen Ende der Leitung dafür Verständnis aufbringt. Der kommunikative Druck kann so leichter werden, und das wird Ihnen oft auch helfen, flüssiger zu sprechen.

Sprechtechniken konsequent anwenden Wenn Sie bereits eine Stottertherapie gemacht haben, werden Sie sich bestimmte Sprechtechniken angeeignet haben, mit denen Sie Ihren Redefluss verbessern. Viele dieser Techniken beruhen auf der Erkenntnis, dass ein Stotterer etwa beim Singen nicht stottert. Solche Sprechtechniken sind beispielsweise das bewusst weiche, unverkrampfte Aussprechen von Konsonanten oder ein Dehnen der Vokale in Wörtern, bei denen Sie ein Stottern erwarten oder bei denen es tatsächlich auftritt. Auch bestimmte Atemtechniken verhelfen zu einer flüssigeren Sprechweise. Am Telefon sollten Sie sich verstärkt darauf konzentrieren, diese Techniken konsequent anzuwenden.

Sprechtechniken anwenden

Tipps für Menschen, die mit Stotternden telefonieren

Für Nicht-Stotternde ist vor allem entscheidend zu wissen, dass einem stotternden Menschen nicht etwa das passende Wort fehlt, sondern dass er es wegen einer Sprachstörung lediglich nicht flüssig aussprechen kann. Sie helfen einer stotternden Person entscheidend, wenn Sie keinen Druck aufbauen, also keine Erwartungshaltung an den Tag legen, und wenn Sie nichts tun, um Ihren Gesprächspartner oder Ihre Gesprächspartnerin anzutreiben. Folgende Verhaltensweisen sind daher empfehlenswert:

Legen Sie der stotternden Person niemals Worte in den Mund Dies empfinden Stotternde für gewöhnlich als Herabwürdigung oder Entmündigung. Eine stotternde Person weiß, was sie sagen will. Sie tut sich nur womöglich schwer damit, es flüssig auszusprechen. Durch das Vervollständigen eines (noch) unausgesprochenen Wortes oder Satzes signalisiert der Gesprächspartner oder die Gesprächspartnerin Ungeduld, was einen Erwartungsdruck aufbaut, der das Stottern verstärkt, anstatt es zu vermindern.

Stotternde stets ausreden lassen

Nicht gut zureden, sondern geduldig zuhören   So nett es gemeint sein mag: Aussagen wie »Nur langsam, das wird schon!«, »Atmen Sie mal tief durch, dann geht es besser!« oder »Nur ruhig!« helfen einer stotternden Person nicht, das Wort, das sie momentan nicht über die Lippen bringt, auszusprechen. Warten Sie einfach ab und sagen Sie gar nichts. Signalisieren Sie der stotternden Person durch geduldiges, gelassenes Zuhören, dass Sie keine Eile haben. Lassen Sie sie in Ruhe ausreden und fallen sie ihr nicht bei jeder Blockade eilig ins Wort.

Vertagen Sie ein Telefonat, wenn Sie in Eile sind   Zeitdruck – einmal eben schnell anrufen, um noch rasch eine Information abzufragen – kann eine stotternde Person in große Bedrängnis bringen. Denn wenn sie sich gezwungen fühlt, möglichst schnell und unvermittelt zu antworten, tritt das Stottern unter Umständen gerade dann verstärkt auf. Das bedeutet: Führen Sie ein Telefonat mit einer stotternden Person möglichst dann, wenn Sie nicht in Eile sind. Das kann beiden Seiten unnötigen Stress ersparen.

Schwerhörige

Schätzungen zufolge sind etwa 10 bis 15 Prozent der Bevölkerung schwerhörig, bei älteren Menschen wird der Anteil mit etwa 30 Prozent angegeben. Neben Altersschwerhörigkeit sind auch angeborene und erworbene Hörschäden verbreitet. So kann eine Einschränkung des Hörvermögens durch Infektionen, Lärm, Hörstürze oder Erkrankungen auftreten. Die Medizin unterscheidet grundsätzlich zwei Arten von Schwerhörigkeit – aber es gibt auch Mischformen:

Von einer Schallleitungsschwerhörigkeit spricht man, wenn die Ursache im Außen- oder Mittelohr liegt. So kann beispielsweise eine Mittelohrentzündung, ein verstopfter Gehörgang oder ein verletztes Trommelfell zu einer Hörschädigung führen. Die betroffene Person hört dann zwar gedämpft, aber sie wird die Zusammensetzung der Töne und Tonfolgen (alle Frequenzbereiche) noch weitestgehend unverändert wahrnehmen. Das heißt: Sofern es nicht sogar eine medizinische Chance auf Heilung gibt, kann dem oder der Betroffenen durch Erhöhung der Lautstärke geholfen werden. Diese Menschen kommen mit technischen Hörhilfen (z. B. Hörgeräten) in der Regel sehr gut zurecht und brauchen zum Telefonieren nur ein Telefon, das sich laut genug einstellen lässt.

Anders sieht es aus, wenn die Ursache der Hörbehinderung im Innenohr, Hörnerv oder Gehirn liegt. Dann spricht man von einer Schallempfindungsschwerhörigkeit. Hier hört die betroffene Person nicht alle Töne gleichermaßen gedämpft, sondern es kommt auf die Frequenz (Höhe) der einzelnen Töne an. Manche Töne hört sie womöglich sogar schmerzhaft laut, andere dagegen nur leise oder überhaupt nicht. Am häufigsten werden Töne und Geräusche höherer Frequenzen ausgeblendet oder abgeschwächt. In der gesprochenen Sprache sind dies vorwiegend die Laute, die mit den Buchstaben F, S, SCH, T, X, Z und ein helles CH (wie in dem Wort »ich«) wiedergegeben werden. Was versteht eine stark hörgeschädigte Person dann von einem ganz normalen gesprochenen Satz? – Ein Beispiel:

Schallempfindungsschwerhörigkeit

Was bei einer Hochtonschwerhörigkeit ausgeblendet bleibt

Angenommen, Sie sagen zu einem Menschen, der an Hochtonschwerhörigkeit leidet, folgenden Satz:
»Ich habe vorhin schon versucht, Sie anzurufen!«

Hören wird er dann womöglich nur das:
»I- abe -or-in -on -er-u-, -ie an-uru-en.«

Dies ist zugegebenermaßen nur eine grobe Vereinfachung des Höreindrucks. In Wirklichkeit kommt womöglich auch noch eine Verzerrung einzelner Laute hinzu, die so weit gehen kann, dass aus einem gesprochenen I ein gehörtes O wird. Doch macht das oben gezeigte Beispiel bereits deutlich, warum einem solchen Menschen mit einer bloßen Erhöhung der Lautstärke nicht geholfen ist. Er hört womöglich einiges laut genug. Aber die entscheidenden Konsonanten, die zum Sprachverständnis beitragen, bleiben für ihn unhörbar und werden oft auch durch technische Hilfsmittel nicht hörbar gemacht. Die technischen Möglichkeiten, eine solche Hörbehinderung auszugleichen, sind begrenzt. Bei hochgradiger Schwerhörigkeit muss eine betroffene Person zusätzlich

- vom Mund des Sprechers oder der Sprecherin ablesen, um daran die Lautbildung der nicht gehörten Töne zu erkennen (wobei keine zweifelsfreie komplette Identifizierung möglich ist),
- die Körpersprache und Mimik deuten,
- sich auf die eigene Erfahrung, Denk- und Kombinationsfähigkeit stützen und
- immer wieder nachfragen.

Beim Telefonieren sind Hörgeschädigte mit einer Schallempfindungs-schwerhörigkeit auf Hörhilfen und Telefone angewiesen, bei denen sich die einzelnen Frequenzbereiche unterschiedlich laut einstellen lassen.

Wie wirkt sich Schwerhörigkeit am Telefon aus?

Hörbehinderte sind am Telefon zwangsläufig noch stärker benachtei-ligt als bei der Kommunikation von Angesicht zu Angesicht. Denn alles, was das Verständnis erleichtert – Mimik, Gestik, Lippenablesen oder sprachbegleitende Gebärden –, fällt schlicht weg. Schwerhörige müssen sich allein auf das Gehörte verlassen. Da bleibt vieles, was sie falsch oder womöglich gar nicht verstehen. Außerdem ist ein Telefonat für Schwer-hörige anstrengend und ermüdend – schließlich müssen sie sich enorm konzentrieren, um zu verstehen.

Am Telefon pfeift das Hörgerät oft.

Dazu kommt bei Hörgeräteträgern oder -trägerinnen: Häufig treten unerwünschte Rückkopplungen zwischen dem Lautsprecher und dem Mikrofon von Hörgerät(en) und Telefon auf. Die Folge sind Pfeiftöne, Störgeräusche und ein unerwünschter Nachhall, der das Telefonieren zusätzlich erschwert.

Für die Person am anderen Ende der Leitung wiederum mag es irritie-rend sein: Sie kann noch so laut sprechen, aber der schwerhörige Ge-sprächspartner beziehungsweise die schwerhörige Gesprächspartnerin versteht sie womöglich doch nicht richtig. Hier müssen beide lernen, sich auf die Situation und aufeinander einzustellen.

Tipps für Schwerhörige

Sie sollten alle Möglichkeiten nutzen, um Missverständnisse zu vermei-den, damit die telefonische Kommunikation für Sie und die Person am anderen Ende der Leitung so problemlos wie möglich ablaufen kann. Folgende Tipps helfen dabei:

Technische Möglichkeiten nutzen Nutzen Sie technische Hilfen, wenn diese das Telefonieren erleichtern. Es gibt sie für Menschen mit und ohne Hörgeräte oder Hörhilfen. Lassen Sie sich bei einem speziali-sierten Hörgeräteakustiker beraten und probieren Sie in Ruhe aus, wo-mit Sie am besten zurechtkommen und was gegebenenfalls mit Ihrem Hörgerät kompatibel ist. Allerdings sind einige Systeme nicht gerade billig. Prüfen Sie, ob die Anschaffung von Ihrer Krankenversicherung, Ihrem Arbeitgeber oder über Fördermittel bezuschusst werden kann. Ein Überblick über die wichtigsten technischen Möglichkeiten:

Technische Möglichkeiten, die Schwerhörigen das Telefonieren erleichtern

- **Blitzlampe, Telefonsignalverstärker:** Das Klingeln des Telefons wird durch einen Lichtblitz angezeigt oder akustisch verstärkt.
- **Hörverstärker** werden über die Hörmuschel eines Telefonhörers gezogen. Es gibt sie für Schwerhörige mit und ohne Hörgeräte oder Hörhilfen.
- Ein **Knochenleitungshörer** leitet den Schall direkt durch den Knochen ins Innenohr. Geeignet sind Telefone mit Knochenleitungshörern für Schwerhörige mit und ohne Hörgeräte oder Hörhilfen, aber auch für Menschen, die stets in lauter Umgebung telefonieren müssen.
- Eine **Induktionsspule** (Streufeldspule) ist ins Telefon eingebaut, allerdings nur in spezielle Telefone, die für Schwerhörige geeignet sind. Die Hörverstärkung basiert auf den Änderungen des Magnetfeldes, die jedes elektromagnetische Signal auslöst. Das funktioniert aber nur in Verbindung mit einer Telefonspule im Hörgerät oder in der Hörhilfe (siehe nächster Punkt). Öffentliche Fernsprecher haben nicht immer eine Induktionsspule.
- Eine **Telefonspule** (induktive Empfangsspule, T-Spule) ist Bestandteil der meisten Hörgeräte und Hörhilfen. An sie wird jede Änderung des Magnetfeldes aus der Induktionsspule übertragen und dann in elektrischen Strom und schließlich in Schall umgewandelt. Vor allem HdO- (Hinter-dem-Ohr-) und IdO-(In-dem-Ohr-)Geräte sind standardmäßig damit ausgerüstet, ebenso Cochlea-Implantate (CI) der neuesten Generation. Stellen Sie den Schalter Ihres Hörgeräts oder CI-Prozessors beim Telefonieren auf »T« (Telefonspule) oder »MT« (Mikrofon und Telefonspule). Das Hören und Verstehen wird so wesentlich verbessert, unerwünschte Rückkopplungen, Nachhall und Störgeräusche werden vermindert.
- **Induktionsschleife** (induktive Schleifeneinheit, Teleschlinge, Magnetschlaufe): Dieses Gerät hängt man sich an einer Schnur um den Hals. Ein Kabel wird an das Handy angeschlossen, ggf. auch eines an Ihr(e) Hörgerät(e) angelegt. Dann können Sie mobil telefonieren. Sie sprechen ins Mikrofon der Schleife. Was Ihr Gesprächspartner oder Ihre Gesprächspartnerin sagt, wird direkt an Ihr(e) Hörgerät(e) übertragen. Die Lautstärke können Sie während des Gesprächs an der Teleschlinge einstellen. Allerdings ist eine Telefonspule in Hörgerät oder -hilfe die Voraussetzung für den Betrieb (Einstellung »T« oder »MT«).
- **Bluetooth-Geräte** verbinden Ihr Mobiltelefon direkt mit dem Hörgerät. Allerdings muss das Mobiltelefon mit Bluetooth-Technologie ausgestattet, das Hörgerät damit kompatibel sein. Die Sprachsignale werden per Funk übertragen. Es gibt auch Bluetooth-Geräte, die genauso funktionieren wie eine Induktionsschleife – nur drahtlos.

- **Freisprecheinrichtungen für Hörgeräteträger** beruhen entweder auf der Induktions- oder auf der Bluetooth-Technologie. Auch damit lässt sich mobil telefonieren.
- **Internettelefonie:** Per Internet zu telefonieren kann für Schwerhörige eine enorme Erleichterung bringen, denn zusätzlich zu den Sprachsignalen können beispielsweise auch Bildübertragungen oder geschriebene Texte treten. Voraussetzung ist aber die entsprechende Software auf Ihrem Rechner (z. B. Skype, TeleSIP, MSM Messenger oder Bluewin Phone).

Hörbehinderung offen ansprechen

Die Schwerhörigkeit ansprechen Ihre Hörbehinderung sollten Sie nicht verheimlichen, sondern offen damit umgehen. Machen Sie Ihren Gesprächspartner oder Ihre Gesprächspartnerin darauf aufmerksam, dass Sie schlecht hören. Allerdings reagieren die meisten Normalhörenden auf den Satz »Ich bin schwerhörig« nur mit einer Erhöhung der Lautstärke. Sagen Sie daher lieber ausdrücklich dazu, was Ihnen am meisten hilft. Beispiele:

Auf die Schwerhörigkeit aufmerksam machen
- »Ich bin schwerhörig. Könnten Sie bitte etwas langsamer sprechen?«
- »Ich höre schlecht. Können Sie den letzten Satz noch einmal wiederholen?«
- »Ich bin hörbehindert. Könnten Sie bitte so deutlich wie möglich sprechen?«
- »Ich bin hörgeschädigt. Wenn Sie langsam und deutlich sprechen, hilft mir das schon weiter. Sie brauchen nicht unbedingt lauter zu werden.«

Wenn die Person am anderen Ende der Leitung in den Hörer brüllt, sagen Sie es ihr, wenn Ihnen das nicht unbedingt weiterhilft. Das können Sie beispielsweise so formulieren:

Wie Sie ein »Bitte nicht schreien« höflich verpacken
»Entschuldigen Sie, es hilft mir nicht weiter, wenn Sie lauter reden. Die Lautstärke habe ich an meinem Telefon schon richtig eingestellt. Ich verstehe Sie am besten, wenn Sie langsam, deutlich und nicht abgehackt sprechen.«

Sprechen Sie in der gleichen Weise, wie Sie es hören wollen Ungewollt imitiert fast jeder Mensch am Telefon ein wenig die Sprechweise der Person am anderen Ende der Leitung. Machen Sie sich dies zunutze und sprechen Sie genau so, wie Sie es hören möchten: langsam, deutlich, mit besonders betonten Konsonanten, in kurzen, klaren Sätzen.

Fragen Sie nach, wenn Sie etwas nicht verstanden haben   Falsche Scham ist nicht angebracht. Geben Sie auf keinen Fall vor, etwas verstanden zu haben, wenn dies nicht so ist, sondern fragen Sie lieber nach. Das muss nicht immer durch »Wie bitte?« oder »Was?« geschehen. Beispiele:

Nachfragen

Nachfragen, wenn Sie etwas nicht verstanden haben

- »Das habe ich jetzt nicht verstanden. Würden Sie es bitte noch einmal wiederholen?«
- »Stopp, das ging mir jetzt zu schnell. Was haben Sie zuletzt gesagt?«
- »Moment, ich komme nicht mehr mit. Könnten Sie das noch mal sagen?«

Die Angewohnheit vieler Schwerhöriger, einen Satz einfach zu wiederholen, um sich unauffällig zu vergewissern, ob sie ihn richtig verstanden haben, irritiert den Gesprächspartner oder die Gesprächspartnerin erfahrungsgemäß eher, als dass sie zum Verständnis beiträgt. Wenn Sie etwas wiederholen, machen Sie klar, dass dies eine Nachfrage ist. Beispiele:

Klarmachen, dass eine Wiederholung der Vergewisserung dient

- »Habe ich das gerade richtig verstanden? Sie sagten: …«
- »Sie meinen …? Oder habe ich das falsch wiedergegeben?«
- »Ich frage nur nach, um sicherzugehen, dass ich Sie richtig verstanden habe.«

Keine Angst vor mehrfachem Nachfragen   Wenn Sie nichts verstehen, obwohl Ihr Gesprächspartner oder Ihre Gesprächspartnerin einen Satz schon ein- oder gar mehrfach wiederholt hat, fragen Sie trotzdem noch einmal nach. Beispiel:

Mehrfaches Nachfragen ist erlaubt.

Wiederholt nachfragen

»Entschuldigen Sie. Ich habe es immer noch nicht verstanden. Könnten Sie das noch einmal wiederholen?«

»So leid es mir tut. Ich habe es wieder nicht verstanden. Bitte noch einmal!«

Tipps für Menschen, die mit Schwerhörigen telefonieren

Laut ist nicht gleich deutlich – das ist die entscheidende Information für Menschen, die mit Schwerhörigen telefonieren. Wenn die Person am anderen Ende der Leitung sofort offenbart, dass sie schwerhörig ist, fällt es Ihnen sicher leicht, sich darauf einzustellen. Sie sollten aber auch lernen, auf die Zeichen zu achten: Wenn die Person am anderen Ende der Leitung Ihre Aussagen auffallend oft falsch versteht, Antworten gibt, die nicht zur gestellten Frage passen oder unkonzentriert und verwirrt wirkt, kann das ein Hinweis auf Schwerhörigkeit sein. Folgende Tipps erleichtern die Verständigung:

Sprechen Sie nicht unbedingt lauter, aber deutlicher und langsamer Lautstärke ist nicht alles, sie lässt sich außerdem am Telefon meist einstellen. Entscheidend für die Verständlichkeit ist, dass Sie deutlich sprechen. Besonders die Konsonanten sollten Sie bewusst formen, auch wenn sich das für Ihre eigenen Ohren manchmal fast übertrieben anhören mag. Auch langsames Sprechen hilft der Person am anderen Ende der Leitung, Sie besser zu verstehen. Zudem werden Sie besser verstanden, wenn Sie Lautstärkeschwankungen vermeiden.

Nicht lauter, sondern langsamer sprechen

Abgehackte Sprechweise vermeiden Achtung: Langsam zu sprechen heißt, nicht abgehackt zu sprechen. Machen Sie keine Pause nach jedem Wort, sondern verbinden Sie die Wörter. Sprechen Sie auch stets in ganzen – und nicht in bruchstückhaften – Sätzen. Sonst fehlt der Zusammenhang, und der oder die Schwerhörige muss sich angestrengt bemühen, jedes einzelne Wort zu verstehen. Darum gilt: Machen Sie Pausen nur an den Stellen, an denen Sie sie auch bei normaler Sprechgeschwindigkeit machen würden.

Wer abgehackt spricht, wird nicht verstanden.

Dialekt, Fremdwörter und ungewöhnliche Ausdrücke vermeiden Es ist der offenkundige Unterschied zur geschriebenen Sprache, der Dialekte für Hörbehinderte sehr schwer verständlich macht. Gerade weil in den meisten Dialekten ganze Silben und Endungen verschluckt, manche Konsonanten nur nachlässig ausgesprochen werden und weil sich der Klang vieler Vokale verändert, hat eine hörbehinderte Person oft Schwierigkeiten, einem Dialektsprecher oder einer Dialektsprecherin zu folgen. Im Zweifelsfall sollte man sich vergewissern, ob Hochdeutsch besser verstanden wird.

Schwer verständlich: Dialekt und Fremdwörter

Auch Fremdwörter und ungewöhnliche Ausdrücke sollten Sie möglichst vermeiden. Eine hörgeschädigte Person ist darauf angewiesen, das, was sie nicht hinreichend verstanden hat, anhand von Klang und Zusammenhang zu erraten beziehungsweise zu kombinieren. Wenig geläufige Begriffe sind aber kaum herauszubekommen.

Richtig auf Nachfragen reagieren Fragt die hörgeschädigte Person, mit der Sie telefonieren, »Wie bitte?«, sollten Sie nicht nur einen Ausdruck, sondern ruhig den ganzen Satz oder Halbsatz wiederholen, den Sie eben gesagt haben. Aus dem Zusammenhang gerissene einzelne Wörter sind für viele Schwerhörige extrem schlecht zu verstehen. Bei ganzen Sätzen oder Satzteilen dagegen kann sich der oder die Betreffende zusätzlich zum Gehörten noch auf die eigene Erfahrung und Kombinationsgabe verlassen.

Auf wiederholtes Nachfragen das Gleiche mit anderen Worten sagen Lassen Sie sich von mehrfachen Nachfragen nicht irritieren. Das kommt manchmal vor, auch wenn Sie noch so deutlich reden. Versteht die Person am anderen Ende der Leitung einen Satz auch nach dessen Wiederholung nicht, sollten Sie das Gleiche allerdings mit anderen Worten sagen. Das wirkt oft Wunder. Beispiele:

Wiederholen Sie das Gesagte mit anderen Worten.

Auf Nachfrage das Gleiche mit anderen Worten sagen

- »Ich fürchte, das wird uns zu teuer.« – »Was haben Sie gesagt?« – »Das wird uns zu teuer, fürchte ich.« – »Noch einmal, entschuldigen Sie. Ich habe wieder nichts verstanden.« – »Ich meine, dass der Preis zu hoch ist und wir uns diese Software daher nicht leisten können.« – »Oh, ich verstehe, es ist Ihnen zu teuer.« – »Ja, genau!«
- »Ich soll Sie herzlich von Herrn Homann grüßen!« – »Wie bitte?« – »Ich soll Sie herzlich von Herrn Homann grüßen.« – »Tut mir leid, ich habe es immer noch nicht verstanden.« – »Herr Homann bat mich, Ihnen seine Grüße auszurichten.« – »Ach so, Herr Homann. Vielen Dank! Grüßen Sie ihn von mir zurück!«

Abrupte Themenwechsel vermeiden Da Schwerhörige häufig darauf angewiesen sind, aus dem Zusammenhang auf unverstandene Wörter und Satzteile zu schließen, tun sie sich mitunter schwer damit, wenn die Person am anderen Ende der Leitung überraschend das Thema wechselt. Vermeiden Sie daher allzu abrupte, kurze Übergänge, die beispielsweise so eingeleitet werden:

- »apropos«
- »Stichwort«
- »Wo Sie gerade … sagen«
- »übrigens«

Für eine bessere Verständigung sorgen Sie, indem Sie zur Überleitung einen ganzen Satz formulieren (»Da Sie gerade das Stichwort ›Planungsrunde‹ erwähnen, fällt mir ein, dass ich Sie dazu noch etwas fragen wollte.«).

Auch Einschübe, die nur am Rande mit dem Gesagten zu tun haben (»nebenbei bemerkt«), erschweren womöglich die Verständigung. Versuchen Sie das, was inhaltlich zusammengehört, auch zusammenhängend und ohne Abschweifungen darzustellen.

Schnellsprecher und Schnellsprecherinnen

Schnell zu sprechen ist keine Behinderung – und doch behindert diese Angewohnheit vieler Menschen zuweilen die Kommunikation. Welche Person kann schon folgen, wenn sie mit Sprachsalven beschossen wird, die klingen, als kämen sie aus einem Maschinengewehr? Häufig zeigt sich: Die Angewohnheit, schnell zu sprechen, lässt sich nicht ohne Weiteres ablegen. Deshalb im Folgenden einige Tipps, die am Telefon helfen.

Tipps für Schnellsprecher und Schnellsprecherinnen

Wer schnell spricht, sollte Pausen einlegen.

»Langsam, langsam!«, diese Aufforderung haben Sie mit Sicherheit schon oft gehört, und doch lässt sich langsames Sprechen nicht unbedingt erzwingen, zumindest nicht bei Menschen, die gewohnheitsmäßig sehr schnell sprechen. Hier gibt es aber einen Ausweg: Sie müssen nicht zwangsläufig langsam sprechen. Sie müssen nur genügend Pausen machen, damit die Person am anderen Ende der Leitung Ihnen auch folgen kann. Sprechen Sie also – wenn es nicht anders geht – ruhig in Ihrem gewohnten Tempo weiter. Machen Sie aber nach jedem Satz eine etwas längere Pause. Das verbessert nicht nur die Verständlichkeit, sondern es vermittelt auch Sicherheit. Eine Person, die sich genug Zeit für Pausen nimmt, wirkt selbstsicherer als jemand, der ohne Unterbrechung durchredet.

Tipps für Personen, die mit einem Schnellsprecher oder einer Schnellsprecherin telefonieren

Wenn Sie von der Person am anderen Ende der Leitung so schnell beschallt werden, dass Sie kaum mitkommen, sollten Sie sie zu Pausen zwingen. Streuen Sie gezielt Kommentare und Rückfragen ein. Scheuen Sie sich nicht davor, den Redefluss zu unterbrechen. Kurze Aussagen und Nachfragen wie »Stopp!«, »Moment mal!«, »Augenblick!« und »Habe ich das richtig verstanden?« sind hier hilfreich. Haken Sie dann nach, wenn Ihr Gesprächspartner oder Ihre Gesprächspartnerin zu schnell zum nächsten Gedanken vorauseilt. Mit den Techniken des aktiven Zuhörens können Sie sehr viel Tempo aus einem Telefongespräch herausnehmen. Beispiel:

Schnell-sprecher(innen) unterbrechen und nachhaken

> **Aktiv zuhören und nachhaken: Das verringert das Tempo**
>
> »Frau Müller ist ja der Meinung, das ganze Konzept müsste noch einmal überarbeitet werden, zum einen gefällt ihr die grafische Umsetzung nicht, zum anderen findet sie …« – »Halt, stopp, hier muss ich noch mal nachhaken. Was genau hält sie an der grafischen Umsetzung für überarbeitungswürdig?«

Dialektsprecher und Dialektsprecherinnen

Dialekt zu sprechen ist kein Fauxpas. Im Gegenteil: Viele Menschen identifizieren sich mit ihrer Region, ihrem Dorf oder ihrer Stadt und sprechen gerne die Sprache, die ihre Zugehörigkeit zu den Menschen ihrer Heimat ausdrückt. Dagegen ist auch nichts zu sagen. Allerdings werden Dialektsprecher und Dialektsprecherinnen nicht immer gut verstanden, was sich – gerade am Telefon – oft als Problem erweist.

Dialekt: am Telefon erlaubt

Ein zweiter Aspekt spielt neben der Verständlichkeit eine Rolle: die soziale Einordnung. Je stärker der Dialekt, desto eher ist die Gefahr gegeben, dass der Gesprächspartner oder die Gesprächspartnerin die jeweilige Person als ungebildet (»hinterwäldlerisch«) einstuft – ob dies nun zutrifft oder nicht.

Vor allem, wenn Ihre Firma, Behörde, Kanzlei, Praxis, Organisation oder Institution nicht nur regional agiert, spricht vieles dafür, sich im Gebrauch der Mundart zu mäßigen. Gerade am Telefon haben Sie es oft mit Menschen zu tun, die aus einer anderen Region kommen als Sie selbst und die ebenfalls nicht die Standardsprache sprechen, sondern einen Dialekt.

Tipps für Dialektsprecher und Dialektsprecherinnen

Menschen, die normalerweise Dialekt sprechen, fühlen sich nicht unbedingt wohl, wenn sie sich plötzlich in der Hochsprache ausdrücken sollen. Sie haben dabei das Gefühl, als müssten sie sich verstellen und in eine fremde Rolle schlüpfen. Dabei ist ein vollständiger Verzicht auf eine regionale Klangfärbung meist gar nicht nötig.

Oberste Maxime: Verständlichkeit

Verständlichkeit ist die oberste Maxime Sie brauchen Ihren Dialekt nicht vollständig zu unterdrücken, sollten aber auf Verständlichkeit achten. Dafür genügt es meistens schon,

- langsam und deutlich zu sprechen. Wer langsam genug spricht, wird oft auch von Menschen verstanden, denen der entsprechende Dialekt nicht geläufig ist;
- bewusst darauf zu achten, keine Silben und Endlaute zu verschlucken. Auch dadurch werden viele Dialekte verständlicher;
- typische Dialektwörter zu vermeiden oder sie zu erklären, wenn sie nicht sofort verstanden werden.

Regiolekt statt Dialekt sprechen

Regiolekt statt Dialekt Menschen, die keinen Dialekt sprechen, betrachten die Mundart häufig auch als Ausdruck einer sozialen Zugehörigkeit. Zwar ist es falsch, ausgeprägte Mundart mit mangelnder Bildung gleichzusetzen. Dennoch machen Sie sich selbst das Leben unnötig schwer, wenn Sie Ihren Dialekt in einer besonders ausgeprägten Form sprechen. Je eher Ihr Gesprächspartner oder Ihre Gesprächspartnerin die Standardsprache gebraucht, desto eher sollten Sie sich selbst daran orientieren. Die typische regionale Klangfärbung brauchen Sie aber nicht aufzugeben. Man darf ruhig hören, woher Sie kommen. Diese Zwischenstufe zwischen Dialekt und Hochsprache nennt sich »Regiolekt«. Ein Regiolekt ist überall – auch am Telefon – salonfähig.

Tipps für Menschen, die mit einem Dialektsprecher oder einer Dialektsprecherin telefonieren

Wenn Sie eine Person am Telefon haben, die redet, wie ihr der Schnabel gewachsen ist, lachen Sie sie nicht aus und stufen Sie sie gedanklich nicht sofort als ungebildet ein – denn das kann eine grobe Fehleinschätzung sein. Bringen Sie sie stattdessen dazu, sich klar und verständlich auszudrücken. Da es manchen Dialektsprecherinnen und Dialektsprechern schwerfallen könnte, in die Standardsprache zu wechseln, sollten Sie sich aber auf das Nötigste beschränken:

- Bitten Sie einen solchen Menschen lieber, langsam zu sprechen, als auf seinen Dialekt zu verzichten.

Bitte, langsam zu sprechen.

- Fragen Sie nach, wenn Sie einen bestimmten Ausdruck nicht verstehen.
- Ahmen Sie nie einen Dialekt nach, den Sie nicht oder nur unzureichend beherrschen. Das wird die Person am anderen Ende der Leitung unter Umständen als Spott oder Herabsetzung empfinden.
- Gegebenenfalls können auch Sie Ihre regionale Zugehörigkeit zu erkennen geben und etwas in Ihrer eigenen Mundart sagen. Denn bei allen Unterschieden – wenn sich eine Berlinerin und ein Schwabe über Brötchen unterhalten und die eine sagt »Schrippen« und der andere »Weckle« dazu, haben beide eine Gemeinsamkeit gefunden, über die sich herzlich lachen lässt.

Telefon-Knigge:
Tipps und Empfehlungen von A bis Z

W äre das Telefon schon im 18. Jahrhundert bekannt gewesen, wer weiß, vielleicht hätte auch Adolph Freiherr von Knigge schon den einen oder anderen Ratschlag zur fernmündlichen Kommunikation formuliert. Doch Telefonapparate oder gar Handys waren zu Lebzeiten des Freiherrn noch gar nicht erfunden.

Knigge: »Über den Umgang mit Menschen«

Ohnehin ging es dem Altmeister des guten Benehmens nicht etwa darum, ein starres, unumstößliches Regelwerk aufzustellen, mit dem er ein für allemal hätte festlegen wollen, was sich in bestimmten Kreisen gehört und was nicht. Seine Schrift »Über den Umgang mit Menschen« zeugt vielmehr von einem anderen Ansinnen: Alle Menschen sollten sich im Umgang miteinander aus freien Stücken so verhalten, dass sie

- weder ins gesellschaftliche Abseits geraten
- noch jemanden kränken, verletzen, stören, herabsetzen, langweilen, der Lächerlichkeit preisgeben oder vor den Kopf stoßen.

Dieser Grundsatz lässt sich auch heute noch auf sämtliche Situationen übertragen, in denen Menschen miteinander zu tun haben – auch auf Telefongespräche. Betrachten Sie die folgenden Tipps daher nicht als starre Regeln, sondern vielmehr als Empfehlungen. Der Einfachheit halber sind sie nach Stichworten alphabetisch geordnet.

Anklopffunktion

Anklopffunktion: Nur in Ausnahmefällen sinnvoll

Der Inhaber oder die Inhaberin eines Telefonanschlusses kann sich per Anklopffunktion oft über hereinkommende Anrufe informieren lassen, während er oder sie ein Telefongespräch führt. Dann ertönt ein leises Tuten in der Leitung, die Verbindung wird aber nicht unterbrochen. Es zeigt sich allerdings immer wieder, dass die wenigsten Menschen souverän mit dieser Anklopffunktion umgehen. Viele beenden das laufende Gespräch ausgesprochen abrupt (»Ich muss Schluss machen, da versucht gerade jemand, mich zu erreichen. Tschüss!«). Das ist aber nicht besonders höflich. Schließlich weiß der oder die Betreffende nicht, ob der eingehende Anruf wirklich wichtiger ist als das Gespräch, das gerade geführt wird. Deshalb sollten Sie die Anklopffunktion

- ignorieren und das laufende Gespräch normal weiterführen oder
- ganz ausschalten, wenn Ihr Anschluss das zulässt.

Die Anklopffunktion ist nur dann sinnvoll, wenn Sie einen dringenden Anruf erwarten. In diesem Fall sollten Sie aber die Person am anderen Ende der Leitung gleich zu Beginn informieren, dass Sie das Gespräch womöglich schnell beenden werden. Beispiel:

> **Wie Sie den Gesprächspartner oder die Gesprächspartnerin vorwarnen**
>
> »Schön, dass Sie anrufen. Ich muss Sie aber gleich vorwarnen: Es kann sein, dass ich gleich einen wichtigen Anruf bekomme. Wenn jemand anklopft, muss ich unser Gespräch beenden. Ich hoffe, das ist für Sie in Ordnung.«

Anrufzeiten

»Darf ich abends nach 22 Uhr noch anrufen oder nicht?« – »Kann ich morgens schon um 7 Uhr bei einem Privathaushalt anrufen? Oder ist das zu früh?« – »Muss man sich heute noch an die Mittagspause halten oder nicht?« – Fragen dieser Art stellen sich telefonierenden Menschen gar nicht so selten.

Anrufzeiten bei Firmen, Behörden etc.

Bei Anrufen, die sich an eine Firma, Behörde, Kanzlei, Praxis, Institution oder Organisation richtet, ist es im Allgemeinen kein Problem, wenn sie außerhalb der Geschäfts- oder Bürozeiten erfolgen. Dann wird entweder nicht abgehoben oder der Anrufbeantworter springt an. In der Regel wird ein klingelndes Telefon aber niemanden stören.

Bestimmte Anbieter von Servicehotlines werben sogar mit ihrer 24-Stunden-Erreichbarkeit – auch spätabends und am Wochenende. Davon können Sie ohne schlechtes Gewissen Gebrauch machen. In der Regel wird Ihr Anruf von einer Telefonagentur entgegengenommen, die von ihrem Auftraggeber für einen solchen Notdienst – oder für die Sonderschichten in der Bestellannahme – extra bezahlt wird.

Anrufzeiten bei Firmen, Behörden etc.

Anrufzeiten bei Privatpersonen

Anrufzeiten bei Privatpersonen: Nehmen Sie Rücksicht.

Dagegen sollte die Anrufzeit bedacht werden, wenn sich Ihr Anruf an eine Privatperson richtet. Ein klingelndes Telefon kann einen Menschen aus dem Schlaf reißen oder den abendlichen Fernsehkrimi unterbrechen. Das wird man vielleicht bei Freunden und Verwandten gern in Kauf nehmen, nicht aber, wenn jemand aus dienstlichen bzw. geschäftlichen Gründen anruft. Diese Unterscheidung ist daher wichtig.

Dienstliche bzw. geschäftliche Anrufe Nacht-, Mittags-, Ruhe- und Erholungszeiten sollten Sie einhalten und niemanden währenddessen unter seiner Privatnummer mit einem dienstlichen bzw. geschäftlichen Anruf behelligen. Eine allgemeinverbindliche Definition solcher Zeiten gibt es allerdings nicht. Sie können sich aber an diversen kommunalen Satzungen orientieren – also an den Gesetzen der Städte und Gemeinden. Diese verbieten Ruhestörungen (z. B. Sägen, Bohren, Rasenmähen, laute Musik) meist

- während der Mittagsruhe (oft von 12 bis 14 Uhr, in vielen Orten auch von 13 bis 15 Uhr),
- während der Abendruhe (von 19 bis 22 Uhr),
- während der Nachtruhe (von 22 bis 7 Uhr) sowie
- ganztags an Sonn- und Feiertagen.

Ruhe- und Erholungszeiten aussparen

Dienstliche bzw. geschäftliche Anrufzeiten sollten Sie bei Privatpersonen aber noch stärker beschränken. Morgens vor 9 Uhr sowie am Samstagnachmittag sollte niemand aus beruflichen oder geschäftlichen Gründen gestört werden. Eine Ausnahme mag gelten, wenn Sie die betreffende Person kennen und wissen, dass diese nichts gegen Störungen hat. Eine weitere Ausnahme sind wirklich dringende Angelegenheiten.

Was ist dringend?

Was dringend ist, liegt nicht allein in Ihrem eigenen Ermessen, sondern richtet sich vor allem nach den Interessen der angerufenen Person.

- Angenommen, ein Wohnungseigentümer meldet einer örtlichen Handwerksfirma eine defekte Heizung in seiner Wohnung. Diese verspricht, ihm schnellstmöglich einen Monteur vorbeizuschicken. Hier ist ein Anruf an einem Samstagnachmittag oder Sonntag legitim, um den Monteur anzukündigen. Schließlich liegt das im Interesse des Wohnungseigentümers.

- Anders sieht es dagegen aus, wenn eine Sachbearbeiterin bei der Wochenendarbeit auf eine Frage stößt, die dringend beantwortet werden muss, damit sie weiterarbeiten kann. Ruft sie deshalb am Samstag bei einem Kollegen an, wird sie damit nicht unbedingt auf Verständnis stoßen.

Private Anrufe   Auch bei Anrufen von Privatperson zu Privatperson empfiehlt es sich, die üblichen Nacht-, Mittags-, Ruhe- und Erholungszeiten einzuhalten. Allerdings gibt es hier viele Ausnahmen, vor allem dann, wenn Sie den betreffenden Menschen näher kennen und über seine Lebensumstände Bescheid wissen. Beispiele:

Privatanrufe: die Lebensumstände berücksichtigen

Passende und unpassende Anrufzeiten, die sich aus privaten Lebensumständen ergeben

- Ein guter Freund von Ihnen ist ein bekennender Langschläfer. Er will samstags nicht »schon« um 10:30 Uhr von einem klingelnden Telefon aus den Federn gerissen werden, hat aber womöglich nichts dagegen, wenn Sie abends noch nach 23 Uhr anrufen.
- Ein junges Ehepaar hat kleine Kinder, die um 20 Uhr ins Bett gebracht werden. Wer das weiß, ruft vorher an und bittet um einen späteren Rückruf, damit das klingelnde Telefon die Kleinen nicht aus dem Schlaf reißt.
- Ein Rentner gönnt sich täglich nach dem Mittagessen (13 Uhr), einen Mittagsschlaf bis 15 Uhr. Dann sollte es selbstverständlich sein, diese Zeit auszusparen und ihn lieber vorher oder nachher anzurufen.

Wenn Sie zu bestimmten Zeiten nicht angerufen werden möchten

Als Privatperson legen Sie selbst fest, wann Sie erreichbar sein wollen und wann nicht. Scheuen Sie sich nicht, der anrufenden Person mitzuteilen, wenn bzw. wann Sie nicht gestört werden möchten. Sie können eine Begründung angeben, müssen dies aber nicht tun. Beispiele:

Sagen Sie ehrlich, wann Sie nicht gestört werden möchten.

Anrufende über unerwünschte Anrufzeiten informieren

- »Würde es Ihnen etwas ausmachen, mich künftig erst nach 14 Uhr anzurufen? Meine Mittagszeit ist mir heilig.«
- »Guten Tag, Herr Menz. Offen gestanden kommt mir Ihr Anruf so früh am Morgen etwas ungelegen. Ab 10 Uhr bin ich aber gern für Sie da.«

Auflegen (den Hörer auf die Gabel knallen)

Legen Sie den Hörer sanft auf die Gabel.

Einige Menschen haben die Angewohnheit, nach dem Gespräch mit so viel Schwung aufzulegen, dass die Person am anderen Ende der Leitung ein lautes Klicken hört und sich womöglich denkt, die Gesprächspartnerin oder der Gesprächspartner wäre verärgert. Dieses Problem tritt nur auf, wo das Auflegen nicht ausschließlich per Knopfdruck erledigt werden kann.

Um Irritationen zu vermeiden, drücken Sie am besten am Ende eines Telefonats immer zuerst den Beenden-Knopf oder die Gabel von Hand, bevor Sie den Hörer darauf platzieren. Dann wirkt das Auflegen nicht ungewollt heftig.

Außerdem ist es sinnvoll, nach Beendigung des Gesprächs noch etwa eine halbe Sekunde zu warten, bevor Sie auflegen. Dann wird weder Ihr eigener Abschiedsgruß noch der Ihres Gesprächspartners oder Ihrer Gesprächspartnerin abgeschnitten.

Auflegen ohne Abschied

Niemals grußlos auflegen

Manche Menschen verzichten auf den Abschiedsgruß und legen grußlos auf, sobald aus ihrer Sicht das Wesentliche besprochen ist. Einige Beispiele (nicht zur Nachahmung empfohlen):

So besser nicht

- »Gut, alles klar, dann weiß ich Bescheid.« – *(Aufgelegt)*
- »In Ordnung. Das machen wir dann so.« – *(Aufgelegt)*
- »Abgemacht. Sie rufen mich dann an, wenn es soweit ist.« – *(Aufgelegt)*

Höflich ist das nicht. Ein allzu abruptes Ende zeugt nicht gerade von Wertschätzung für die Person am anderen Ende der Leitung. Selbst wer es eilig hat, kann wenigstens noch ein »Auf Wiederhören« oder »Guten Tag« anfügen, um das Gespräch freundlich zu beenden.

Sogar nach Differenzen sollten Sie nicht auf einen Abschiedsgruß verzichten. Dieses Mindestmaß an Höflichkeit hilft Ihnen auch in schwierigen Situationen, Ihr Gesicht zu wahren. Zudem erleichtert es gegebenenfalls die Wiederaufnahme von Gesprächen.

Ausreden lassen

Wie im persönlichen Gespräch sollten Sie Ihr Gegenüber auch am Telefon stets ausreden lassen. Selbst wenn Sie schon ahnen, was die betreffende Person sagen will: Fallen Sie ihr nicht ins Wort, sondern warten Sie geduldig ab, bis sie mit ihren Ausführungen fertig ist. Eine Ausnahme können Sie in folgenden Situationen machen:

Fallen Sie der anderen Person nicht ins Wort.

- Die Person am anderen Ende der Leitung hält einen minutenlangen Monolog und lässt Sie nicht zu Wort kommen,
- sie schweift vom Thema ab oder
- sie beginnt, sich zu wiederholen und bereits Gesagtes noch einmal zu schildern.

Hier ist eine Unterbrechung legitim, um das gewünschte Gesprächsziel nicht aus den Augen zu verlieren und um Zeit zu sparen.

Wenn die Person, mit der Sie telefonieren, Ihnen ständig ins Wort fällt

Bleiben Sie ruhig, auch wenn Ihr Gesprächspartner oder Ihre Gesprächspartnerin Ihnen ständig ins Wort fällt. Eine empörte oder gar beleidigte Reaktion (»Jetzt lassen Sie mich doch mal ausreden«) sorgt nicht für eine positive Gesprächsatmosphäre. Sie können trotzdem deutlich machen, dass Sie nicht unterbrochen werden möchten, beispielsweise so:

Wie Sie höflich darum bitten, ausreden zu dürfen

Die höfliche Bitte, ausreden zu dürfen

- »Bitte einen Moment! Ich bin noch nicht fertig.«
- »Stopp! Ich möchte diesen Gedanken gern noch zu Ende führen.«
- »Augenblick! Diesen Satz möchte ich noch gern vollenden.«
- »Nur kurz – ich bin noch nicht fertig.«

Autofahren

Telefonieren im Auto ist erlaubt – allerdings nur mit einer Freisprecheinrichtung. Das schreibt die Straßenverkehrsordnung vor. Aber selbst mit einer solchen Anlage sollten Sie das Telefonieren während des Fahrens auf ein Minimum beschränken. Das hat mehrere Gründe:

Ablenkung vom Verkehr

Nicht ungefähr-
lich: Telefonieren
beim Autofahren

Wer zugleich wählt und ein Fahrzeug steuert, wird länger vom Verkehr abgelenkt als z. B. durch das Bedienen des Autoradios. Das ergaben Untersuchungen der Bundesanstalt für Arbeitsschutz und Arbeitsmedizin aus dem Jahr 2005. Einige der Ergebnisse im Detail:

- Für die Wahl einer elfstelligen Nummer wendet ein Fahrer oder eine Fahrerin den Blick im Durchschnitt für 9,3 Sekunden vom Verkehr ab. Bei einer Geschwindigkeit von 100 Kilometern pro Stunde werden dabei über 250 Meter »blind« zurückgelegt.
- Schon das Auswählen eines Namens aus dem Telefonmenü kostet durchschnittlich 8,1 Sekunden Aufmerksamkeit. Das entspricht bei Tempo 100 einer Strecke von etwa 225 Metern.
- Immerhin 3,2 Sekunden erfordert die Kurzwahl, was fast 90 Metern entspricht.

Selbst Freisprechanlagen, die in der Lenkvorrichtung eingebaut oder als Schalthebel direkt am Lenkrad angebracht sind, verkürzen die für die Wahl benötigte Zeitspanne kaum. Mit anderen Worten: Telefonieren im Auto stellt eine Gefahr für alle Verkehrsteilnehmer und -teilnehmerinnen dar. Schon deshalb sollten Sie am Steuer nicht telefonieren.

Konzentriertes Zuhören und Sprechen kaum möglich

Beim Fahren ist
konzentriertes
Telefonieren kaum
möglich.

Wer ein Fahrzeug lenkt, kann sich nicht gleichzeitig für längere Zeit auf ein Telefonat konzentrieren. Dafür beansprucht der Verkehr zu viel Aufmerksamkeit. Dienstliche bzw. geschäftliche Telefonate sollten Sie daher besser nicht im Auto erledigen – es sei denn, Sie sind nur Beifahrer bzw. Beifahrerin. Falls Sie ein Fahrzeug selbst steuern und etwas Dringendes besprechen müssen, fahren Sie an den Straßenrand oder suchen Sie sich auf der Autobahn einen Parkplatz oder eine Raststätte, wo Sie ungestört telefonieren können.

Schimpfen auf andere Verkehrsteilnehmer und -teilnehmerinnen

Wenn das Ver-
kehrsgeschehen
das Gemüt allzu
sehr erregt

Selbst der umgänglichste Mensch verhält sich im Straßenverkehr zuweilen aufbrausend und unbeherrscht. Vielleicht haben Sie am Telefon auch schon einmal miterlebt, wie die Person am anderen Ende der Leitung andere Verkehrsteilnehmer oder -teilnehmerinnen lautstark beschimpft (»Du Trottel, pass doch auf, wo du hinfährst!«). Sie werden zugeben: Das trägt nicht gerade zu einem günstigen Eindruck von dieser Person bei, auch wenn Sie ein solches Verhalten nicht überbewerten sollten.

Ein weiterer Aspekt kommt aber noch hinzu: Wer »live« mitbekommt, dass das Verkehrsgeschehen den Fahrer oder die Fahrerin momentan offenbar mehr fesselt als das am Telefon Besprochene, fühlt sich nicht wichtig genommen. Auch hier sollte das Gespräch lieber verschoben werden.

Schlechte Verbindung

Von dieser Eigenart des mobilen Telefonierens sind auch Beifahrer und Beifahrerinnen betroffen: Beim Fahren ist der Mobilfunkempfang oft gestört, manchmal reißt die Verbindung sogar ganz ab. Geschieht dies oft, sollten Sie ein Telefongespräch besser auf einen späteren Zeitpunkt verschieben, wenn Sie nicht im Auto sitzen.

Bei schlechter Verbindung das Telefonat vertagen

Umgekehrt gilt: Wenn Sie jemanden anrufen und merken, dass die betreffende Person im Auto sitzt, bieten Sie von sich aus an, später noch einmal anzurufen.

Bitte um Rückruf (Erreichbarkeit)

Wenn jemand nicht anwesend ist, werden Sie dieser Person meist eine Nachricht hinterlassen und sie um Rückruf bitten. Dann sollte allerdings auch gewährleistet sein, dass sie Sie auch erreichen kann und es nicht etwa vergeblich versucht. Für Verdruss sorgen

Wer um Rückruf bittet, sollte auch erreichbar sein.

- Abwesenheit oder
- ein dauerndes Besetztzeichen.

Wenn Sie wissen, dass Sie in den nächsten Stunden und Tagen zeitweise nicht unter Ihrer üblichen Telefonnummer erreichbar sind, teilen Sie dem gewünschten Gesprächspartner oder der gewünschten Gesprächspartnerin mit, wie er oder sie Sie am besten kontaktiert. Beispiel:

Bitte um Rückruf

»Hallo, Herr Blank. Hier ist Carl Engers von der Firma Schufendorfer. Ich muss wegen der Kostenplanung dringend mit Ihnen sprechen und bitte Sie daher um schnellstmöglichen Rückruf. Sie erreichen mich heute noch bis 16 Uhr, morgen und übermorgen vormittags von 10 bis 12 Uhr. Ich freue mich, wenn Sie sich melden. Auf Wiederhören!«

Wenn die Technik es erlaubt, können Sie auch die auf Ihrem Büroanschluss eingehenden Gespräche auf Ihr Mobiltelefon umleiten. Dann sollte Ihr Handy aber eingeschaltet bleiben, damit Sie den Rückruf auch entgegennehmen können, wenn er erfolgt.

Keine Dauertelefonate, während Sie auf einen Rückruf warten

Stellen Sie zudem sicher, dass Ihre Leitung nicht dauernd belegt ist, wenn Sie auf einen Rückruf warten. Längere Telefonate führen Sie besser von einer anderen Leitung aus, bis die Person, mit der Sie sprechen wollten, Sie auch zurückgerufen hat.

Diskretion

Telefonierende haben ein Recht auf Diskretion.

Wer telefoniert, hat ein Recht auf Diskretion. Als Besucher oder Besucherin verlassen Sie am besten den Raum, wenn das Telefon der Person klingelt, bei der Sie zu Gast sind. Zumindest aber sollten Sie das anbieten. Hier genügt meist die kurze Frage:

»Soll ich hinausgehen, während Sie telefonieren?«

Wenn der Anruf Ihnen gilt und Sie ungestört sein möchten

Angenommen, das Telefon klingelt, während sich gerade jemand in Ihrem Büro aufhält. Je nach Situation werden Sie

- den Anruf ignorieren, also gar nicht erst entgegennehmen,
- den Anruf annehmen, um in aller Kürze einen Gesprächstermin zu vereinbaren (Beispiel: »Hallo, Frau Riedmüller, Ihr Anruf kommt gerade ungelegen, da ich Besuch habe. Kann ich Sie in einer Stunde zurückrufen?«),
- den Anruf annehmen und den Besucher bitten, er möge den Raum verlassen (Beispiel: »Entschuldige Theo, das ist jetzt wohl der erwartete Rückruf. Wenn du draußen wartest, melde ich mich, sobald ich fertig bin. Es dauert nicht lange.«).

Wenn Sie jemanden anrufen

Auch als Anrufer oder Anruferin sollten Sie sich dessen bewusst sein, dass die angerufene Person womöglich nicht allein im Raum ist. Bevor Sie auf Dinge zu sprechen kommen, die nicht für fremde Ohren bestimmt sind, vergewissern Sie sich durch Nachfrage, dass niemand mithört. Beispiele:

Auch auf dem Anrufbeantworter sollten Sie nie Vertrauliches hinterlassen, denn Sie können nicht wissen, wer die Nachricht abhört oder wer beim Abspielen Ihrer Nachricht im Raum ist.

Diskretion bei Handygesprächen

Bei Mobilfunkgesprächen ist die angerufene Person selbst in der Pflicht, auf Diskretion zu achten. Niemand der Umstehenden muss sich bemüßigt fühlen, den Raum zu verlassen oder Distanz zu suchen, wenn ein Anwesender oder eine Anwesende auf dem Handy angerufen wird.

Wenn Sie mobil telefonieren, suchen Sie möglichst einen ruhigen, ungestörten Ort auf. Falls das nicht möglich ist, achten Sie darauf, leise zu sprechen. Niemand in Ihrer Umgebung soll gezwungen sein mitzuhören. Persönliche und vertrauliche Angelegenheiten sollten Sie grundsätzlich nur besprechen, wenn Sie allein sind.

Wer mit dem Handy telefoniert, sollte selbst auf Diskretion achten.

Durchwahl angeben

Wer seine Durchwahl angibt, ist leicht erreichbar – auch für Anrufer und Anruferinnen, mit denen er womöglich gar nicht sprechen will. Je höher eine Person in der Hierarchie ihrer Firma, Behörde, Institution oder Organisation steht, desto weniger gern wird sie daher ihre Durchwahl preisgeben. Das ist durchaus legitim. Allerdings sollte dann eine andere Person alle eingehenden Anrufe entgegennehmen, um zu entscheiden, welche wichtig sind.

Durchwahl

Allzu restriktiv sollte eine Firma, Behörde, Institution oder Organisation die Herausgabe der Durchwahlen aber nicht handhaben. Niemand hat etwas davon, wenn Anrufer und Anruferinnen mit einem berechtigten Anspruch auf Auskunft ständig in der Zentrale oder in einem Sekretariat landen, wo sie dann rigoros abgewimmelt werden.

Erreichbarkeit

Erreichbarkeit ist meist unerlässlich.

Erreichbarkeit ist im beruflichen Umfeld meist unerlässlich, das gilt aber nur für die regulären Arbeits- und Bürozeiten. Falls Sie schlecht erreichbar sind,

- leiten Sie eingehende Gespräche auf Ihr Mobiltelefon um,
- schalten Sie einen Anrufbeantworter oder eine Voicemail ein oder
- bestimmen Sie einen Vertreter oder eine Vertreterin, der oder die eingehende Anrufe für Sie entgegennimmt.

Besonders streng sollten Sie das Thema Erreichbarkeit handhaben, wenn Sie – etwa auf Ihrer Visitenkarte oder Homepage – spezielle Sprechzeiten für Kunden oder einen Notrufservice anbieten. Wer während dieser Zeiten nicht erreichbar ist, stößt Anrufer und Anruferinnen womöglich vor den Kopf. Das sollten Sie nicht riskieren.

Im privaten Umfeld entscheiden Sie selbst, ob Sie telefonisch ständig erreichbar sein wollen oder nicht. Erreichbarkeit ist keine Pflicht, aber oft zweckmäßig, weil sich so der Kontakt zu Verwandten, Bekannten und Freunden leichter aufrechterhalten lässt.

Essen beim Telefonieren

Kein gutes Benehmen: Essen während des Telefonierens

»Mit vollem Munde spricht man nicht.« Dieser Ratschlag gilt auch am Telefon, obwohl man beim Telefonieren in der Regel nicht gesehen wird. Kau- und Schmatzgeräusche sowie essensbedingtes Nuscheln klingen unappetitlich und tragen auch nicht zur besseren Verständlichkeit bei – im Gegenteil! Beim Telefonieren zu essen, gehört daher im wahrsten Sinne des Wortes nicht zum guten Ton.

Füllwörter

Füllwörter sind sehr gebräuchlich – gerade in der mündlichen Kommunikation. Beispiele:

Füllwörter

- ja (»Das sehe ich ja genauso.«)
- eben (»Dann lasse ich das eben weg.«)
- eigentlich (»Das ist eigentlich überflüssig.«)
- überhaupt (»Das sehe ich überhaupt nicht so.«)
- doch wohl (»Das haben Sie doch wohl gesehen?«)
- etwa (»Ist mein Brief etwa nicht angekommen?«)
- gar (»Da habe ich gar nichts dagegen.«)
- denn (»Warum sagen Sie denn nichts?«)

Vielfach hört man die Empfehlung, beim Sprechen auf Füllwörter zu verzichten. Sie würden eine klare Botschaft nur unnötig verschleiern, so die Kritiker. Das stimmt zwar manchmal, aber nicht immer. Füllwörter verleihen einem Redebeitrag Würze. Sie mischen einer Aussage – je nach Zusammenhang – eine Prise Ungeduld, Unsicherheit, Zweifel, Mitgefühl, Misstrauen, Zustimmung oder Ablehnung bei. Daher nennen Sprachwissenschaftler sie auch Modal- oder Abtönungspartikel. Zurückhaltung ist allerdings bei Füllwörtern angebracht, die eine Aussage ungewollt abschwächen. Beispiele:

Hier besser auf Füllwörter verzichten

- »Diese Ansicht teile ich *eigentlich* nicht.«
- »Das war *im Grunde genommen* ganz anders.«
- »Das finde ich *irgendwie* nicht richtig.«
- »Das habe ich *quasi* schon erledigt.«
- »Darauf bin ich *sozusagen* von selbst gekommen.«
- »Das ist *gewissermaßen* eine Weisung von oben.«

Füllwörter, die Sie besser vermeiden

Gewöhnen Sie sich Füllwörter ab, die Ihre Nachricht verzagt, unsicher, unbestimmt oder gar unehrlich wirken lassen. Bei der Person am anderen Ende der Leitung soll schließlich kein Zweifel an Ihrer Botschaft aufkommen.

Geheimniskrämerei

Machen Sie kein Geheimnis aus Ihrem Anliegen.

Wenn Sie zu einer Person durchgestellt werden wollen und im Vorzimmer oder der Zentrale landen, machen Sie aus Ihrem Anliegen kein Geheimnis. Mit Auskünften wie »Es ist wichtig«, »Es ist persönlich« oder »Es ist dringend, mehr kann ich Ihnen aber nicht dazu sagen« ist niemandem geholfen.

Wenn Sie wirklich ein wichtiges Anliegen haben, über das Sie der Person in der Telefonzentrale oder im Vorzimmer nichts verraten möchten, nennen Sie ihr zumindest ein Stichwort. Dann kann sie bei der gewünschten Person nachfragen, ob diese den Anruf entgegennehmen möchte oder nicht.

Gratulationen per Telefon

Gratulieren per Telefon ist erlaubt.

Per Telefon zu gratulieren ist erlaubt, aber eher im Freundes-, Bekannten- und Verwandtenkreis üblich. Für offizielle Gratulationen ist ein Brief oder eine Klappkarte im Umschlag die bessere Form.

Dennoch wird sich ein Jubilar oder eine Jubilarin auch über telefonische Glückwünsche freuen – vorausgesetzt, die anrufende Person vermittelt nicht den Eindruck, das Gratulieren sei nur eine lästige Pflicht, die sich am leichtesten per Telefon erledigen lässt. Wer nur sein Glückwunschsprüchlein herunterleiert und sich wieder verabschiedet, bevor ein rechtes Gespräch zustande kommt, wird damit auf wenig Gegenliebe stoßen. Wer anruft, um zu gratulieren, sollte auch ehrliches Interesse an der Person bekunden, der die Glückwünsche gelten.

Allerdings sollten Sie Verständnis zeigen, wenn der Jubilar oder die Jubilarin nicht allzu lange mit Ihnen plaudern will. Womöglich sind Gäste im Haus, um die er oder sie sich kümmern muss. Nehmen Sie es der betreffenden Person also nicht übel, wenn sie von sich aus das Gespräch rasch wieder beendet.

Hintergrundgeräusche

Hintergrundgeräusche beeinträchtigen nicht nur die Qualität der Übertragung, sondern auch Ihre Konzentrationsfähigkeit beim Telefonieren. Schalten Sie Hintergrundmusik daher möglichst aus. Telefonieren Sie nicht, wenn z. B. der Hausmeister gerade den Bohrer ansetzt, um in Ihrem Büro eine Pinnwand aufzuhängen. Ziehen Sie sich beim Telefonieren mit dem Handy an einen ungestörten Ort zurück. Notfalls sollten Sie auch ein laufendes Telefonat lieber auf einen späteren Zeitpunkt vertagen, als sich ständigen Störungen auszusetzen.

Hintergrundgeräusche möglichst ausblenden

Besonders belastend sind Hintergrundgeräusche bei einer Telefonkonferenz: Hier addieren sich die Geräusche, die jede teilnehmende Person ins virtuelle Forum einbringt. Problematisch sind vor allem Handys. Bei Telefonkonferenzen sollten daher Festnetzanschlüsse bevorzugt werden.

Klingeltöne

Die Wahl des richtigen Klingeltons fürs Handy ist sicherlich Geschmackssache. Folgende Kriterien sollten Sie aber berücksichtigen:

Handy-Klingeltöne sorgsam auswählen

- Ein Klingelton muss laut genug sein, um gut hörbar zu sein – auch wenn sich das Mobiltelefon womöglich in einer Jackentasche befindet.
- Er sollte aber auch dezent genug klingen, um der Umgebung nicht auf die Nerven zu fallen.
- Außerdem sollte der Klingelton zu Ihrer Person passen und Ihre Firma, Branche oder Ihren Berufsstand angemessen repräsentieren beziehungsweise nicht im krassen Widerspruch dazu stehen.

Kommentare (in Zuhörphasen)

»Bist du noch dran?« – Um diese verunsicherte Nachfrage zu vermeiden, sollten Sie auch bei sehr einseitigen Telefongesprächen immer wieder einen Kommentar einstreuen. Dann weiß die Person am anderen Ende der Leitung, dass Sie noch zuhören. Meist genügen kurze (Halb-)Sätze oder Wörter, zum Beispiel:

Beim Zuhören Kommentare einstreuen

Kurze Kommentare, mit denen Sie Gesagtes bestätigen

»Ja«, »Stimmt«, »Das sehe ich genauso«, »Interessant«, »Finde ich auch«, »Klingt plausibel«, »Kann ich nachvollziehen«, »Geht mir genauso«

Wenn Sie verhindern wollen, dass ein Gespräch mehr und mehr zum Monolog wird, hören Sie aktiv zu. Kommentieren Sie das Gesagte, um zu zeigen, dass Sie mitdenken. Stellen Sie Rückfragen, fassen Sie die Schilderung der Person am anderen Ende der Leitung in eigenen Worten zusammen oder verbalisieren Sie Gefühlsregungen, die unausgesprochen in einer Botschaft mitschwingen. Dadurch lässt sich ein Gespräch auch besser in die von Ihnen gewünschte Richtung steuern.

Kommentare (Sprechpausen erklären)

Erklären Sie, was Sie nebenher tun.

Wann auch immer Sie während eines Telefonats eine Sprechpause einlegen, sollten Sie kurz erklären, warum. Oft sorgen bestimmte Tätigkeiten für ein zeitweiliges Verstummen. Damit die Person am anderen Ende der Leitung nicht irritiert reagiert, sagen Sie, was Sie gerade tun. Beispiele:

Was Sie nebenher tun	Wie Sie das kommentieren bzw. erklären
Sie schreiben mit.	»Ich schreibe gerade mit, deshalb hören Sie so wenig von mir.«
Sie suchen eine Akte heraus.	»Moment, ich suche gerade den passenden Vorgang heraus. – Das ist er nicht. – Das auch nicht. – Hier haben wir den richtigen Schriftsatz.«
Sie öffnen eine Computerdatei.	»Augenblick mal, ich öffne die Datei gerade. So, wo ist sie? – Im Ordner ›aktuelle Vorgänge‹, die Datei ›Projekt Lauenstein‹. – Moment. Der Rechner lädt gerade, das dauert ein paar Sekündchen. – So, da haben wir das gewünschte Konzept.«
Sie blättern in Ihren Unterlagen.	»Ich muss erst einmal in meinen Unterlagen nachblättern, um zu sehen, was Sie meinen. Moment, bitte!«

Auf diese Weise versteht die Person am anderen Ende der Leitung, warum Sie gerade gegebenenfalls etwas wortkarg wirken.

Lautstärke am Telefon

Nicht wenige Menschen haben die Angewohnheit, überlaut in den Hörer zu sprechen. Das ist nicht nur für die Person am anderen Ende der Leitung unangenehm, sondern auch für die Menschen in der unmittelbaren Umgebung. So manche Person ist entnervt, wenn sie unfreiwillig ihrem Büronachbarn oder ihrer Büronachbarin beim Telefonieren zuhören muss. Versuchen Sie daher stets, in gemäßigter Lautstärke und dafür direkt ins Mikrofon Ihres Hörers zu sprechen.

Mäßigen Sie Ihre Sprechlautstärke.

Wenn Sie umgekehrt mit einer Person telefonieren, die unangenehm laut spricht, weisen Sie sie höflich darauf hin. Statt »Sie sprechen zu laut« sagen Sie allerdings besser:

Wie Sie auf zu hohe Lautstärke hinweisen

- »Entschuldigung – könnten Sie bitte etwas leiser reden? Ich verstehe Sie dann besser.«
- »Würde es Ihnen etwas ausmachen, etwas weniger laut zu sprechen? Dann kann ich Ihnen besser folgen.«

Hinweis auf zu lautes Sprechen

Leiern

Bei häufig gesprochenen Sätzen, etwa einer immer gleichen Begrüßung, bei Aufzählungen, aber auch beim Vorlesen verfallen die Menschen regelmäßig in einen leiernden Tonfall. Sie sprechen also gleichförmig und mit immer der gleichen Satzmelodie.

Leiern erschwert das Zuhören.

Das macht es der Person am anderen Ende der Leitung schwer, konzentriert zuzuhören. Fast automatisch schweifen ihre Gedanken ab.

Einen leiernden Tonfall können Sie vermeiden, indem Sie mit emotionaler Beteiligung sprechen und sich bildlich vorstellen, was Sie gerade sagen. Dann klingt Ihre Stimme sofort weniger monoton und der gleichförmige Singsang wird durch eine abwechslungsreiche Intonation ersetzt.

Monologe

Monologe sind ermüdend.

Ein Monolog wirkt sehr ermüdend – vor allem für die Person am anderen Ende der Leitung. Wie jedes Gespräch ist auch ein Telefongespräch am interessantesten, wenn beide Beteiligten zu Wort kommen. Lange Monologe verbieten sich daher von selbst.

Als Zuhörer oder Zuhörerin müssen Sie nicht tatenlos bleiben, wenn jemand minutenlang ununterbrochen spricht. Verfallen Sie nicht etwa in eine Passivhaltung, indem Sie nur mit »ja« – »ja« – »ja« bestätigen, was die Person am anderen Ende der Leitung sagt. Unterbrechen Sie sie konsequent, gestalten Sie den Gesprächsverlauf aktiv mit oder beenden Sie das Telefonat, wenn die Person am anderen Ende der Leitung zu dem Gespräch nichts Relevantes mehr beiträgt und Sie das Gefühl haben, Sie verschwenden nur Ihre Zeit. Beispiele:

Monologe unterbrechen

- »Stopp. Hier muss ich einmal einhaken: Ich bin nämlich anderer Meinung: ...«
- »Moment, Herr Schneider, jetzt sind wir weit vom Thema abgekommen und mir läuft die Zeit davon. Ich fürchte, ich muss das Gespräch an dieser Stelle abbrechen.«

Namensnennung

Nennen Sie Ihren Namen.

Es gehört zum guten Ton, am Telefon seinen Namen zu nennen. Wer sich einfach nur mit »Hallo!« meldet, kann einen Anrufer oder eine Anruferin verunsichern, wenn er oder sie nicht gerade an der Stimme erkennt, ob die gewünschte Person am Apparat ist.

Allerdings geben manche Menschen aus nachvollziehbaren Gründen Ihren Namen nicht gern sofort preis. Viele – und nicht nur Prominente – befürchten, ihre Nummer könnte in falsche Hände geraten oder zu Werbezwecken gespeichert werden. Falls Sie Ihren Namen nicht zu Anfang nennen wollen, drehen Sie den Spieß einfach um und fragen Sie zunächst die anrufende Person nach ihrem Namen. Beispiele:

Wenn man den eigenen Namen nicht sofort preisgeben will

- »Hallo, wer spricht dort?«
- »Guten Tag. Mit wem spreche ich?«

Alternative: Fragen Sie zuerst nach dem Namen der anrufenden Person.

Auch auf dem Anrufbeantworter sollten Sie Ihren Namen hinterlassen – oder alternativ Ihre Telefonnummer, damit ein Anrufer oder eine Anruferin einordnen kann, ob er oder sie richtig gewählt hat.

Wenn Sie durchgestellt werden möchten, sollten Sie Ihren Namen unbedingt nennen, damit die vermittelnde Person sie auch angemessen ankündigen kann. Wer etwa eine Sekretärin auf die Frage nach dem Namen rüde mit »Das geht Sie nichts an« abkanzelt, verhält sich unhöflich und arrogant.

Nebenbeschäftigungen, Nebentätigkeiten

Nebentätigkeiten, die nicht im Zusammenhang mit dem Telefonat stehen, das Sie gerade führen, sollten unterbleiben. Natürlich ist nichts dagegen einzuwenden, wenn Sie beim Telefonieren eine Zeichnung auf ein Stück Papier kritzeln – das machen viele Leute, weil Sie sich dann besser konzentrieren können. Weniger angebracht sind dagegen Beschäftigungen, die vom Inhalt des Gesprächs ablenken, beispielsweise:

Keine ablenkenden Nebentätigkeiten

- E-Mails lesen oder beantworten,
- Zeitung lesen,
- die Post sortieren,
- Kataloge durchblättern,
- Gymnastik machen oder
- Texte tippen.

Solche Dinge erledigen Sie besser erst nach einem Telefonat. Bedenken Sie, dass auch bestimmte Geräusche (z. B. das Klappern der Tastatur) verraten können, was Sie gerade machen. Der Gesprächspartner wird nicht gerade erfreut sein, wenn man ihm nicht die ungeteilte Aufmerksamkeit schenkt.

Bei guten Bekannten ist es allerdings erlaubt, etwa dem Postboten nebenher die Tür zu öffnen und ein Paket entgegenzunehmen oder bei einem Privatgespräch die Spülmaschine auszuräumen oder sich einen Tee zu kochen. Das sollten Sie dann aber auch offen kommunizieren.

Negativphrasen (auch »Killer-« oder »Totschlagphrasen« genannt)

Negativphrasen durch positive Wendungen ersetzen

Es gibt Formulierungen, die zwar ausgesprochen häufig am Telefon zu hören sind, die aber dennoch lustlos, unfreundlich, abweisend und unmotiviert wirken. Solche Negativphrasen – manchmal drastisch »Killer-« oder »Totschlagphrasen« genannt – sollten durch positivere Wendungen ersetzt werden. »Positiv« heißt: Die anrufende Person muss das Gefühl bekommen, dass ihr weitergeholfen wird. Bieten Sie ihr also stets eine Lösung an. Beispiele:

Negativphrase	Wie Sie es besser formulieren
»Der ist nicht da.«	»Herr Berger ist momentan nicht im Haus. Kann er Sie zurückrufen, wenn er wieder zurück ist?«
	»Herr Berger ist gerade nicht an seinem Platz. Soll ich ihm etwas ausrichten?«
»Dafür bin ich nicht zuständig.«	»Ich fürchte, da sind Sie bei mir nicht richtig. Zuständig ist Frau Hoffmann. Soll ich Sie durchstellen?«
»Da ist belegt.«	»Frau Ricci spricht gerade. Darf ich Ihnen die Durchwahl geben?«
	»Frau Ricci telefoniert im Moment. Soll ich sie bitten, Sie zurückzurufen?«
»Das geht leider nicht.«	»Diese Lösung kann ich Ihnen leider nicht anbieten. Wie wäre es stattdessen mit …«
»Davon weiß ich nichts.«	»Darüber bin ich nicht informiert. Wenn Sie mir einen Moment Zeit geben, versuche ich herauszufinden, wie ich Ihnen weiterhelfen kann.«
»Da rufen Sie am besten später noch einmal an.«	»Frau von Arnim ist bis 16 Uhr in einer Besprechung. Wollen Sie es dann noch einmal versuchen? Wenn Sie mir stattdessen Ihren Namen und Ihre Nummer hinterlassen, kann sie Sie auch zurückrufen.«

Privatgespräche am dienstlichen Anschluss

Jedes Unternehmen, jede Praxis, Kanzlei, Behörde, Institution oder Organisation sollte für die Mitarbeiter und Mitarbeiterinnen verbindlich festlegen, ob Privatgespräche vom dienstlichen Anschluss aus erlaubt sind oder nicht.

Privatgespräche: erlaubt oder verboten?

Für ein Verbot sprechen vor allem Kostengründe. Zum einen kostet jedes Telefongespräch Geld; vor allem der private Gebrauch eines Diensthandys kann erheblich zu Buche schlagen. Außerdem wird ein Arbeitnehmer nicht dafür bezahlt, während der Arbeitszeit Privatgespräche zu führen, sondern dafür, seine Arbeit zu erledigen.

Gegen ein vollständiges Verbot sprechen allerdings praktische Erwägungen: Vieles lässt sich während der Arbeitszeit durch einen kurzen Anruf erledigen, ohne dass sich die betreffende Person dafür extra freinehmen muss. Ist der Friseurtermin erst vereinbart, eine Versicherungsfrage geklärt oder eine Behördenangelegenheit erledigt, kann sich die betreffende Person leichter auf ihre Arbeit konzentrieren.

Die rechtliche Seite: Sind private Telefonate ein Kündigungsgrund?

Unerlaubtes und heimliches Telefonieren auf Kosten des Arbeitgebers rechtfertigt in schweren Fällen eine verhaltensbedingte, außerordentliche Kündigung (Bundesarbeitsgericht, Urteil vom 2. November 1961, Aktenzeichen: 2 AZR 241/61 und Urteil vom 5. Dezember 2002, Aktenzeichen: 2 AZR 478/01). Auch wenn ein Arbeitgeber private Telefonate nicht grundsätzlich verboten hat, stellen allzu ausgiebige Privatgespräche einen Verstoß gegen die arbeitsvertraglichen Pflichten dar. Ein solcher Verstoß kann – je nach Fall – eine arbeitsrechtliche Abmahnung und sogar eine Kündigung nach sich ziehen. Über Gebühr sollte daher niemand privat von einem dienstlichen Anschluss oder Handy aus telefonieren.

Ausgiebige private Telefonate können eine Kündigung rechtfertigen.

Rückrufversprechen

Wer verspricht, zurückzurufen, sollte dieses Versprechen auch einlösen und sich dabei an die angegebene Zeit halten. Häufig wird ein solches Versprechen in Eile abgegeben. Beispiel:

»Es ist gerade schlecht, weil ich gleich im Flugzeug bin. Ich rufe Sie gleich morgen früh zurück.«

Dagegen ist prinzipiell nichts einzuwenden. Wenn aber die betreffende Person den ganzen folgenden Vormittag wartet, ohne dass der versprochene Rückruf erfolgt, wird sie sich zu Recht ärgern. Womöglich ist sie extra deswegen in der Nähe des Telefons geblieben und hat sich aus Angst, die Leitung zu blockieren, längere Telefonate mit anderen Personen versagt.

Daher gilt: Wenn Sie einen Rückruf versprechen, nennen Sie einen Termin und halten Sie diesen auch ein. Sollte Ihnen das nicht gelingen, informieren Sie die betroffene Person darüber, beispielsweise per E-Mail. Dann muss niemand vergeblich warten.

Säuseln und Flöten

»OOOOch, das tut mir aber leeeeiiid, der ist momentan gar nicht daaa!«, »Momeeent, ich verbiiiindeee!« – Menschen, die beruflich viel telefonieren, verfallen leicht in einen säuselnden oder flötenden Tonfall. Eine freundliche Stimme mag aufmuntern. Klingt sie aber überzogen freundlich, kann sie einem Anrufer oder einer Anruferin schnell auf die Nerven gehen. Gegen eine melodiöse Aussprache ist nichts zu sagen – aber eine theatralische, übertriebene Sprechweise ist nicht gefragt. Bleiben Sie Ihrer natürlichen Sprachmelodie treu, sonst machen Sie sich unglaubwürdig.

Auch bei der Telefonakquise ist Flöten kontraproduktiv. Die Person am anderen Ende Leitung hat sofort das Gefühl, der Satz, den sie eben hört, sei in genau dieser Form schon zigmal vorgetragen worden.

Schriftliche Bestätigung

Manchmal wird ein Telefonat durch eine schriftliche Bestätigung ergänzt. Hier kommt es oft zu auffälligen Kontrasten in Sprachstil und schriftlicher Ausdrucksweise. Ein Beispiel (nicht zur Nachahmung empfohlen):

Wortlaut (Telefongespräch)	Wortlaut der Bestätigungs-E-Mail
»Klar, Herr Krämer, mache ich, kein Problem. Ich schicke Ihnen die Unterlagen gleich raus.«	»Bezug nehmend auf unser soeben geführtes Telefonat, erlaube ich mir, Ihnen die angehängte Datei zur Kenntnisnahme zu übersenden.«

Sie merken es selbst: Was sich am Telefon unkompliziert und freundlich anhört, klingt in der schriftlichen Bestätigung auf einmal gestelzt, bürokratisch und distanziert. Solche Brüche sollten Sie vermeiden. Orientieren Sie sich beim Schreiben am gesprochenen Wort; schreiben Sie in Bestätigungsbriefen und E-Mails nichts, was Sie nicht auch in der mündlichen Kommunikation sagen würden. Dann ist das Bild, das Sie nach außen abgeben, positiv und in sich schlüssig.

Die schriftliche Bestätigung sollte zum Wortlaut des Telefonats passen.

Soufflieren

»Sag ihm, dass ...«, »Fragen Sie sie mal, ob ...« – Wer kennt sie nicht, die Menschen, die sich selbst vor einem direkten Telefongespräch scheuen, aber anderen, die das Telefonat führen, dauernd einflüstern, was sie zu sagen oder zu fragen haben? Eine solches Verhalten ist höchst unfair, denn es bringt die telefonierende Person in eine unangenehme Zwickmühle: Sie soll auf den Gesprächspartner einwirken, darf aber dabei nicht ihre eigene Meinung vertreten und kann auch nicht über die Gesprächsführung entscheiden. Aus dem Hintergrund zu »soufflieren«, ist eine schlechte Angewohnheit, die niemandem weiterhilft.

»Soufflieren« ist eine schlechte Angewohnheit.

Wenn ein »Souffleur« oder eine »Souffleuse« Sie beim Telefonieren stört

Je entschiedener Sie ein solches Einflüstern abwehren, desto besser. Am besten bieten Sie der betreffenden Person sofort den Hörer an und bitten sie, ihr Anliegen selbst zu klären. Auch bei Chefs, die diese Angewohnheit haben, sollten Sie keine Ausnahme machen. Beispiele:

Wie Sie souverän mit einem »Souffleur« oder einer »Souffleuse« umgehen

- (»Souffleuse«:) »Sag ihr dass ...« – (Telefonierende Kollegin, in den Hörer sprechend:) »Augenblick einmal, Helga, Martina möchte noch etwas mit dir klären.« – (Telefonierende Person, indem sie der »Souffleuse« den Hörer entgegenstreckt:) »Am besten sagst du es ihr direkt. Dann könnt ihr euch gleich einigen.«
- (»Soufflierender« Chef:) »Fragen Sie ihn mal, ob ...« – (Telefonierende Mitarbeiterin, in den Hörer sprechend:) »Moment mal, Herr Steffens. Herr Dr. Seifried steht gerade neben mir und möchte Sie etwas fragen.« – (Mitarbeiterin, zum Chef:) »Es ist wohl besser, wenn Sie ihn direkt fragen.« (Hält ihm den Hörer hin:) »Bitte schön!«

Reichen Sie einer »soufflierenden« Person den Hörer.

Als Gesprächspartner oder Gesprächspartnerin am anderen Ende der Leitung müssen Sie eine solche Situation ebenfalls nicht tatenlos hinnehmen. Wenn Sie mitbekommen, dass jemand aus dem Hintergrund versucht, das Gespräch zu steuern, bitten Sie die Person, mit der Sie gerade telefonieren, Ihnen den betreffenden Menschen ans Telefon zu holen. Dann kann er Ihnen direkt sagen, was er sagen möchte.

Stocken, Stammeln und Stottern

Es ist keine Schande, am Telefon ins Stocken, Stammeln oder Stottern zu geraten. Das passiert am Telefon sogar recht häufig, wenn man sich gestresst fühlt. Nehmen Sie es gelassen. Meist genügt es, tief durchzuatmen und sich dabei aufs Ausatmen zu konzentrieren. Manchmal hilft auch eine Prise Humor. Beispiel:

> »Augenblick. Ich muss erst meine Wortfindungsstörungen überwinden.«

Wenn Sie am anderen Ende der Leitung sind, reagieren Sie mit Geduld, Ruhe und Aufmerksamkeit, wenn Ihr Gesprächspartner oder Ihre Gesprächspartnerin stockt, stammelt oder stottert. Qualifizieren Sie die betreffende Person nicht als dumm ab.

Auch wenn Sie eine Nachricht auf das Band des Anrufbeantworters sprechen, brauchen Sie sich nichts dabei zu denken, wenn Sie Ihre Nachricht nicht allzu flüssig vorbringen. Wer den Anrufbeantworter später abhört, weiß, dass Sie sich nicht vorbereiten konnten. Das wird niemand zu Ihren Ungunsten auslegen.

Störungen während eines Telefongesprächs

Beim Sprechen nicht gesehen zu werden hat Vor-, aber auch Nachteile – je nachdem, aus welcher Warte man dies betrachtet. So respektieren es viele Personen nicht, wenn ein gewünschter Gesprächspartner oder eine eine gewünschte Gesprächspartnerin gerade telefoniert. Sie kommen mit ihrem Anliegen herein, wollen beispielsweise eine Unterschrift unter vorbereitete Dokumente. Oder sie verlangen rasch eine Auskunft, indem sie dem oder der Telefonierenden mit stummen Gesten, geflüsterten Worten oder einer handschriftlichen Notiz deutlich machen, worum es geht. Solche Störungen beeinträchtigen aber jedes Telefonat. Deshalb sollten Sie solche Beeinträchtigungen nicht einfach dulden.

Störungen nur im Ausnahmefall zulassen

Erledigen Sie als telefonierende Person Anfragen nicht einfach nebenher. Das ist allenfalls in sehr dringenden Fällen angebracht. Bitten Sie dann die Person am anderen Ende der Leitung, kurz zu warten, und decken Sie den Hörer ab oder schalten Sie Ihren Gesprächspartner oder Ihre Gesprächspartnerin in die Warteschleife. Kündigen Sie dies beispielsweise so an:

> **Bitten Sie die Person am anderen Ende der Leitung, kurz zu warten**
>
> »Augenblick einmal, Herr Berger. Da kommt gerade ein Kollege, der offenbar eine dringende Auskunft von mir braucht. Können Sie einen Moment warten? Ich bin gleich wieder für Sie da.«

Zur Gewohnheit sollten Sie solche Unterbrechungen allerdings nicht werden lassen. Grundsätzlich gilt: Wenn Sie telefonieren, hat das Telefongespräch Priorität.

Umgekehrt sollten Sie es stets respektieren, wenn jemand anderes gerade telefoniert. Anliegen, die nicht dringend sind, können warten, bis die Person, mit der Sie einen Vorgang besprechen wollen, das Telefongespräch beendet hat.

Auch im Privatbereich Störungen nicht dulden

Im Privatbereich kommen Störungen fast noch häufiger vor als im Berufsleben. Oft sind es die Kinder, die ungeduldig am Hosenbein der telefonierenden Eltern zerren und mit einem »Mama!« beziehungsweise »Papa!« endlich wieder die Aufmerksamkeit auf sich lenken wollen. Hier ist es schwierig, ein paar ruhige Minuten für ein ungestörtes Telefongespräch zu finden.

Versuchen Sie trotzdem nicht, allen gleichzeitig gerecht zu werden. Wer während eines Telefonats die Kinder ermahnt, ihre Fragen beantwortet oder ihre gerade fertig gestellten Bastelarbeiten lobt, mutet der Person am anderen Ende der Leitung immer wieder Wartezeiten zu. Auch die Kinder haben nichts davon, wenn Sie sie dauernd nur abfertigen, um in Ruhe weiterzutelefonieren zu können.

Lieber verschieben Sie ein Telefonat oder stellen vorher sicher, dass die Kinder beschäftigt sind oder von jemand anderem betreut werden.

Dann können Sie Ihre volle Aufmerksamkeit der Person am anderen Ende der Leitung widmen.

Unfreiwillige Gesprächsunterbrechung

Wenn die Verbindung abreißt

Wird ein Gespräch versehentlich unterbrochen – etwa weil die Mobilfunkverbindung abreißt, sollte diejenige Person, die den telefonischen Erstkontakt hergestellt hat, Ihren Gesprächspartner oder Ihre Gesprächspartnerin erneut anwählen. Versuchen Sie es nicht beide gleichzeitig, sonst hören womöglich beide ständig nur das Besetztzeichen.

Ungünstiger Zeitpunkt

Eingehende Telefonanrufe haben nicht automatisch Priorität vor Ihren sonstigen Aufgaben. Manchmal gibt es wichtigere Dinge. Dann nehmen Sie am besten das Gespräch kurz entgegen und

- versprechen der Person am anderen Ende der Leitung Ihren Rückruf zu einem bestimmten Zeitpunkt oder
- bitten sie, später noch einmal anzurufen.

Wenn jemand zu unpassender Zeit anruft

Eine kurze Begründung macht Ihre Bitte um Aufschub plausibel, Sie müssen aber keine Details verraten. Auch als Privatperson dürfen Sie selbstverständlich sagen, wenn Ihnen ein Anruf gerade ungelegen kommt. Beispiele:

Wenn jemand zu einem ungünstigen Zeitpunkt anruft

- »Guten Tag, Herr Ehlers. Sie rufen wegen der Entwürfe an, stimmts? Wenn Sie sich noch ein paar Stunden gedulden. Ich sitze hier noch an einer dringenden Terminsache. Ich rufe Sie heute Nachmittag an. Passt Ihnen 16 Uhr?«
- »Frau Rothenbacher, guten Morgen. Jetzt muss ich Sie leider vertrösten, denn ich sitze hier in einer Besprechung. Können wir morgen telefonieren – so gegen 9 Uhr?«
- »Grüß dich, Holger. Kannst Du mich in einer Viertelstunde noch einmal anrufen? Dann ist die Tagesschau vorbei.«
- »Hallo, Frau Dettinger. Tut mir leid, es passt im Augenblick schlecht, weil die Kinder hier gerade ein Chaos anrichten. Kann ich Sie in einer halben Stunde zurückrufen? Danke!«

»Wegdrücken« (absichtliches Auflegen)

Die Rufnummernübermittlung macht es möglich: Sie sehen oft schon in der Anzeige Ihres Handys, wer anruft. Einige Menschen nutzen diese Information und beenden das Gespräch, indem sie den Beenden-Knopf betätigen. Das wirkt aber nicht gerade sehr freundlich. Die anrufende Person merkt, dass der Handybesitzer oder die Handybesitzerin das Gerät eingeschaltet und empfangsbereit hat und offenbar nicht mit ihr sprechen möchte. Lassen Sie das Telefon in solchen Fällen lieber klingeln, bis die anrufende Person von selbst auflegt. Das ist weniger verräterisch.

Absichtliches »Wegdrücken«

»Wegdrücken« (versehentliches Auflegen)

Manche Telefonanlagen haben ihre Tücken, und ebenso manche Handys. Da kann es schon vorkommen, dass man einen Anrufer oder eine Anruferin versehentlich »wegdrückt«, also mitten im Gespräch auflegt, etwa weil man bei einem Vermittlungsversuch die falschen Knöpfe gedrückt oder auf der Handytastatur versehentlich den Beenden-Knopf betätigt hat. Das ist keine Schande. Warten Sie, bis die betreffende Person wieder anruft. Wenn Sie selbst das Gespräch initiiert haben, rufen Sie von sich aus noch einmal an. Entschuldigen Sie sich für Ihr Versehen, am besten mit etwas Humor. Beispiele:

Versehentliches Auflegen

> **Wie Sie sich für ein versehentliches Auflegen entschuldigen**
>
> - »Mario, ich bin's noch mal. Entschuldige bitte! Mein Handy hat es wieder erfolgreich geschafft, mich zu überlisten.«
> - »Frau Professor Hagedorn? Verzeihung, ich wollte Sie nicht aus der Leitung werfen. Aber gegen die Tücken der Technik bin ich offenbar machtlos. Ich versuche noch einmal, Sie zu verbinden. Falls es wieder nicht klappt, gebe ich Ihnen vorsorglich gleich die Durchwahl von Herrn Dr. Brunner, das ist die -192.«

Weiterverbinden

Bevor Sie weiterverbinden, klären Sie die Zuständigkeit.

Wer anrufende Menschen weiterverbindet, sollte das auch mit Sinn und Verstand tun. Gerade Personen, die nicht wissen, wer für sie oder ihr Anliegen zuständig ist, sind darauf angewiesen, in der Zentrale zuverlässige, kompetente Hilfe zu erhalten. Es zeugt nicht von gutem Stil, einen Anrufer oder eine Anruferin möglichst schnell an den nächstbesten Mitarbeiter oder die nächstbeste Mitarbeiterin weiterzuverbinden. Das kann schnell für Unmut sorgen.

Wer in der Telefonzentrale arbeitet, sollte sich deshalb schnell mit den Zuständigkeiten innerhalb des eigenen Hauses vertraut machen. Falls Sie einmal nicht auf Anhieb den richtigen Ansprechpartner oder die richtige Ansprechpartnerin ermitteln können, notieren Sie sich die Nummer der anrufenden Person und versprechen Sie einen Rückruf, sobald Sie klären konnten, wer sich um das Anliegen kümmert.

Verständigungsprobleme

Fragen Sie nach, wenn Sie etwas nicht verstehen.

Wenn Sie am Telefon etwas nicht verstehen, fragen Sie nach. Nach dem Namen eines Anrufers oder einer Anruferin dürfen Sie fragen, selbst wenn Sie schon am Ende eines Gesprächs angekommen sind und der Name bereits am Anfang genannt wurde.

Auch einzelne Wörter und Sätze wird die Person am anderen Ende der Leitung gern wiederholen, wenn Sie nur höflich »Wie bitte?« fragen. Verstehen Sie etwas trotz Wiederholung nicht, bitten Sie Ihren Gesprächspartner oder Ihre Gesprächspartnerin, es mit anderen Worten zu umschreiben.

Telefoniert (mindestens) eine der beteiligten Personen mit dem Mobiltelefon, liegen die Verständigungsprobleme oft am schlechten Empfang. Wenn Sie ausschließen können, dass die Störung bei Ihnen liegt, bitten Sie Ihren Gesprächspartner oder Ihre Gesprächspartnerin, den Standort zu wechseln. Beispiele:

> **Wie Sie darum bitten, den Standort zu wechseln**
>
> »Herr Fried? Ich verstehe Sie gerade extrem schlecht. Könnten Sie einen Ort mit besserem Empfang aufsuchen?«
>
> »Britta? Ich höre dich nur noch ab und zu. Kannst du den Standort wechseln? Vielleicht haben wir dann eine bessere Verbindung.«

Zahl der Klingeltöne

Wie oft darf ein Telefon klingeln, bevor der oder die Angerufene abnimmt? Bei etwa fünf Klingeltönen liegt die Grenze, da sind sich die meisten Telefonierenden einig. Machen Sie es sich zur Gewohnheit, einen Anruf so rasch wie möglich entgegenzunehmen. Das wirkt freundlich, aufgeschlossen und serviceorientiert.

Wie oft darf das Telefon klingeln?

Beim Handy liegt die Toleranzschwelle etwas höher. Hier rechnet die anrufende Person eher damit, dass der gewünschte Gesprächspartner oder die gewünschte Gesprächspartnerin das Mobiltelefon erst aus einer Hand- oder Jackentasche herausholen oder einen ungestörte Platz aufsuchen muss, bevor er oder sie das Gespräch annimmt.

Wie oft darf es klingeln, bevor der Anrufbeantworter anspringt?

Ist der Anrufbeantworter eingeschaltet, begrenzen Sie die Zahl der Klingeltöne auf maximal zwei oder drei. Die anrufende Person soll nicht unnötig lange warten. Manche Menschen lassen den Anrufbeantworter immer eingeschaltet und lassen acht bis zehn Klingeltöne verstreichen, bevor die automatische Ansage sich einschaltet. So bleibt ihnen zwar genügend Zeit, doch noch abzunehmen, wenn sie anwesend sind. Ein solches Vorgehen ist aber trotzdem nicht empfehlenswert. Nicht jeder Anrufer oder jede Anruferin rechnet damit, nach dem zwölften Klingeln noch eine Nachricht auf Band sprechen zu können.

Zahl der Klingeltöne, bevor der Anrufbeantworter anspringt

> **Handy: Die Voicemail darf sich nicht zu früh einschalten**
>
> Viele Handys sind so programmiert, dass schon nach dem vierten Klingelton die Ansage der Voicemail ertönt. Das ist zu früh. Der Handybesitzer oder die Handybesitzerin hat dann nicht genügend Zeit, ans Telefon zu gehen, wenn dieses nicht gerade griffbereit in der Nähe liegt. Bei empfangsbereiten Handys sollten Sie die Voicemail ausschalten. Zumindest aber zehn bis zwölf Klingeltöne sollten Sie einprogrammieren, bevor die automatische Ansage abgespielt wird.

Zuständigkeit (bei Abwesenheit des oder der Angerufenen)

Für einen eingehenden Anruf ist jeder und jede Anwesende zuständig. Diesen Grundsatz sollten Sie bei dienstlichen bzw. geschäftlichen Telefonaten stets beherzigen.

Für ein klingelndes Telefon sind alle zuständig.

Klingelt das Telefon minutenlang in einer Abteilung und nimmt keiner ab, ist das ein Armutszeugnis für die betreffende Firma, Kanzlei, Praxis, Behörde, Institution oder Organisation.

Idealerweise regeln Sie innerhalb Ihres Hauses oder Ihrer Abteilung klar, wer einen abwesenden Kollegen oder eine abwesende Kollegin vertritt. Alternativ können Sie den Anrufbeantworter einschalten oder eingehende Anrufe an die Zentrale, ins Vorzimmer oder Sekretariat weiterleiten. Dass zu normalen Büro- und Arbeitszeiten ein klingelndes Telefon nicht einfach ignoriert wird, sollte selbstverständlich sein.

Telefonieren in englischer Sprache

V iele berufliche Telefonate werden auf Englisch geführt – und das nicht nur unter Muttersprachlern. Wer in international tätigen Firmen, Kanzleien, Behörden, Institutionen oder Organisationen arbeitet, braucht zumindest ein Grundgerüst an englischen Redewendungen für die wichtigsten Situationen am Telefon. In diesem Kapitel finden Sie neben wichtigen Wendungen auch das international gebräuchliche Telefonalphabet.

Internationale Telefonate werden oft auf Englisch geführt.

Melden und Begrüßen

Die übliche Begrüßung bei englischen Telefonaten lautet »Hello«. Sie ist gebräuchlicher und auch etwas formeller als die deutsche Übersetzung »Hallo«. Im Englischen ist es – anders als im Deutschen – nicht unbedingt üblich, sofort den Namen zu sagen. Sie werden also gegebenenfalls nachfragen müssen.

Deutsch	Englisch
»Hallo.«	»Hello.«
»Guten Tag,«	»Good morning.«
	»Good afternoon.«
»Hier ist Petra Mayer.«	»This is Petra Mayer.«
	»This is Petra Mayer speaking.«
»Hier spricht Paul Huber von der Firma Bergmann Software in München.«	»This is Paul Huber from Bergmann Software in Munich.«
»Hallo, hier ist der Anschluss von Thomas Henkel. Sie sprechen mit Tina Fischer.«	»Hello, Thomas Henkel's line. This is Tina Fischer speaking.«
»Spreche ich mit Tim Gears?«	»Is that Tim Gears?«
»Am Apparat.«	»Speaking.«

Melden und Begrüßen

Deutsch	Englisch
»Wer spricht da, bitte?«	»Who is speaking?«
	»Who ist calling?«
»Darf ich Sie nach Ihrem Namen fragen?«	»May I ask your name?«

Anliegen erfragen oder schildern

Um zu entscheiden, ob Sie selbst der anrufenden Person weiterhelfen können oder ob jemand anders zuständig ist, brauchen Sie Hintergrundinformationen. Dasselbe gilt, wenn der Anrufer oder die Anruferin Sie bittet, ihn oder sie zu jemandem durchzustellen. Das Anliegen erfragen oder schildern Sie so:

Anliegen erfragen oder schildern

Deutsch	Englisch
»Darf ich fragen, worum es geht?«	»May I ask what this is about?«
	»Could you please tell me what it's about?«
	»What's the reason for your call?«
»Wenn Sie mir bitte kurz sagen, wie Sie heißen und warum Sie anrufen, stelle ich Sie gerne durch.«	»If you could just give me your name and let me know what you are calling about, and I'll put you right through.«
»Was kann ich für Sie tun?«	»What can I do for you?«
»Kann ich Ihnen weiterhelfen?«	»Can I help you?«
	»Can I assist you?«
	»May I be of any assistance?«
»Ich rufe an wegen …«	»I am calling about …«

Durchstellen und verbinden

Stellen Sie einen Anrufer nicht kommentarlos durch, sondern kündigen Sie das Durchstellen an. Dabei helfen Ihnen folgende Redewendungen:

Deutsch	Englisch
»Ich stelle Sie durch.«	»I'll put you through.« »I'll connect you.«
»Ich verbinde Sie mit Herrn Miller.«	»I'll put you through to Mr Miller.«
»Ich versuche, Sie zu verbinden.«	»I'm trying to connect you.«

Durchstellen und verbinden

Um Geduld bitten und fürs Warten danken

Vielleicht müssen Sie zuerst die zuständige Person herausfinden oder beim gewünschten Gesprächspartner nachfragen, ob Sie die anrufende Person durchstellen dürfen. Dann bitten Sie sie, kurz zu warten. Danach bedanken Sie sich für die Geduld:

Deutsch	Englisch
»Bleiben Sie bitte am Apparat.«	»Hold the line, please.«
»Einen Moment bitte.«	»Just a moment, please.« »Hold on a second, please.«
»Da muss ich zuerst meinen Chef fragen. Bitte warten Sie kurz.«	»I'll have to ask my boss. Please hold on.«
»Ich frage rasch bei der Abteilungsleiterin nach und bin gleich wieder bei Ihnen.«	»I'll just check with the manager and will be right back with you.«
»Danke für Ihre Geduld.«	»Thank you for your patience.«
»Danke fürs Warten.«	»Thank you for waiting.«
»Ich werde versuchen, das für Sie herauszufinden, und rufe Sie spätestens morgen zurück.«	»I'll find out and call you back tomorrow at the latest.«
»Es tut mir leid, dass ich nicht früher zurückgerufen habe.«	»I'm sorry I could not ring you sooner.«

So bitten Sie die anrufende Person zu warten.

Die zuständige Person erfragen oder benennen

Manchmal – aber nicht immer – weiß die anrufende Person selbst den Namen des richtigen Ansprechpartners oder der richtigen Ansprechpartnerin. Notfalls müssen Sie aushelfen:

Zuständigkeit erfragen oder benennen

Deutsch	Englisch
»Ist Victoria Crow da?«	»Is Victoria Crow available?«
»Ich möchte gern mit Herrn Miller sprechen.«	»I would like to speak to Mr Miller, please.«
»Kann ich mit Herrn Miller sprechen?«	»Can I speak to Mr Miller, please?«
»Könnte ich mit seinem Stellvertreter sprechen?«	»Could I talk to his deputy, please?«
»Könnten Sie mir sagen, wer zuständig ist?«	»Could you tell me who is in charge?«
»Können Sie mich mit Herrn Edward Fox verbinden?«	»Could you put me through to Mr Edward Fox, please?«
»Er erwartet meinen Anruf.«	»He is expecting my call.«
»Wer ist zuständig für …?«	»Who is in charge of …?« »Who is responsible for …?«
»Der richtige Ansprechpartner für Sie ist Michael Kramer aus unserer Rechtsabteilung.«	»The person you want to speak to is Michael Kramer from our legal department.«
»Am besten sprechen Sie direkt mit dem Kundendienst.«	»I need to put you through to customer services.«
»Zuständig ist Diana Moser.«	»The person who can help you with that question is Diana Moser.«
»Seine/Ihre Durchwahl lautet 1159.«	»His/Her extension is 1159.«

Wenn die gewünschte Person nicht erreichbar ist

Auch bei englischen Telefonaten müssen Sie keine Details nennen, wenn die gewünschte Person gerade nicht erreichbar ist. Allgemeine Auskünfte genügen. Diese formulieren Sie beispielsweise so:

Deutsch	Englisch
»Sie ist gerade nicht an ihrem Platz.«	»She's not at her desk right now.« »She's not in her office right now.«
»Da meldet sich niemand.«	»There's nobody answering the phone.«
»Er ist im Moment nicht erreichbar.«	»He's not available at the moment.«
»Sie ist leider im Moment nicht da.«	»I'm sorry, but she's not here right now.«
»Er ist gerade weggegangen.«	»He has just stepped out of the office.«
»Sie müsste gleich zurück sein.«	»She should be right back.« »I'm expecting her shortly.«
»Er ist heute den ganzen Tag nicht da.«	»He is out of the office for the day.«
»Es ist besetzt.«	»The line is engaged.« »The line is busy.«
»Kann Ihnen jemand anderes weiterhelfen?«	»Can someone else help you?«
»Soll ich Sie mit jemand anderem verbinden?«	»Shall I put you through to someone else?«
»Sie erreichen Herrn Janssen auf seinem Handy unter der Nummer ...«	»You can reach Mr Janssen on his mobile. The number is ...«
»Soll ich Ihnen seine/ihre Handynummer geben?«	»Can I give you his/her mobile number?«

Wie Sie sagen, dass die gewünschte Person nicht erreichbar ist.

Nachrichten entgegennehmen und hinterlassen

Bieten Sie an, für die anrufende Person eine Nachricht aufzunehmen, oder fragen Sie umgekehrt als Anrufer oder Anruferin, ob Sie der gewünschten Person eine Nachricht hinterlassen dürfen. Sie können auch schlicht einen Rückruf anbieten oder um Rückruf bitten. Einige Musterformulierungen:

Nachrichten aufnehmen oder hinterlassen

Deutsch	Englisch
»Möchten Sie eine Nachricht hinterlassen?« »Kann ich etwas ausrichten?«	»Would you like to leave a message?« »Can I take a message?«
»Wenn Sie mir sagen könnten, worum es geht, werde ich ihn bitten, Sie zurückzurufen.«	»If you would like to tell me what this is about, I will ask him to call you back.«
»Soll er/sie Sie zurückrufen?«	»Shall he/she call you back?« »Would you like him/her to ring you back?«
»Wie lautet Ihre Telefonnummer, bitte?«	»What is your number, please?«
»Ich werde es ihm/ihr ausrichten.«	»I'll give him/her the message.«
»Ich lege ihm/ihr eine Nachricht auf den Schreibtisch.«	»I'll put a message on his/her desk.«
»Könnten Sie ihm/ihr etwas von mir ausrichten?«	»Could you give him/her a message?«
»Kann ich ihm/ihr bitte eine Nachricht hinterlassen?«	»Can I leave a message for him/her, please?«
»Könnten Sie Herrn Miller bitten, mich zurückzurufen?«	»Could you ask Mr Miller to ring me back?«
»Könnten Sie mir sagen, wann Herr Miller zurück/da sein wird?«	»Could you please tell me when Mr Miller will be back/there?«

Einen Anruftermin ankündigen oder vereinbaren

Wenn Sie die gewünschte Person nicht erreichen, wenn Sie in Eile sind oder noch nicht alle nötigen Informationen parat haben, sollten Sie das Gespräch vertagen – aber nicht, ohne einen neuen Anruftermin anzukündigen oder zu vereinbaren. Das formulieren Sie auf Englisch beispielsweise so:

Deutsch	Englisch
»Ich versuche es später noch einmal.«	»I'll try again later.«
»Ich rufe morgen früh noch einmal an.«	»I'll ring again tomorrow morning.«
»Ich rufe Sie übermorgen zurück.«	»I'll call you back the day after tomorrow.«
»Könnten Sie mich bitte heute Nachmittag noch einmal anrufen?«	»Could you please call again this afternoon?«
»Bitte versuchen Sie es in einer Stunde wieder.«	»Please try again in an hour.«
»Wann kann ich ihn/sie am besten erreichen?«	»When would be the best time to reach him/her?«
»Kann ich Sie zurückrufen?«	»Can I call you back?«
»Wann passt es Ihnen?«	»When would it be convenient?«
»Lassen Sie mich in meinem Terminkalender nachsehen.«	»Let me check my calendar/diary/schedule.«
»Um welche Zeit würde es Ihnen passen?«	»What time would suit you?«
»Sagen wir am Montag um 19 Uhr?«	»Let's say Monday at 7 p.m.?«
»Da kann ich nicht.«	»I won't be able to make it then.«
»Wie wäre es stattdessen mit Dienstag Vormittag?«	»How about Tuesday morning then?«

Einen erneuten Anruf ankündigen oder vereinbaren

Buchen und reservieren

Ob Sie ein Restaurant für eine Veranstaltung buchen, ein Hotel für Übernachtungen oder einen Flug – für deutschsprachige Personen ist immer die Durchgabe von Daten am schwierigsten. Damit es nicht zu Verwechslungen zwischen Tag und Monat kommt, sollten Sie

- den Tag stets als Ordinalzahl (first, second, third, fourth …) und
- den Monat stets bei seinem Namen nennen (January etc.).

Unmissverständlich ist eine Datumsangabe beispielsweise so:

»the 17th of September 2008«

In folgender Tabelle finden Sie die wichtigsten Redewendungen zur Durchgabe von Veranstaltungs-, Ankunfts- und Abreisedaten und zur Buchung und Reservierung von Reisen und Unterkünften:

<table>
<tr><td></td><td>Deutsch</td><td>Englisch</td></tr>
<tr><td rowspan="11">Redewendungen
rund ums Buchen
und Reservieren</td><td>»Ich möchte … (einen Flug, ein Hotel-zimmer) reservieren.«</td><td>»I would like to make a reservation.«</td></tr>
<tr><td>»Ich möchte einen Flug nach Sydney buchen, hin am 5. August und zurück am 21. August.«</td><td>»I would like to book a flight to Sydney departing on the 5th of August and returning on the 21st of August.«</td></tr>
<tr><td>»Können Sie mir den Flug nach New York buchen?«</td><td>»Can you book me on the New York flight?«</td></tr>
<tr><td>»… um 20 Uhr«</td><td>»… at 8 p.m.«</td></tr>
<tr><td>»Ich möchte ein Einzelzimmer für drei Nächte buchen, vom 8. bis 11. Dezem-ber.«</td><td>»I would like to book a single room for three nights, arriving on the 8th and leaving on the 11th of December.«</td></tr>
<tr><td>»Ich möchte ein Einzelzimmer/Doppel-zimmer reservieren.«</td><td>»I would like to reserve a single room/ a double room.«</td></tr>
<tr><td>»Was kostet eine Übernachtung?«</td><td>»How much is that per night?«</td></tr>
<tr><td>»Ist das Frühstück inbegriffen?«</td><td>»Is breakfast included in the price?«
»Does that include breakfast?«</td></tr>
<tr><td>»Ich nehme es/ihn (das Zimmer, den Flug).«</td><td>»I'll take it.«</td></tr>
<tr><td>»Kann ich meine Buchung ändern?«</td><td>»Can I change my booking?«</td></tr>
</table>

Bei schlechter Verbindung

Haken Sie frühzeitig ein, wenn Sie Ihren Gesprächspartner oder Ihre Gesprächspartnerin nicht mehr richtig verstehen oder wenn gar die Verbindung abzureißen droht. Die wichtigsten Sätze für solche Situationen:

Deutsch	Englisch
»Ich kann Sie nicht gut hören.«	»I can't hear you very well.«
»Die Verbindung ist schlecht.«	»It's a bad line.«
»Die Verbindung ist abgerissen.«	»I've been cut off.«
»Sie sind in ein Funkloch geraten.« (Handy)	»You're breaking up.«
»Kann ich Sie per Festnetz erreichen?«	»Can I call you on a landline?«

Bei schlechter Verbindung

Bei Verständigungsproblemen

Verständigungsprobleme beruhen bei englischen Telefonaten aber nicht nur auf einer schlechten Verbindung, sondern oft auf der Tatsache, dass mindestens eine von beiden beteiligten Personen die englische Sprache nicht so gut beherrscht wie ein Muttersprachler oder eine Muttersprachlerin. Fragen Sie nach, wenn Sie etwas nicht verstehen – notfalls auch mehrfach. Das wird man Ihnen am anderen Ende der Leitung nicht übel nehmen.

Deutsch	Englisch
»Wie bitte?«	»Excuse me?« »Pardon?«
»Es tut mir leid, ich habe Sie nicht verstanden.«	»I'm sorry, I didn't understand what you said.«
»Ich habe Schwierigkeiten, Ihnen zu folgen.«	»I'm having trouble following you.«
»Ich habe leider nicht alles mitbekommen.«	»I'm afraid I didn't catch all that.«

Fragen Sie nach, wenn Sie etwas nicht verstehen.

Deutsch	Englisch
»Ich bin nicht sicher, ob ich alles korrekt verstanden habe.«	»I'm not sure if I have got it all down correctly.«
»Ich habe Ihren Namen nicht richtig mitbekommen.«	»I didn't catch your name.«
»Könnten Sie bitte etwas lauter sprechen?«	»Could you please speak a bit louder?« »Would you please speak up a bit?«
»Könnten Sie bitte etwas langsamer sprechen?«	»Could you please speak more slowly?« »Could you please slow down a little?«
»Könnten Sie das noch einmal wiederholen?«	»Would you please repeat what you've just said?« »Could you say that again, please?«
»Könnten Sie das buchstabieren?«	»Could you spell that, please?«
»Kann ich das wiederholen, um sicherzugehen, dass ich Sie richtig verstanden habe?«	»Can I read that back to you to make sure that I've got it right?«

Falls Sie sich im Englischen sehr unsicher fühlen und sich kaum verständigen können, sagen Sie das offen. Vielleicht gibt es ja Abhilfe:

Wenn Sie kaum
Englisch sprechen

Deutsch	Englisch
»Es tut mir leid, ich spreche nicht gut Englisch.«	»I'm sorry, I don't speak English very well.«
»Gibt es bei Ihnen jemanden, der Deutsch spricht?«	»Is there anyone who speaks German?«
»Ich suche jemanden für Sie, der Englisch spricht.«	»I'll find someone for you who can speak English.«

Buchstaben und Ziffern unmissverständlich durchgeben

Namen, Produktbezeichnungen oder komplizierte Begriffe sollten Sie
grundsätzlich buchstabieren oder sich buchstabieren lassen. Wenn die
Person am anderen Ende der Leitung nicht automatisch das Telefonalphabet gebraucht, können Sie auch nach einzelnen Buchstaben fragen:

Deutsch	Englisch
»Lassen Sie mich das für Sie buchstabie-ren.«	»Let me spell that for you.«
»Könnten Sie das buchstabieren?«	»Could you spell that, please?«
»War das S wie Siegfried oder F wie Friedrich?«	»Was that s as in Sierra or f as in Fox-trot?«

Richtig buch-stabieren

Das Telefonalphabet hilft Ihnen, einzelne Buchstaben unmissverständlich durchzugeben oder – beim Zuhören – sie eindeutig zu verstehen.
Es gibt allerdings sowohl im Vereinigten Königreich als auch in den
USA mehrere verschiedene Varianten. Am gebräuchlichsten ist das internationale Telefonalphabet der NATO:

Das internationale Telefonalphabet (NATO Phonetic Alphabet)					
A	Alpha	J	Juliett	S	Sierra
B	Bravo	K	Kilo	T	Tango
C	Charlie	L	Lima	U	Uniform
D	Delta	M	Mike	V	Victor
E	Echo	N	November	W	Whisky
F	Foxtrot	O	Oscar	X	X-Ray
G	Golf	P	Papa	Y	Yellow
H	Hotel	Q	Quebec	Z	Zulu
I	India	R	Romeo		

Internationales Telefonalphabet

Bei größeren Zahlen nennen Sie am besten jede Ziffer einzeln. Manche Ziffern werden am Telefon überdeutlich artikuliert, um besser verständlich zu sein – ähnlich wie im Deutschen die Ziffer 5 (»fünnef«):

Deutsch	Englisch
»Könnten Sie jede Ziffer einzeln nennen?«	»Could you please give each figure separately?«
»Komma« (für Dezimalstellen)	»point«
»null«	»zero« »oh« [gesprochen: ou]
»eins«	»one«
»zwei«	»two«
»drei«	»three«
»vier«	»four«
»fünf«	»five«
»sechs«	»six«
»sieben«	»seven«
»acht«	»eight«
»neun«	»nine«
»Sagten Sie 14 (eins – vier) oder 40 (vier – null)?«	»Did you say 14 (one – four) or 40 (four – zero)?«

Abschluss, Dank und Verabschiedung

Mit folgenden Redewendungen bringen Sie das Telefongespräch zu einem freundlichen Abschluss:

Deutsch	Englisch
»Das wäre soweit alles.«	»That's all for now.«
»Ich habe mich gefreut, Sie zu sprechen.«	»It has been a pleasure speaking to you.«
»Vielen Dank für Ihre Hilfe.«	»Thank you very much for your assistance.«
»Danke für Ihren Anruf.«	»Thanks for your call.«
»Sie haben mir sehr weitergeholfen. Vielen Dank.«	»You've been most helpful. Thank you very much.«

Deutsch	Englisch
»Rufen Sie einfach wieder an, wenn ich noch etwas für Sie tun kann.«	»Call again if there is anything else I can do for you.«
»Auf Wiederhören.«	»Goodbye.« »Bye bye.«
»Tschüss.«	»Bye.« »Cheerio.«
»Bis dann.«	»Bye for now.« »See you.«

Auf den Anrufbeantworter sprechen

Wenn Sie hauptsächlich aus dem Ausland angerufen werden, empfiehlt es sich, den Anrufbeantworter auf Englisch zu besprechen. Hier zwei Vorschläge und ein Beispiel, wie Sie als Anrufer oder Anruferin eine Nachricht auf Band hinterlassen:

Deutsch	Englisch
»Dies ist der Anrufbeantworter von Frank Pohlert. Leider kann ich Ihren Anruf gerade nicht entgegen nehmen. Wenn Sie eine Nachricht hinterlassen, rufe ich zurück.«	»This is Frank Pohlert's answering machine. I'm afraid I can't take your call right now. Please leave a message and I'll call you back.«
»Sie sind verbunden mit der Firma Mustermann Import/Export in Hamburg. Wir sind momentan nicht erreichbar. Bitte hinterlassen Sie uns Ihren Namen und Ihre Nummer nach dem Signalton. Wir rufen Sie so schnell wie möglich zurück.«	»You are connected with Mustermann Import/Export in Hamburg. We are not available at the moment. Please leave a message with your name and phone number after the signal. We'll get back to you as soon as possible.«
»Hier ist Jan Plötz von der Firma Beispielhausen Software in Deutschland. Ich bitte Sie, mich wegen des gewünschten Angebots so bald wie möglich zurückzurufen. Meine Telefonnummer lautet …«	»This is Jan Plötz calling from Beispielhausen Software in Germany. Could you call me back as soon as possible? It's about the quotation you've asked for. My number is …«

Englische Sprüche für den Anrufbeantworter

Moderne Telefontechnik sinnvoll nutzen

In vielerlei Hinsicht ist das Telefonieren heute komfortabler denn je. Die moderne Telefontechnik bietet Funktionen, die noch vor einigen Jahrzehnten undenkbar gewesen wären. Ein Beispiel ist die Übermittlung der Rufnummer, ein weiteres die Möglichkeit, sich zurückrufen zu lassen, wenn die Leitung der angerufenen Person gerade besetzt ist. Man spricht

Leistungs-
merkmale und
Zusatzfunktionen

- von »vermittlungstechnischen Leistungsmerkmalen«, wenn Ihnen eine Funktion – etwa die Rufnummernübermittlung – über Ihren Anschluss bzw. über das Telefonnetz zur Verfügung gestellt wird, und
- von »gerätetechnischen Leistungsmerkmalen«, wenn Ihr Telefon oder Ihre Telefonanlage selbst eine solche Funktion bietet, also wenn Sie beispielsweise durch die Eingabe einer bestimmten Tastenkombination alle eingehenden Anrufe auf Ihr Mobiltelefon umleiten können.

Allerdings hat die Technik manchmal ihre Tücken. So kommt es immer wieder zu Pannen oder Missverständnissen im Umgang mit solchen Funktionen. Denn die Erfahrung zeigt: Wann immer die Technik für Sie »denkt«, müssen Sie mitdenken. Hierzu im Folgenden einige Tipps, alphabetisch nach den Namen der Leistungsmerkmale geordnet.

Auch auf englische Bezeichnung bzw. Abkürzung achten

Falls Sie vor dem Kauf einer Telefonanlage oder eines Telefons oder vor der Wahl für eine bestimmte Anschlussart stehen, werden Sie in der Beschreibung des Anbieters oft nicht die deutsche Bezeichnung für die verfügbaren Leistungsmerkmale erhalten, sondern die englische Bezeichnung bzw. Abkürzung. Deshalb werden auch diese, sofern vorhanden, in den folgenden Texten genannt.

Abweisen unbekannter Anrufer und Anruferinnen (ACR)

Sie können einen Anruf immer dann automatisch abweisen lassen, Abweisen unbekannter Anrufer(innen) wenn die Rufnummer des Anrufers oder der Anruferin nicht sichtbar ist. Das betreffende Leistungsmerkmal nennt sich »Abweisen unbekannter Anrufer« (Anonymous Call Rejection, abgekürzt ACR).

Hinter dieser Funktion steckt die Überlegung, dass eine anrufende Person nichts Gutes im Schilde führen kann, wenn sie ihre Rufnummer unterdrückt. Da vor allem Telefonagenturen von der Rufnummernunterdrückung Gebrauch machen – was nach derzeitiger Rechtslage noch erlaubt ist (Stand 31. März 2008) – versprechen sich vor allem Firmen durch die Nutzung der Abweisen-Funktion das automatische Herausselektieren unerwünschter Werbe- und Marktforschungsanrufe.

Doch bedeutet eine nicht übermittelte Rufnummer keineswegs zwangsläufig, sie wäre absichtlich unterdrückt worden. Nicht jede Person, die ein Telefon nutzt, bestimmt selbst, ob die Rufnummer unterdrückt werden soll oder nicht. Bei älteren Analoganschlüssen ist die Rufnummernübermittlung oft ausgeschaltet oder gar nicht möglich. Bei einigen Telefonanlagen ist eine Rufnummernunterdrückung eingerichtet, ohne dass die Nutzer und Nutzerinnen etwas davon wüssten oder diese Einstellung beliebig ändern könnten.

> **Fazit: ACR nur bewusst aktivieren**
>
> Wer Anrufe mit unterdrückter Rufnummer rigoros aussortiert, schüttet womöglich das Kind mit dem Bade aus. Dann können unter Umständen zu viele Anrufe abgewiesen werden, darunter auch solche, die im Interesse der angerufenen Person wären.
>
> Andererseits kann es sinnvoll sein, Anrufe mit unterdrückter Rufnummer durch ACR abzuweisen, wenn man etwa gezielt durch anonyme Anrufe belästigt wird und es sich dennoch nicht lohnt, eine Fangschaltung (siehe unten) zu beantragen.

Anklopffunktion (CW)

Ist die Anklopffunktion (Call Waiting, abgekürzt CW) aktiviert, dann Anklopffunktion wird, während Sie gerade telefonieren, der Eingang jedes weiteren Anrufs angekündigt. Sie hören einen Anklopfton in der Leitung, meist ein leises Tuten. Als Inhaber oder Inhaberin des betreffenden Anschlusses haben Sie dann die Wahl: Sie können den eingehenden Anruf

- annehmen,
- ignorieren oder
- abweisen.

Das Problem ist nur: Sie sehen nicht, wer Sie anzurufen versucht. Das heißt, Sie wissen nicht, ob das eingehende Gespräch dringender bzw. wichtiger ist als dasjenige, das Sie gerade führen. Deshalb ist die Anklopffunktion in der Regel nur sinnvoll, wenn Sie auch die Möglichkeit haben, das laufende Gespräch inaktiv zu schalten, während Sie das andere Gespräch annehmen. So können Sie die wartende Person anschließend wieder zu sich in die Leitung holen.

Gerade bei Privatanschlüssen fehlt aber diese Möglichkeit. Dann macht die Anklopffunktion den Inhaber oder die Inhaberin des Anschlusses oft nur unnötig nervös. Wer möchte schon im Ungewissen bleiben, wenn das Tuten in der Leitung einen zweiten Anruf ankündigt? Viele Menschen beenden in einem solchen Fall fast panisch das laufende Telefongespräch, nur um das nächste entgegennehmen zu können. Das ist aber meist weder höflich noch sachlich gerechtfertigt.

Fazit: Überlegen Sie genau, ob Sie die Anklopffunktion brauchen

Sinnvoll ist diese Funktion oft nur, wenn das laufende Gespräch zur Annahme des anderen Anrufs nicht beendet werden muss, sondern für kurze Zeit unterbrochen und dann weitergeführt werden kann. Den zweiten Anrufer können Sie dann etwa an eine andere Person weiterverbinden oder ihm einen Rückruf versprechen, nachdem Sie das laufende Telefonat beendet haben.

Anrufweiterschaltung, Umleitung eingehender Anrufe (CD, CF)

Anrufweiterschaltung, Umleitung von Gesprächen

Vor allem im beruflichen Bereich ist eine Anrufweiterschaltung (Call Diversion und Call Forwarding, abgekürzt CD und CF) ausgesprochen sinnvoll. Denn diese Funktion gewährleistet Ihre Erreichbarkeit, wenn Sie gerade nicht an Ihrem gewohnten Arbeitsplatz sind. Auch in manchen privaten Situationen kann diese Funktion sinnvoll sein. Sie sollten dann allerdings auf dem Anschluss erreichbar sein, auf den Sie eingehende Anrufe umgeleitet haben.

Eine Weiterschaltung ist sinnvoll, wenn Sie erreichbar sein müssen

Eine Anrufweiterschaltung lohnt sich vor allem in Verbindung mit einem Mobiltelefon. So sind sie für Anrufende erreichbar, auch wenn Sie gerade unterwegs sind.

Vergessen Sie aber nicht, die Weiterschaltung wieder rückgängig zu machen, wenn Sie an Ihren Schreibtisch beziehungsweise nach Hause zurückgekehrt sind. Wer das vergisst und nach seiner Rückkehr womöglich das Handy ausschaltet ist überhaupt nicht mehr telefonisch erreichbar.

Wer trägt die Kosten für die Weiterleitung?

Vor allem, wenn ein Anruf auf einen teuren Mobilfunkanschluss umgeleitet wird, stellt sich die Frage, wer die Kosten für die Gesprächsverbindung trägt. Grundsätzlich gilt: Der Anrufer oder die Anruferin zahlt nur die Kosten zu dem Anschluss, den er oder sie angewählt hat. Der Inhaber des Anschlusses, von dem aus der Anruf umgeleitet wird, bezahlt den Rest. Beispiel:

Die Kosten für die Weiterleitung trägt nicht die anrufende Person.

Wer bezahlt wie viel?

Helga Friedrichs wählt von ihrem Festnetzanschluss (A) aus die Büronummer Ihres Geschäftspartners Hugo Behrend. Auch dabei handelt es sich um einen Festnetzanschluss (B). Hugo Behrend ist gerade unterwegs und hat daher auf sein Handy (C) umgeleitet. Dann teilen sich die Gesprächskosten so auf:
- Helga Friedrichts zahlt die Verbindungskosten von Festnetzanschluss (A) zu Festnetzanschluss (B).
- Hugo Behrend zahlt die Verbindungskosten von Festnetzanschluss (B) zu seinem Handy (C).

Eine Anrufweiterschaltung kann also für die anrufende Person nicht zur Kostenfalle werden. Dagegen sollten Sie sich als Person, die eine solche Weiterschaltung eingibt, der Tatsache bewusst sein, dass das für Sie oder Ihren Arbeitgeber ebenfalls Kosten verursacht.

Automatische Anrufbenachrichtigung (MWI)

Eine sinnvolle Funktion: die Anrufbenach- richtigung

Gehen in Ihrer Abwesenheit Anrufe ein, können Sie sich darüber automatisch benachrichtigen lassen. Diese automatische Anrufbenachrichtigung (Message Waiting Indicator, abgekürzt MWI) ist bei Handys Standard und auch bei vielen Festnetzanschlüssen als Option verfügbar. Ein Anrufer oder eine Anruferin hat die Möglichkeit, Ihnen eine Nachricht auf einen virtuellen Anrufbeantworter (Voicemail) aufzusprechen, wenn Sie das Gespräch nicht annehmen.

Je nachdem, wie Sie Ihren Anschluss eingerichtet haben, können Sie sich auch per SMS oder über eine Anrufliste darüber informieren lassen, wer angerufen hat. In manchen Firmen findet eine Benachrichtigung über entgangene Anrufe zusätzlich per E-Mail statt.

Die Benachrichtigung per SMS, Anrufliste oder E-Mail liefert allerdings nur brauchbare Informationen, wenn die Rufnummer der anrufenden Person auch übermittelt wurde. Mit der Mitteilung »Ein unbekannter Teilnehmer hat versucht, Sie zu erreichen« kann wohl niemand etwas anfangen.

> **TIPP** **Alle wichtigen Nummern einspeichern**
>
> In aller Regel werden Sie nur über die Rufnummer der anrufenden Person informiert. Falls Sie aber die Nummer in Ihrem Telefon oder Handy unter einem bestimmten Namen einprogrammiert haben, zeigt das Display statt der Nummer in der Regel den Namen. Das Abspeichern im »Telefonbuch« kann sich also lohnen, vor allem, wenn Sie nicht alle wichtigen Telefonnummern im Kopf haben.

Nicht immer ist ein Rückruf erforderlich.

Die automatische Anrufbenachrichtigung bewährt sich in vielen Fällen. Allerdings sagt sie nichts über die Dringlichkeit bzw. Wichtigkeit eines Anrufs aus. Personen, die dieses Leistungsmerkmal nutzen, fühlen sich häufig verpflichtet zurückzurufen. Im Nachhinein stellt sich dann nicht selten heraus, dass ein Rückruf gar nicht unbedingt erforderlich gewesen wäre.

Lassen Sie sich nicht unnötig in Zugzwang bringen

Sie können die automatische Anrufbenachrichtigung durchaus sinnvoll für sich nutzen. Am besten ist im Allgemeinen die Variante, bei der ein Anrufer oder eine Anruferin Ihnen selbst eine Nachricht hinterlassen kann. Dann kann er oder sie Ihnen persönlich mitteilen, wie wichtig ein Rückruf ist.

Durch Benachrichtigungs-SMS oder Anruflisten sollten Sie sich dagegen nicht unbedingt zu einem Rückruf verpflichtet fühlen. Nutzen Sie sie aber als Informationsquelle, um sicherzugehen, dass Sie keinen wichtigen Anruf verpassen. Ob Benachrichtigungs-E-Mails wirklich sinnvoll sind, darf dagegen bezweifelt werden. Löst jeder vergebliche Anruf eine Benachrichtigungs-E-Mail an den Inhaber oder die Inhaberin des Telefongeräts aus, kann das unter Umständen eine Informationsflut verursachen, die kaum mehr zu bewältigen ist. Als Grundsatz gilt: Wer dringend versucht, jemanden zu erreichen, wird wahrscheinlich ohnehin von selbst auch eine Nachricht per E-Mail schicken, wenn die betreffende Person nicht an ihr Telefon und Handy geht.

Dreierkonferenz (3PTY)

Für eine Konferenzschaltung mit mehr als drei Teilnehmern benötigen Sie eine spezielle Technik in den Vermittlungsstellen und in der Regel auch einen externen Server. Dagegen kann eine einfache Dreierkonferenz (Three-Party-Conference, abgekürzt 3PTY) ohne zusätzliche Technik von vielen Telefonanschlüssen aus geschaltet werden. Das lohnt sich vor allem bei Absprachen und Terminvereinbarungen. So werden unnötige Rückfragen und Reibungsverluste vermieden, die entstehen würden, wenn jeweils nur zwei Personen sich zur gleichen Zeit miteinander austauschen könnten.

Dreierkonferenz: für Absprachen ideal

Um eine telefonische Dreierkonferenz abzuhalten, reicht es, wenn nur eine der teilnehmenden Personen über einen Anschluss mit dem entsprechenden Leistungsmerkmal verfügt. Diese Person wählt zunächst den ersten Teilnehmer oder die erste Teilnehmerin an und schaltet diese Verbindung zunächst inaktiv. Dann wählt sie den zweiten Teilnehmer oder die zweite Teilnehmerin an. Ist auch diese Verbindung hergestellt, wird die wartende Person dazugeschaltet und alle drei Teilnehmer bzw. Teilnehmerinnen können miteinander sprechen.

Einziger Nachteil: Die Schaltung ist manchmal kompliziert

Die Dreierkonferenz kann ausgesprochen nützlich sein. Allerdings ist die technische Umsetzung manchmal schwierig. Viele Telefonanschlüsse oder -anlagen erfordern die Eingabe langer Tastenfolgen. Dabei kann es passieren, dass der Initiator oder die Initiatorin einmal versehentlich einen Teilnehmer oder eine Teilnehmerin aus der Leitung wirft. Wenn Sie diese nützliche Funktion verwenden wollen, sollten Sie daher gegebenenfalls mit Kollegen oder Freunden so lange üben, bis Sie souverän eine telefonische Dreierkonferenz einberufen können.

Fangschaltung, Identifizieren unerwünschter Anrufer und Anruferinnen (MCID)

Fangschaltung = Identifizieren unerwünschter Anrufer(innen)

Diese Funktion können Sie unter bestimmten Bedingungen einsetzen, wenn jemand Sie telefonisch belästigt. Was umgangssprachlich »Fangschaltung« heißt, nennt sich offiziell »Identifizieren [unerwünschter Anrufer oder Anruferinnen]« (Malicious Call Identification, abgekürzt MCID). Damit lassen sich die Verbindungsdaten ermitteln – unabhängig davon, ob die anrufende Person ihre Rufnummer unterdrückt. Sie erhalten später vom Telefonanbieter eine schriftliche Dokumentation, aus der

- die Rufnummer der anrufenden Person,
- die Rufnummer des oder der Angerufenen,
- das Datum und
- die Uhrzeit des Anrufs

hervorgehen.

Identifizieren lassen sich nicht nur Anrufe, bei denen tatsächlich eine Verbindung zustande kommt, sondern auch Anrufe sogenannter Klingelstörer. Darunter versteht man Menschen, die böswillig bei anderen anrufen, um sie beispielsweise nachts aus dem Schlaf zu reißen.

Schriftlicher Antrag nötig

Eine Fangschaltung beantragen Sie schriftlich beim jeweiligen Telefon- oder Mobilfunkanbieter. Hier erhalten Sie auch eine Übersicht über die Kosten und die Bedingungen. Gemäß Telekommunikationsgesetz müssen Sie in Ihrem Antrag glaubhaft machen, dass an Ihrem Anschluss bedrohende oder belästigende Anrufe ankommen. Erst für Anrufe, die nach Ihrem Antrag erfolgen, kann der Anschlussanbieter eine Dokumentation liefern.

> **Notieren Sie sich Datum und Uhrzeit solcher Anrufe**
>
> Die beantragte Dokumentation bekommen Sie nur für Anrufe, die Sie nach Datum und Uhrzeit und ggf. sonstigen Kriterien eingrenzen. Sie sollten sich also auch bei einer bestehenden Fangschaltung unbedingt aufschreiben, wann ein erneuter unerwünschter Anruf bei Ihnen eingegangen ist.

Halten, Rückfrage, Makeln (HOLD)

Diese drei Leistungsmerkmale (Englisch: HOLD) zeichnen sich dadurch aus, dass Sie ein laufendes Gespräch zeitweise inaktiv schalten können:

Ein Gespräch in die Warteschleife legen

- »Halten« bedeutet, eine Verbindung wird in die Warteschleife geschaltet, während Sie beispielsweise einen Kollegen oder eine Kollegin, der oder die sich im selben Raum befindet wie Sie, kurz um Rat fragen.
- »Rückfrage« bedeutet, eine Verbindung wird in die Warteschleife geschaltet, während Sie vom gleichen Apparat aus eine zweite Person anwählen oder ein Gespräch entgegennehmen, auf das Sie per Anklopffunktion aufmerksam wurden.
- »Makeln« bedeutet, Sie schalten abwechselnd zwischen zwei aktiven Gesprächen hin und her. Die Person, mit der Sie gerade nicht sprechen, landet jeweils in der Warteschleife.

Das Wesentliche bei allen drei Funktionen ist, die Wartezeit nicht über Gebühr auszudehnen. Sobald eine Rückfrage etwas länger dauert oder sich die Absprache mit einer anderen Person zeitlich in die Länge zieht, sollten Sie die wartende Person in Ihre Leitung zurückholen und ihr lieber einen späteren Rückruf versprechen.

Kündigen Sie außerdem stets an, wenn Sie beabsichtigen, eine Verbindung in die Warteschleife zu schalten. Besonders wichtig ist dies, wenn Sie mehrere Rückfragen nacheinander unternehmen. Kommentieren Sie dann jeweils kurz, was Sie vorhaben. Beispiel:

Kündigen Sie stets jeden neuen Vermittlungsversuch an.

Bei mehreren Rückfragen nacheinander

»Einen Augenblick, Herr Schaller, ich will sehen, ob Frau Mende da ist.« – *(Verbindung wird inaktiv geschaltet, Frau Mende angewählt. Niemand hebt ab. Die Sekretärin holt das Gespräch zurück.)* – »Herr Schaller? Frau Mende meldet sich nicht. Offenbar ist sie nicht in Ihrem Büro. Soll ich versuchen, Sie zu jemand anderem aus der Exportabteilung durchzustellen?« – »Ja gerne!« – »Moment bitte. Dann probiere ich es mal bei Herrn Weber.« – *(Die Verbindung wird wieder inaktiv geschaltet, Herr Weber angewählt. Dort meldet sich nur der Anrufbeantworter. Erneut wird der Anrufer in die Leitung zurückgeholt.)* – »Hallo? Auch Herr Weber ist nicht da, da läuft der Anrufbeantworter. Möchten Sie lieber Herrn Weber eine Nachricht aufsprechen, oder soll ich noch für Sie prüfen, ob Frau Oßwald zu erreichen ist? Auch sie bearbeitet exportbezogene Fragen.« – »Dann versuchen Sie es noch bei Frau Oßwald!« – »Gerne, einen Moment bitte.« *(Gespräch wird abermals inaktiv geschaltet, Frau Oßwald angewählt.)* – »Regina Oßwald.« – »Hallo Frau Oßwald, ich habe einen Herrn Schaller in der Leitung, der eine dringende Frage hat und jemanden aus der Exportabteilung sprechen will. Darf ich ihn zu Ihnen durchstellen?« – »Aber sicher!« – »Danke. Einen Moment bitte!« *(Schaltet Frau Oßwald in die Wareschleife und holt Herrn Schaller in die Leitung zurück.)* »Herr Schaller? Frau Oßwald kümmert sich gern um Ihr Anliegen. Ich verbinde Sie jetzt.« *(Schaltet die beiden zusammen.)*

Dieses Vorgehen ist besser, als kommentarlos drei Personen nacheinander anzuwählen, während ein Anrufer oder eine Anruferin in der Warteschleife »geparkt« ist. Die Vorteile:

- Sie lassen die wartende Person nicht im Ungewissen darüber, was Sie gerade tun.
- Die wartende Person weiß jederzeit, mit wem sie potenziell verbunden wird, auch wenn es womöglich nicht die ursprünglich gewünschte Person ist.
- Die wartende Person kann Einfluss auf das Geschehen nehmen. Will sie beispielsweise nicht länger warten oder sich nicht mit einer Vertretung zufriedengeben, kann Sie das sagen, ohne unnötig lange warten zu müssen.

Das anschließende Weiterverbinden nennt sich »Vermitteln im Amt«, englisch »Explicit Call Transfer« (ECT).

Internettelefonie (VoIP)

Die Internettelefonie ist kein Leistungsmerkmal, sondern eine andere Art der Telefonverbindung. Hier werden die Sprachsignale der Telefonierenden in digitale Datenpakete umgewandelt und über das Internet übertragen. Gleichbedeutend werden auch die Begriffe »IP-Telefonie« oder »Voice over Internet Protocol« verwendet, die Abkürzung lautet »VoIP«.

Weltweit kostengünstig über das Internet telefonieren

Diese Übertragungstechnik ist auf dem Vormarsch, denn sie ermöglicht ausgesprochen kostengünstige Telefonverbindungen weltweit. Voraussetzung sind allerdings eine leistungsstarke Internetverbindung, ein Headset, das an den Rechner angeschlossen wird, und eine entsprechende Software. Auch die Internettelefonie von einem Rechner zu einem Telefonendgerät ist möglich, ebenso die Internettelefonie von einem Telefonendgerät zum anderen. Dafür gibt es jeweils Schnittstellen – so genannte »Gateways« vom Internet zum konventionellen Telefonnetz.

So rasant die Fortschritte bei der Internettelefonie auch sein mögen, noch sind nicht alle technischen Schwierigkeiten beseitigt. So kommt es bei dieser Art der Verbindung zuweilen zu Störungen, vor allem in Form von

Übertragungsprobleme bei der Internettelefonie

- Echos,
- Aussetzern,
- zeitlichen Verzerrungen und
- Verzögerungen der Übertragung.

Das liegt daran, dass die Sprachsignale in Paketen über das Internet geschickt werden, dabei oft verschiedene Wege nehmen und daher nicht zwangsläufig schnell, vollständig und in der richtigen Reihenfolge beim Empfänger oder der Empfängerin ankommen. An bestimmten Knotenpunkten können solche Signale auch reflektiert werden, was zu unerwünschten Echos führt. Trotzdem ist die Technik zwischenzeitlich schon so fortgeschritten, dass die Internettelefonie zumindest die Qualität einer Mobilfunkverbindung meist erreicht oder sogar deutlich übertrifft.

Etwas mehr Geduld erforderlich

Das Telefonieren über das Internet ist schnell, einfach und billig. Besonders
bei Auslandstelefonaten und bei Verbindungen auf ein Mobiltelefon kann eine
Gesprächsverbindung über das Internet das eigene Portemonnaie gegebenenfalls spürbar entlasten.

Allerdings brauchen Sie bei solchen Gesprächen etwas mehr Geduld als bei
einem Telefonat über die normale Telefonleitung. Schon Verzögerungen,
die über 125 Millisekunden hinausgehen, werden oft als störend empfunden.
Die Verzögerungen bei der Internettelefonie betragen aber nicht selten bis
zu einer halben Sekunde.

Daher verbietet es sich bei solchen Gesprächen, einander zu unterbrechen
oder sich gegenseitig ins Wort zu fallen. Lieber sollten Sie geduldig abwarten,
bis die andere Person ihren Redebeitrag zu Ende geführt hat. Falls nicht alles
verständlich bei Ihnen ankommt, fragen Sie besser nach.

Kurzwahl

Telefonnummern, die Sie andauernd brauchen, können Sie bei vielen
Telefonen und Handys per Kurzwahl einspeichern. So ersparen Sie sich
die Eingabe langer Ziffernfolgen oder das Auswählen einer Zielperson
aus dem gespeicherten Telefonbuch. Sie drücken stattdessen nur wenige Tasten, und die Nummer des gewünschten Gesprächspartners oder
der gewünschten Gesprächspartnerin wird automatisch gewählt. Diese
Funktion ist uneingeschränkt praktisch.

Seniorenhandys per Kurzwahl programmieren

Die Kurzwahlfunktion kann auch Senioren, die mit der Mobilfunktechnik nicht
vertraut sind, den Gebrauch eines Handys sehr erleichtern. Wenn sie sich
beispielsweise von ihren Kindern oder Enkeln die zwei oder drei wichtigsten
Nummern per Kurzwahl einspeichern lassen, müssen sie sich nur diese Kurzwahl merken, um im Notfall ihre Angehörigen zu erreichen.

Lautsprecherfunktion (Mithören)

Die Lautsprecherfunktion ist an vielen Telefonen verfügbar. Sie drücken auf einen Knopf, und schon wird das, was die Person am anderen Ende der Leitung sagt, in Zimmerlautstärke für alle Anwesenden hörbar. Umgekehrt brauchen Sie dann nicht in den Hörer zu sprechen, sondern das Gesagte wird über ein kleines Mikrofon am Telefon erfasst. Allerdings ist die Übertragungsqualität dann in der Regel schlechter als beim Telefonieren über einen Hörer oder ein Headset.

Per Lautsprecher können Anwesende mithören.

Ohne jeden Zweifel: Die Lautsprecherfunktion ist praktisch. Sie kommt Ihnen beispielsweise zugute, wenn Ihnen die Person am anderen Ende der Leitung etwas diktiert, was Sie gleich in Ihren Rechner eintippen wollen. Dann haben Sie beide Hände frei. Auch wenn eine anwesende Person mithören soll, was Ihr Gesprächspartner oder Ihre Gesprächspartnerin gerade sagt, können Sie auf laut stellen. Allerdings sollten Sie dies stets ankündigen beziehungsweise das Einverständnis der betreffenden Person einholen. Das formulieren Sie beispielsweise so:

Ankündigen, wenn Sie die Lautsprecherfunktion einschalten

»Ich stelle das Gespräch kurz auf Zimmerlautstärke. Dann kann Frau Silberstein gleich mithören.«

»Herr Seefeld ist gerade hereingekommen. Wenn Sie nichts dagegen haben, stelle ich auf laut, damit er mitbekommt, was Sie schildern.«

Beachten Sie unbedingt die rechtliche Seite: Ohne Einwilligung der Person am anderen Ende der Leitung ist ein Mithören nicht erlaubt

Einwilligung zum Mithören

Pickup-Funktion (Benutzergruppen)

Bei Telefonanlagen, an die viele Endgeräte mit eigener Durchwahl angeschlossen sind, können einzelne Nebenstellen als Benutzergruppen definiert werden. Es ist beispielsweise sinnvoll, alle Telefone in einer Abteilung als Benutzergruppe zu definieren. Dann nämlich lässt sich die Pickup-Funktion nutzen: Klingelt ein verwaistes Telefon, kann jedes beliebige Mitglied dieser Gruppe das eingehende Gespräch per Knopfdruck auf seinen eigenen Apparat holen und es dort annehmen. Diese Funktion ist unbedingt zu empfehlen, denn das Motto: »Für ein klin-

Pickup-Funktion

gelndes Telefon sind alle zuständig« sollten Sie in Ihrer Firma, Behörde, Institution oder Organisation beherzigen.

Für ein klingelndes Telefon sind alle zuständig.

Praktikable Regelung finden

Allerdings werden die Mitarbeiter und Mitarbeiterinnen eine solche Funktion nur dann freiwillig nutzen, wenn auch die Vertretung klar geregelt ist. Wer selbst schon genug zu tun hat, möchte nicht unbedingt freiwillig noch Telefonzentrale für Abwesende spielen. Falls starre Vertretungsregeln in Ihrem Hause nicht praktikabe erscheinen, genügt auch die Vorgabe, dass ein Mitarbeiter oder eine Mitarbeiterin sich immer um eine Vertretung kümmern soll, wenn er oder sie für längere Zeit ihren Arbeitsplatz verlässt und das Telefon beispielsweise nicht auf das Handy umstellt.

»Rückruf bei besetzt« (CCBS)

Ist die Leitung belegt, können Sie sich automatisch zurückrufen lassen.

Die Funktion »Rückruf bei besetzt«, auf Englisch »Completion of Calls to Busy Subscriber« (CCBS) ist bei Mobiltelefonen üblich, aber auch bei Festnetzanschlüssen kommt sie mittlerweile immer häufiger zum Einsatz.

Ist Ihre Leitung besetzt und ruft währenddessen eine weitere Person an, wird dieser per Ansage ein automatischer Rückruf angeboten. Diese Option kann sie über eine Tastatureingabe oder Sprachsteuerung wählen. Beenden Sie dann Ihr Gespräch, wird die betreffende Person von der Vermittlungsstelle automatisch angerufen. Hebt sie ab, wird eine Verbindung zu Ihrem Telefon aufgebaut, sodass es kurz darauf auch bei Ihnen klingelt. Eine Verbindung kommt zustande, wenn Sie den Hörer abheben.

Dauernde Verfügbarkeit ist nicht jedermanns Sache

Ob Sie dieses Merkmal als Inhaber oder Inhaberin eines Anschlusses aktivieren wollen, müssen Sie selbst entscheiden.
Dafür spricht, dass Sie auf diese Weise keinen Anruf verpassen.
Dagegen spricht, dass dann nicht mehr Sie selbst frei über Ihre Zeit verfügen, sondern nach Abschluss eines Telefonats sofort wieder ein Gespräch in der Leitung haben.

Für den Anrufer oder die Anruferin ist diese Funktion in jedem Fall sehr praktisch. Sie erspart der betreffenden Person vergebliche Wählversuche, wenn der gewünschte Gesprächspartner oder die gewünschte Gesprächspartnerin gerade ein längeres Telefongespräch führt. Allerdings ist die Rückrufoption meist zeitlich begrenzt. Ist die Leitung – je nach Anbieter – länger als 45 Minuten oder eine Stunde belegt, wird die Rückrufoption automatisch gelöscht. Außerdem steht sie nicht zur Verfügung, wenn schon andere Anrufer oder Anruferinnen sie vorher für sich aktiviert haben.

»Rückruf bei besetzt« nur bei dringenden Anliegen wählen

Sie sollten die Option »Rückruf bei besetzt« als Anrufer oder Anruferin nur wählen, wenn Sie auch ein wichtiges Anliegen haben. Denn für die Person am anderen Ende der Leitung ist es nicht unbedingt erfreulich, wenn ein Telefonat auf das andere folgt.

Übrigens: Die Kosten für den Rückruf trägt diejenige Person, die ihn auch in Auftrag gegeben hat, also der Anrufer oder die Anruferin, der oder die sich im Fall einer belegten Leitung für die Option »Rückruf bei besetzt« entscheidet.

Rufnummernübermittlung (CLIP)

Bei vielen Anschlüssen wird heutzutage die Rufnummer automatisch übermittelt. Sobald das Telefon klingelt, sieht die angerufene Person – sofern ihr Endgerät das zulässt – die Rufnummer des oder der Anrufenden im Display. Für diese Rufnummernübermittlung steht auch die englische Bezeichnung »Calling Line Identification Presentation«, abgekürzt »CLIP«.

Rufnummer wird meist übermittelt.

Gab es früher viele Vorbehalte gegenüber einer solchen Informationsübermittlung, finden es heute viele Menschen nützlich, sofort zu sehen, von welcher Nummer aus angerufen wird. Haben Sie die entsprechende Nummer im digitalen Telefonbuch Ihres Telefons oder Handys unter einem bestimmten Namen abgespeichert, wird sogar der Name des Anrufers oder der Anruferin eingeblendet.

In aller Regel sinnvoll

Die Übermittlung der Rufnummer ist in aller Regel sinnvoll. Sie erleichtert die Kommunikation, ermöglicht einen Rückruf, wenn Sie die gewünschte Person gerade nicht erreichen konnten, diese aber beispielsweise in ihrer Anrufliste auf dem Display sieht, dass Sie versucht haben, sie zu erreichen. Nicht zuletzt ist es eine Erleichterung für die angerufene Person, gegebenenfalls sofort zu wissen, wer anruft.

Rufnummernunterdrückung (CLIR)

Gesetzlicher Anspruch auf Rufnummernunterdrückung

Sie können selbst entscheiden, ob Ihre Telefonnummer der angerufenen Person angezeigt werden soll oder nicht. Wenn Sie das nicht wollen, haben Sie das Recht, Ihre Rufnummer unterdrücken zu lassen – entweder dauerhaft oder nur für einzelne Gespräche, bei denen Sie das wünschen. Auf dem Display der angerufenen Person erscheint dann entweder die Nachricht »Unbekannt« oder »Rufnummer unterdrückt«.

Die Möglichkeit, die Rufnummer zu unterdrücken, muss in Deutschland jedes Telekommunikationsunternehmen für jeden Anschluss ohne großen technischen Aufwand anbieten (§ 102 Telekommunikationsgesetz). Nach aktuellen Planungen der Bundesregierung soll für Werbeanrufe die Unterdrückung der Rufnummer allerdings künftig nicht mehr erlaubt sein (Stand 31. März 2008).

Standardmäßig wird eine Rufnummer dann unterdrückt, wenn Sie den Eintrag ins Telefonverzeichnis (Telefonbuch) ablehnen. Wollen Sie dann dennoch, dass Ihre Rufnummer angezeigt wird, müssen Sie dies dem Telekommunikationsunternehmen mitteilen, das für Ihren Anschluss verantwortlich ist.

Schnurlos telefonieren

Schnurlos telefonieren

Ob per Mobilfunk oder Festnetzanschluss: Es ist praktisch, beim Telefonieren nicht durch ein Kabel an einen Ort gebunden zu sein. So erfreuen sich nicht nur Handys, sondern auch schnurlose Festnetztelefone großer Beliebtheit.

Falls Sie schnurlos telefonieren, stellt sich Ihnen zuweilen die Frage, wie Sie mit einem Gerät umgehen, dessen Akkus (wieder aufladbare Batterien) fast leer sind. Bemerken Sie dies während eines laufenden Gesprächs, sollten sie Ihren Gesprächspartner oder Ihre Gesprächspartnerin rechtzeitig vorwarnen. Beispiel:

> **Vorwarnen, bevor die Akkus leer sind**
>
> »Frau Schmitt, ich muss Sie vorwarnen. Die Akkus von meinem Telefon sind beinahe entladen. Lassen Sie uns noch sprechen, bis sie leer sind. Falls das Gespräch vorzeitig abreißt, rufe ich Sie heute Nachmittag aus meinem Büro wieder an.«

Vergessen Sie nicht, Ihr schnurloses Telefon oder Handy aufzuladen, bevor Sie es wieder brauchen. Um die Akkus zu schonen, ist es allerdings am besten, sie – zumindest von Zeit zu Zeit – erst wieder ans Stromnetz anzuschließen, wenn sie ganz entladen sind. Halten die Akkus bei Ihrem Telefon nicht mehr lange durch und sind sie häufig gleich nach einem oder zwei Gesprächen schon wieder entladen, sollten Sie neue Akkus kaufen.

Elektromagnetische Strahlung vermeiden

Schnurlose Telefone – ob Handys oder Festnetztelefone – senden in der Regel hochfrequente elektromagnetische Strahlung aus. Bisher fehlt ein wissenschaftlicher Nachweis, ob dadurch wirklich eine gesundheitliche Schädigung eintritt oder nicht. Immerhin klagen zahlreiche Menschen über nachteilige Beeinträchtigungen durch »Elektrosmog«.

Laut Bundesamt für Strahlenschutz sind vor allem die Hersteller in der Pflicht, die Strahlung ihrer Geräte zu minimieren. Zudem sind die Netzbetreiber gesetzlich verpflichtet, die Standorte der Mobilfunkmasten so auszuwählen, dass die Bevölkerung möglichst nicht negativ beeinträchtigt wird. Aber auch Sie als Nutzer oder Nutzerin schnurloser Telefone können Ihren Teil dazu beitragen, die Strahlung zu minimieren.

Empfehlungen für schnurlose Festnetztelefone (DECT) Vergleichsweise hoch ist die Strahlung bei schnurlosen Festnetztelefonen, die üblicherweise nach dem derzeit gültigen DECT-Standard (Digital Enhanced Cordless Telecommunications = digitale, verbesserte schnurlose Telekommunikation) senden. Die meisten dieser Telefone nehmen permanent Kontakt zur Basisstation auf – auch wenn gerade nicht telefoniert wird. Es gibt wenige Geräte, bei denen die Sendeleistung verringert wird, wenn der Abstand des Hörers zur Basisstation nur gering ist. Daher empfiehlt das Bundesamt für Strahlungsschutz:

- Kaufen Sie möglichst ein Schnurlostelefon, das keine Strahlung aussendet, wenn das Mobilteil in der Basisstation steckt. Belassen Sie dann das Mobilteil in der Basisstation, wenn Sie nicht gerade telefonieren.
- Halten Sie sich nicht dauerhaft in unmittelbarer Nähe der Basisstation auf. Sie gehört weder direkt auf Ihren Schreibtisch noch ins Schlaf- oder Kinderzimmer.
- Um Ihren Kopf beim Telefonieren möglichst wenig elektromagnetischer Strahlung auszusetzen, halten Sie Telefonate mit dem Mobilteil kurz. Verwenden Sie für längere Gespräche lieber ein Schnurtelefon.

Empfehlungen für Mobiltelefone Die Strahlung von Mobiltelefonen betrifft Sie vor allem während des Telefonierens. Das Bundesamt für Strahlenschutz empfiehlt:

- Achten Sie beim Kauf darauf, ein strahlungsarmes Handy zu wählen. Das erkennen Sie am SAR-Wert (SAR = Spezifische Absorptionsrate), den viele Hersteller inzwischen publizieren. Der Grenzwert liegt derzeit bei 2 W/kg. Bei Werten von 0,6 W/kg oder darunter ist Ihr Kopf nach derzeitigem wissenschaftlichen Stand vergleichsweise geringen elektromagnetischen Feldern ausgesetzt.
- Wenn Sie die Wahl zwischen Festnetztelefon (mit Kabel!) und Handy haben, telefonieren Sie besser per Festnetz.
- Je kürzer ein Telefonat, desto kürzer die Zeit, in der Sie solcher Strahlung ausgesetzt sind.
- Sinnvoll ist der Gebrauch eines Headsets, da es den Abstand zwischen Kopf und Antenne – und damit die Strahlenbelastung – verringert.
- Telefonieren Sie möglichst nicht bei schlechtem Empfang. Denn das Handy sendet dann mit höherer Leistung, was die Strahlung erhöht.

Sprachcomputer

Manche, vor allem größere Firmen, Behörden, Institutionen und Organisationen nehmen eine automatische Anrufervermittlung per Sprachcomputer vor. Eine anrufende Person hört dann eine automatische Ansage und steuert über Tastatur- oder Spracheingaben, mit wem – das heißt meist: mit welcher Abteilung – sie verbunden werden möchte.

Sprachcomputer wirken oft abschreckend.

Während Zeit- und Kostenargumente für den Einsatz von Sprachcomputern ins Feld geführt werden, empfinden Anrufende allerdings die unpersönliche Ansage eines Sprachcomputers oft als abschreckend.

Wahlsperre (Call Barring)

Diese Funktion gibt es nur für Nebenstellen, also für die Durchwahlanschlüsse: Per Wahlsperre, Englisch »Call Barring«, können

Wahlsperre für Nebenstellen

- bestimmte eingehende Anrufe unterbunden werden, die anhand ihrer Rufnummer identifiziert werden. Der Anrufer oder die Anruferin hört dann beispielsweise direkt ein Besetzt-Zeichen oder eine Bandansage.
- die Anwahl bestimmter Nummern technisch unmöglich gemacht werden.

Die erste Variante dieser Funktion werden Sie nur selten brauchen, es sei denn, Mitarbeiterinnen oder Mitarbeiter Ihrer Firma sollen beispielsweise davor geschützt werden, stets von demselben Anschluss aus belästigt zu werden.

Die zweite Variante wird aber häufig eingesetzt, vor allem, um zu verhindern, dass Mitarbeiter oder Mitarbeiterinnen bestimmte teure Telefondienste auf Kosten ihres Arbeitgebers in Anspruch nehmen. Meist werden dann ganze Rufnummerngruppen gesperrt (z. B. alle 0900-er Nummern), damit die Möglichkeit einer Nutzung schon von vornherein nicht gegeben ist.

Literaturverzeichnis

Bücher

Dudenredaktion und Oxford Universitiy Press (Hrsg.): Duden-Oxford, Großwörterbuch Englisch. 3., überarbeitete und aktualisierte Auflage, Mannheim, Leipzig, Wien, Zürich 2005.

Feneberg, G.; Gralla, G.; Mönninger, B.: Bewertung und Gestaltung von akustischen Kommunikationssystemen. Schriftenreihe der Bundesanstalt für Arbeitsschutz und Arbeitsmedizin. Dortmund, Berlin, Dresden 2004.

Fink, Klaus-J.: Bei Anruf Termin. Telefonisch neue Kunden akquirieren. 3. Auflage, Wiesbaden 2005.

Hollett, Vicki: Business Opportunities. 2. Auflage, Oxford 1994.

Leicher, Rolf: Telefonzentrale und Besucherempfang. Frankfurt 2004.

Pierce, Autumn: Compact Büro-Spicker Englisch Telefonieren. München 2006.

Ratzkowski, Jürgen: Keine Angst vor der Akquise! Mehr Erfolg in Vertrieb und Verkauf. 3. erweiterte Auflage, München, Wien 2005.

Schulz von Thun, Friedemann: Miteinander reden, Bd. 1: Störungen und Klärungen. Allgemeine Psychologie der Kommunikation. Hamburg 1981.

Tilley, Robert: Fit for Business English – Telefonieren. München 2007.

Zeitschriftenartikel

Höfker, G.; Nocke, C.: Akustische Behaglichkeit ist wichtig. Auch im Büro nutzt die Lehre vom Schall. Mensch & Büro, Ausgabe 3/2007.

Broschüren und Merkblätter

Natke, Ulrich: FAQ – Was Sie schon immer über Stottern wissen wollten. 2. Auflage, Köln 2006 (Broschüre der Bundesvereinigung Stotterer-Selbsthilfe e. V.).

Bundesvereinigung Stotterer-Selbsthilfe e. V. (Hrsg.): Stottern und Arbeit. Integration stotternder Mitarbeiter. Köln 2007.

Pro Audito Schweiz und Swisscom (Hrsg.): Hörbehinderte Menschen am Telefon. Merkblatt für Hörbehinderte und gut Hörende. Zürich 2005.

Internetseiten

www.bfs.de/de/elektro/eff (Informationen des Bundesamts für Strahlenschutz zur elektromagnetischen Strahlung von Telefonen und Handys).

www.bundesjustizministerium.de, Pressemitteilung: Bei Anruf Verbraucherschutz. Bundesregierung geht gegen unerlaubte Telefonwerbung vor. Berlin, 11. März 2008.

www.bvss.de (Internetseite der Bundesvereinigung Stotterer-Selbsthilfe e. V. Deutschland).

www.gesetze-im-internet.de/uwg_2004.index.html (Gesetz gegen den unlauteren Wettbewerb, zitiert nach der Internetseite der Bundesrepublik Deutschland, vertreten durch das Bundesministerium der Justiz).

www.gesetze-im-internet.de/tkg_2004.index.html (Telekommunikations-gesetz, zitiert nach der Internetseite der Bundesrepublik Deutschland, vertreten durch das Bundesministerium der Justiz).

www.schwerhoerigen-netz.de (Internetseite des Deutschen Schwerhörigenbundes e. V.).

www.pro-audito.ch (Internetseite der Organisation für Menschen mit Hörproblemen, Schweiz).

Register

abgehackte
Sprechweise 194
Abhilfe 90
Ablauf eines Telefon-
gesprächs 63
Abmahnung 94
Abschied 79 f.
Abschiedsgruß
(Englisch) 240
Abschirmung
des Hörers 35
Abschluss
79, 111, 161
Abschluss
(Englisch) 240
Abschweifen 170
Abstand zum
Mikrofon 41
Abteilung 67
Abweisen
unbekannter
Anrufer 243
Abwesenheit 227
Abwimmeln 135
ACR 243
AEC (acoustic echo
canceller) 34
Agenda (Telefon-
konferenz) 160
akademische
Grade 64
Akkus 257
Akquise 93 f.
aktiv zuhören
46, 54, 89
Angebot 95, 99
Angriffe 87
Angst vor
Misserfolg 25
Anklopf-
funktion 200, 243
Anliegen 77, 122
Anliegen
(Englisch) 230
Anrufbeantworter
124, 139, 141 f., 153,
155, 227

Anrufbeantworter
(Englisch) 241
Anrufbeantworter-
sprüche
145 f., 149 f., 152
Anrufbenachrich-
tigung 246
Anrufe selektieren
125
Anruftermin
(Englisch) 235
Anrufweiter-
schaltung 244
Anrufzeiten 201
Ansagen 120
Arbeitgeber 66
Arbeitsplatz 29
Ärger 84
Argumentation
94, 99, 108
Artikulation 36
Atmung 29
Auflegen 204, 225
Aufzählungen 47
Aufzeichnungszeit
152
Ausdrucksweise
16, 44
ausreden lassen 205
Aussetzer 251
Aussprache 36
Autofahren 205
automatische
Anrufbenachrich-
tigung 246
automatische
Begrüßung 119

Bandansagen 120
Befinden 73
Begrüßen 67, 97
Begrüßen (Englisch)
229
Begrüßungsformeln
68
Behörde 65
Beleidigungen 87, 90

Benutzergruppen
253
Berührungen 16
Beschimpfungen 90
Beschwerde 84, 88
Beschwichtigung 89
Besetztzeichen 122
Besprechung
156, 160
Bestellung 82 f.
Betonung 43
bildhafte Ausdrücke
48
bildhafte Sprache 99
Bitte um Rückruf
207
Blamage 24
Blickkontakt 15
Blitzlampe 191
Bluetooth-Geräte
191
Buchen und Reservie-
ren (Englisch) 236
Buchstaben
(Englisch) 239
Bürozeiten 142

Call Barring 259
CCBS 254
CD 244
CF 244
CLIP 255
CLIR 256
CW 243

Dank (Englisch) 240
Dialekt 194, 197
Dialektsprecher 197
Diskretion 208 f.
Doktor 64
Dreierkonferenz 247
DSP (digital signal
processor) 35
Du-Botschaft 87, 95
Durcheinanderreden
(Telefonkonferenz)
170

Durchstellen
71, 118, 121
Durchstellen
(Englisch) 231
Durchwahl 209

Echo 34, 251
Echokompensatoren
34
Ehrlichkeit 137
Einschübe 45
Einwand 95, 101
elektromagnetische
Strahlung 257
Elektrosmog 257
emotionale
Beteiligung 44
Emotionen 56
Empfang 69
Empfindungen 56
Entschädigung 85
Entschuldigung 90
Ergebnis 78
ergonomische
Aspekte 29
Erreichbarkeit
22, 207, 210
Erreichbarkeit
(Englisch) 233
Essen (beim
Telefonieren) 210

Fachbegriffe 48
Fangschaltung
248
Fazit (Telefon-
konferenz) 168
Fehleinschätzung
16, 19
Fernabsatzgesetz
110
Filiale 67
Firma 65
Flöten 42, 220
Flüstern 35
Form eines
Hörers 31

Form eines Mobil-
telefons 31
Freisprechanlage 180
Freisprecheinrich-
tungen für Hör-
geräteträger 192
Freizeitbeschäf-
tigungen 75
Fremdwörter 48, 194
Freundlichkeit 53
Frusterlebnisse 26
Füllwörter 211

Gedanken weiter-
führen 57
Gefühlsebene 56
Geheimniskrämerei
137, 212
GEMA 130
gepresste Stimme
30
gerätetechnische
Leistungsmerkmale
242
Geräuschkulisse 32
Gerüche 15
Gesprächsnotiz
133 f.
Gesprächsumleitung
244
Gesprächs-
unterbrechung 224
Gesprächsziel
(Telefonkonferenz)
166
Gestik 15
Gewinnspiel 116
Gewinnversprechen
114
gleichzeitig mehrere
Telefonate bewäl-
tigen 131
Gratulationen 212
Grund für
Abwesenheit 128
Grußformel 68, 80
grußlos auflegen
81, 112

Haltung 30
Händedruck 16
Handlungs-
anweisung 51
Handy 31, 173 f.,
176, 179 f., 184

Handykarte 184
Headset 31
Heiserkeit 29
Herunterleiern 47
Hintergrund-
geräusche
40, 162, 213
Hobbys 75
Höflichkeit 53
HOLD 249
Hörgeräte 190
Hörverstärker 191
Humor 146

Ich-Botschaften 87
Identifizieren
unerwünschter
Anrufer 248
Induktions-
schleife 191
Induktionsspule
191
Information
beschaffen 123
innere Einstellung
61
Institution 65
Internettelefonie
192, 251
Ironie 59

Kaltakquise 93
Kanzlei 65
Kehle 29
Kerngespräch 77
Killerphrasen 218
Klangfarbe 17
Kleingedrucktes
110
Klingeltöne
177, 213, 227
Knigge 200
Knochenleitungs-
hörer 191
Kommentare
55, 213 f.
Kommunikation 36
komplizierte Satz-
konstruktionen 46
Konferenzschaltung
156
Konsonanten 37
Kontaktdaten 183
Kontaktweg 123
Kopfhaltung 29

Körperhaltung 29
Kulanzregelung 90 f.
Kündigung wegen
privater Telefonate
219
Kurzwahl 252

Lautsprecher-
funktion 253
Lautstärke
17, 32, 39, 215
Lautstärkeregler
40
LEC (line echo
canceller) 34
Leiern 42, 215
Leistungs-
merkmale 242
Lösung 90
Lüge 20

Makeln 249
MCID 248
Melden 63 f.
Melden (Englisch)
229
Mimik 15
Missverständnisse
19
Mithören 132, 253
Mobiltelefon 173
Moderator (Telefon-
konferenz) 165
Modulation 17, 42
Monologe 135, 216
Monotonie 42

Nachfragen 50, 193
Nachhallzeit 33
Nachrichten 76, 122
Nachrichten
(Englisch) 234
Name 64
Namensnennung
216
Namen und Adressen
49
Nebenbeschäf-
tigungen 20, 217
Negativphrasen
60, 218
Nominalstil 46
Nummern
einspeichern 246
Nutzen 94, 99

Organisation 65
Ort 67

Partizipial-
konstruktionen
46 f.
Passiv 46
Pausen 39
Pickup-Funktion 253
Praxis 65
Privatgespräche 219
»Probieren Sie
es später noch
einmal« 124
Produkt- oder
Leistungs-
beschreibungen 99
Professor 64
Psychologie des
Telefonierens 15
psychologisch kluge
Kommunikation
51
PTY 247

Raumakustik 32
Rechtfertigungs-
zwang 104
Rechtsgültigkeit
von Telefon-
verträgen 113
Rechtslage
bei der Telefon-
akquise 93
Redebeiträge
157, 163
Redefluss 90, 185
Redezeit
(Telefonkonferenz)
169
Referenzperson 136
Regiolekt 198
Reihenfolge bei der
Meldeformel 69
Reizformulie-
rungen 60
Reklamation 84
Resonanzräume 29
Robinsonliste
gegen Telefon-
werbung 116
Rückfragen 55, 249
Rückruf 71
Rückruf bei
besetzt 254

Rückrufversprechen
122, 128, 219
Rufnummernüber-
mittlung 255
Rufnummern-
unterdrückung 256

Sachebene 53
Säuseln 220
Schachtelsätze 44
schalldämpfende
Einrichtung 33 f.
Schallempfindungs-
schwerhörigkeit
189
Schallleitungs-
schwerhörigkeit
188
Scheu gegenüber
Fremden 24
Schnellsprecher
39, 196
schnurlos telefo-
nieren 256
Schreibweise von
Namen 50
schriftliche
Bestätigung
82, 110, 220
Schweigephasen 58
Schwerhörige 188
Schwindeleien 137
Sekretariat 118
Servicetelefon 69
Short Message 181
sich Gehör
verschaffen 58
Sie-Botschaft 87,
95, 100
Small Talk 72 f., 159
SMS 181 ff.
Sonderangebote 83
Sonderzeichen 50
Souffllieren 221
Späße 59
Sprachcomputer
114, 259
Sprachfluss 18
Sprachmelodie 42
Sprachrhythmus 43
Sprechgeschwindig-
keit 17, 38
Sprechmuskulatur
37
Sprechpausen 39

Sprechtechniken
(Stottern) 187
Sprechtempo 38
Sprechzeiten 143 f.
Stammeln 222
Stellvertreter
vermitteln 123
Stimme 16
Stimmhöhe 17
Stimmlage 41
Stocken 222
Störungen 222
Stottern 185, 222
stumme Teilnehmer
(Telefonkonferenz)
169
Substantive 47

Tagesordnungspunkt
(Telefonkonferenz)
160
Tastaturtöne 179
Tastsinn 16
Täuschungsmanöver
19
Teilnehmerliste
(Telefonkonferenz)
160
Telefonalphabet
49 f., 239
Telefonalphabet
(Englisch) 239
Telefon-Knigge 200
Telefonkonferenz
156, 158, 171
Telefonmarketing
93
Telefonrichtlinie 27
Telefonsignal-
verstärker 191
Telefonspule 191
Telefontechnik 242
Telefonzentrale
69, 118
Telekommunika-
tionsgesetz 256
Teleschlinge 191
Testangebot 116
Titel 64
Tonfall 90
TOP
(Telefonkonferenz)
160
Totschlagphrasen
218

Übertragungs-
qualität 34
Umleitung 244
ungesagte
Botschaften 56
ungewöhnliche
Ausdrücke 194
unseriöse Telefon-
akquise 113
Urheberrechtsabgabe
für Warteschleifen-
musik 130

Verabschiedung 79
Verabschiedung
(Englisch) 240
Verantwortlichkeit
62
Verbinden 118, 121
Verbinden (Englisch)
231
Verbindungs-
probleme
(Englisch) 237
Verkaufsgespräch 93
Verkaufshindernis
107
Vermittlungs-
gespräch 118
vermittlungstech-
nische Leistungs-
merkmale 242
Vermittlungs-
versuche 124
Verschlucken 37
Verspannungen
30
Verständigungs-
probleme 226
Verständigungs-
probleme
(Englisch) 237
Verständlichkeit 36
Verzerrungen 251
Verzögerungen
251
Voicemail
139, 145, 227
VoIP 251
Vokale 37
Vorbereitung
(Telefonakquise)
94

Vorbereitung
(Telefonat) 51
voreingestellte
Ansagen 151
Vorhaben 75
Vorname 64
Vorstellungsrunde
(Telefonkonferenz)
160
Vorwand 101
Vorwürfe 87
Vorzimmer
118, 138

Wahlsperre 259
Warten (Englisch)
231
Warteschleife
120, 129, 131 f.
Warteschleifen-
musik 130
Wegdrücken 225
Weiterleitung
244 f.
Weiterverbinden
121, 226
Werbeanrufe 93 f.,
112, 114 f.
werksseitige
Ansagen 151
Wetter 73
Widerruf 108, 110
wortloses Durch-
stellen 121

Zentrale 118
Zettel 133
Ziele 51 f., 78
Zielgruppe 94
Zielorientierung
(Telefonkonferenz)
166
Ziffern (Englisch)
239
Zuhören 54, 165
Zusammenfassung
57
Zuständigkeit
23, 28, 61, 72,
121, 227
Zuständigkeit
(Englisch) 232
Zweigstelle 67
Zwerchfellatmung
40